AVR로 시작하는

임베디드 시스템 입문

홍성모 · 정덕진 · 이종근 · 김주민 공저

도서출판 그린

머 리 말

국내에서 임베디드 시스템(Embedded system)이라는 말은 휴대폰의 급격한 확산과 더불어 화두에 오르게 되었고, 많은 학교 및 교육기관에서 임베디드 시스템이라는 이름으로 강의를 하고 있다. 그런데 정작 임베디드 시스템을 알고자 할 때, 임베디드 시스템을 어떻게 시작해야 하나 하는 고민에 부딪치게 된다. 하지만 이러한 고민은 임베디드 시스템을 잘 정의하고 나면 자연스럽게 사라질 수 있는 것이다.

먼저, 임베디드 시스템의 범위는 특정한 목적으로 마이크로콘트롤러(MCU)를 기반으로 동작하는 모든 시스템 정도로 보는 것이 임베디드 시스템을 바라보는 좋은 시각이라 할 수 있다. 예를 들어 여러분의 가정에 있는 전자레인지, 세탁기, VCR 등을 보면 한결같이 키 또는 리모컨으로 입력된 신호를 기반으로 필요한 제어를 수행하는 기기인데, 이러한 기기들은 8비트 또는 16비트 기반의 마이크로콘트롤러를 사용하고 있는 임베디드 시스템인 것이다. 그런데 이러한 응용 분야에서는 운영체제를 사용하지 않고 프로그램을 작성하여 이식하는 경우가 대부분이다. 그런데 현재의 휴대폰과 같이, 게임, MP3 재생, 사진기, 전화 등 매우 다양한 기능이 구현되고 멀티 태스크가 필요한 경우에는 여러 개의 루틴들을 동시에 실행할 수 있는 기반을 제공하는 운영체제(Embedded OS 또는 RTOS) 상에서 응용 프로그램을 개발하게 된다. Embedded Linux, Windows CE, VxWorks 등을 사용해서 프로그램을 개발하는 것이 운영체제 기반의 임베디드 시스템이 된다.

마치 국내에서는 32비트 MCU(ARM core)에 Embedded Linux와 같은 운영체제가 올라가 있어야 임베디드 시스템으로 생각하는 경향이 있으나 상기와 같이 운영체제의 사용 유무가 임베디드 시스템인지 아닌지를 결정하지는 않는다. 여하튼, 운영체제의 사용 유무에 상관없이 임베디드 시스템을 공부하고자 하는 사람은 MCU와 주변장치와의 하드웨어적인 연동 방법과 MCU의 소프트웨어적인 제어 모두를 알아야만 하며, 이를 위해서는 적절한 Evaluation board를 선택하여 그로부터 하드웨어적인 연결과 소프트웨어적인 연동을 잘 이해하여야 한다.

본 교재는 주요 하드웨어 구성과 그 제어방식을 효율적으로 학습할 수 있고, 학습 후 실무 적응능력을 극대화 할 수 있도록 설계된 ㈜퀀텀베이스의 QB-MCU100 스타터 키트를 사용하여 주변장치 제어 항목별로 차례차례 마스터 할 수 있도록 구성하였다. 1장과 2장에서는 AVR MCU의 전반적인 소개와, 실습 환경설정에 대하여 설명하였고,

3장부터 12장까지는 하드웨어 구성을 이해하고 그 개념을 확장해 갈 수 있는 순으로 내용을 전개하였다. 특히 각 장의 소스 코드는 처음 학습자의 편의를 위하여 소스 코드 전체를 실었다. 더불어 소스 코드가 3장에서부터 차례로 확장되어 나가도록 집필하였으므로 본 교재로 학습할 때는 앞장부터 차례로 학습하기를 권한다. 마지막으로 13장에서는 소스 레벨 디버깅을 수행하는 방법을 소개하였다.

"百聞不如一見"이라 했다. 특히 하드웨어 설계나 소프트웨어 설계에는 뼈저리게 와 닿는 말이다. 부디 본 교재에 실린 예제를 완전히 이해하고, 실습하여 여러분의 기술 경쟁력을 극대화 시킬 수 있으면 하는 바람이다. 본 교재는 대학교와 전문학교 등의 임베디드 시스템 기초, 마이크로프로세서 강좌, 내장형 하드웨어 강좌에 활용될 수 있으며, 개인의 자가 학습으로 활용할 수 있도록 구성되었다.

마지막으로 본 교재를 출판하는 데 많은 도움을 주신 도서출판 그린의 윤덕우 사장님과 관계자 여러분께 감사를 표한다.

2006년 1월

홍성모, 정덕진, 이종근, 김주민

1. AVR 마이크로콘트롤러 소개

2. AVR 프로그램 개발 방법

3. 간단한 Port LED 제어

4. Bus LED 제어

5. Bus FND 제어

6. Bus LCD 제어

7. SPI 직렬통신 기반 EEPROM 제어

8. USART 직렬통신 기반 RS-232 제어

9. KEY 입력인식

10. 외부 인터럽트 포트 인식

11. Timer/Counter0 제어

12. 디지털 시계 제어

13. 부 록

1. AVR 마이크로콘트롤러 소개

처음에는 마이크로프로세서(MicroProsessor Unit, MPU)와 마이크로콘트롤러(MicroController Unit, MCU)의 탄생 배경과 마이크로콘트롤러로서 AVR MCU의 특징 및 성능에 대한 소개를 하였고 그 다음에는 AVR MCU를 기반으로 제작된 AVR MCU 스타터 키트(Starter Kit)인 QB-MCU100 스타터 키트에 대한 구성 및 사양과 QB-MCU100 스타터 키트의 사용법에 대한 설명을 하였다.

1.1 AVR 마이크로콘트롤러의 소개

1.1.1 AVR 마이크로콘트롤러의 역사

마이크로프로세서(MicroProsessor Unit, MPU)는 연산, 제어 및 레지스터(Register)라는 임시 메모리로 구성된 집적회로(Integrated Circuit, IC) 소자로 컴퓨터(Computer)의 중앙처리장치(Central Processing Unit, CPU) 역할을 수행한다. 인텔(Intel)사에 의해 1971년에 4004라는 4비트(bit) 마이크로프로세서가 제작되었고 8088이라는 8비트 마이크로프로세서와 펜티엄(Pentium)이라는 32비트 마이크로프로세서를 거쳐 아이태니엄(Itanium)이라는 64비트 마이크로프로세서가 제작되고 있다. 현재는 인텔사 이외에도 모토롤라(Motorola), 자일로그(Zilog), AMD, IBM 등의 회사들이 주로 컴퓨터의 중앙처리장치용으로 다양한 마이크로프로세서를 제작하고 있다. 컴퓨터는 중앙처리장치의 연산기능을 이용하여 문서 작성, 그래픽 작성, 전자회로 설계, 물리현상 분석, 기상현상 분석 등 다양한 분야에서 범용적인 용도로 활용되고 있다. 따라서, 마이크로프로세서는 범용적인 용도로 사용되는 컴퓨터의 중앙처리장치로서 설계 및 제작되고 있는 것이다.

이에 반해, 마이크로콘트롤러(MicroController Unit, MCU)는 연산, 제어 및 레지스터

이외에도 ROM(Read Only Memory), RAM(Random Access Memory)과 같은 메모리와 입출력(Input/Output) 장치로 구성된 집적회로 소자로 특수한 목적의 기기를 제어하는 역할을 수행한다. 인텔사에 의해 1980년에 8051이라는 8비트 마이크로콘트롤러가 제작되었고 80151, 80251이라는 기능이 향상된 8비트 마이크로콘트롤러와 8096, 80196, 80296이라는 16비트 마이크로콘트롤러가 제작되고 있다. 현재는 인텔사 이외에도 모토롤라, 자일로그, 필립스(Philips), 마이크로칩(Microchip), 아트멜(Atmel) 등의 회사들이 특수한 목적의 기기 제어용으로 다양한 마이크로콘트롤러를 제작하고 있다.

인텔사에서 개발한 8051 마이크로콘트롤러는 연산, 제어 및 레지스터 이외에도 프로그램 메모리인 ROM, 데이터 메모리인 RAM, 입출력 포트, 타이머/카운터(Timer/Counter), 직렬통신을 위한 UART(Universal Asynchronous Receiver and Transmitter) 및 인터럽트(Interrupt) 처리기 등을 포함하고 있다. 또한, 8051 마이크로콘트롤러는 프로그램 및 데이터 메모리를 확장하기 위해 외부 메모리를 접근할 수 있는 버스(bus) 기능도 있는데 프로그램과 데이터에 대한 버스를 분리하여 사용하는 하버드 구조(Harvard Architecture)로 구성된다. 이와 같이 8051은 마이크로콘트롤러의 기본 기능을 수행하기 위한 모듈(module)을 모두 가지고 있어 마이크로콘트롤러의 기본 구조를 형성하는 계기를 마련하였고 현재도 많은 회사에서 8051 마이크로콘트롤러의 기능을 개선한 8051 호환 마이크로콘트롤러를 생산하여 판매하고 있다.

인텔에 이어서 마이크로칩 사에서 PIC이라는 8비트 마이크로콘트롤러를 제작하게 되었다. 인텔의 8051 마이크로콘트롤러는 CISC(Complex Instruction Set Computer) 구조로 구성되어 있는데 반해 마이크로칩사의 PIC은 RISC(Reduced Instruction Set Computer) 구조로 구성되었고 프로그램 메모리를 OTP(One-Time Programmable) ROM을 사용하는 저가의 마이크로콘트롤러로 제작되어 많은 분야에서 활용되고 있다.

여기서, CISC 구조는 복잡하고 다양한 명령어 집합을 가지고 있어서 고급언어(C, Pascal, Basic 등)를 어셈블(Assemble) 즉, 기계어(Machine Language)로 번역해주는 컴파일러(Complier)의 구현이 간단하지만 명령어(기계어)를 번역하고 실행하는 하드웨어(Hardware)의 구현이 복잡하게 되고 누산기(Accumulator)라는 레지스터만을 사용하는 연산장치로 구성되어 있어 연산을 수행할 때 누산기에서의 병목현상이 발생하게 되는 문제가 있다. 또한, 실제로 마이크로프로세서에서 자주 사용되는 명령어의 수는 적다는 것이 알려지면서 RISC 구조가 탄생하게 된다. RISC 구조는 자주 사용하는 최소한의 명령어 집합으로 구성하여 명령어(기계어)를 번역하고 실행하는 하드웨어의 구현이 간단하고 거의 모든 레지스터가 연산장치에서 사용될 수 있는 레지스터 중심의 구조로 구성된다. 하지만, RISC의 경우에는 적은 수의 명령어 집합으로 구성되어 있으므로 고급언어에서 기계어로 번역해주는 컴파일러의 구현이 어렵다. 그러나, 최근에는 다양한 RISC 구조의 마이크로프로세서와 마이크로콘트롤러가 제작되면서 거기에 대응하는 다양한 컴파일러의 제작도 병행되고 있다.

마이크로칩 사에 이어서 플래시 메모리(Flash Memory) 제작 회사로 유명한 아트멜 사에서 AVR이라는 8비트 마이크로콘트롤러를 제작하게 되었다. AVR 마이크로콘트롤러는 하버드 구조와 파이프라인(pipeline) 기술을 기반으로 하는 RISC 구조로 구성되어 있고 프로그램 메모리는 플래시 메모리를 사용하고 데이터 메모리는 EEPROM (Electrically Erasable Programmable ROM)과 SRAM(Static RAM)을 사용하고 있다. 또한, 지금까지는 롬라이터(ROM Writer)를 이용하여 마이크로콘트롤러에 프로그램을 저장하고 EVA 칩(chip)이라는 별도의 집적회로 소자로 구성된 에뮬레이터(Emulator)를 사용하여 프로그램을 개발하는 방법을 사용하여 왔다. 그러나, 아트멜의 AVR 8비트 마이크로콘트롤러는 ISP(In-System Programming)이라는 방식을 이용하여 컴퓨터에서 직접 마이크로콘트롤러로 프로그램을 다운로드(Download)하여 저장할 수 있게 하였고 JTAG (Joint Test Action Group) 기술을 마이크로콘트롤러에 적용하여 컴퓨터에서 JTAG ICE(In-Circuit Emulator)를 이용하여 직접 마이크로콘트롤러로 프로그램을 다운로드하여 저장할 수 있고 실시간으로 프로그램에 대한 디버그(Debug)를 수행할 수 있다. 그리고, 아트멜 사에서 AVR Studio라는 어셈블러 및 프로그램 다운로드 개발 툴을 무료로 제공하고 있고 AVR-GCC라는 C 컴파일러가 무료로 배포되고 있다. 이와 같이 AVR 마이크로콘트롤러를 이용한 개발 환경 구축이 쉽고 비용도 거의 들지 않기 때문에 다른 마이크로콘트롤러와 더불어 많은 다양한 분야에서 활용되고 있다.

1.1.2 AVR 마이크로콘트롤러 패밀리

AVR 마이크로콘트롤러는 다양한 분야에서 사용될 수 있는데 각각의 분야에 맞는 기능에 따라 3가지의 패밀리(Family)로 구분된다.

1) ATtiny 패밀리

ATtiny 패밀리는 모든 모델명이 ATtiny로 시작하고 내부 프로그램 메모리로 1~2 kByte의 플래시 메모리를 내장하며 패키지(Package)는 8핀(pin), 20핀 또는 32핀의 PDIP, SOIC, TQFP 또는 MLF의 형태로 제작된다. 핀 수가 적은 패키지로 구성되어 외부 메모리로 접근하는 버스가 없고 내부 프로그램 메모리도 적어서 저가의 간단한 기능을 수행하는 용도로 주로 사용된다.

ATtiny 패밀리의 주요 특징은 내부 프로그램 메모리(플래시 메모리 : 1~2 kByte), 내부 데이터 메모리(EEPROM : 64~128 Byte, SRAM : 64~128 Byte), 아날로그/디지털 변환기(Analog/Digital Converter), 아날로그 비교기(Analog Comparator), 직렬통신용 USART (Universal Synchronous and Asynchronous Receiver and Transmitter), 8비트 및 16비트 타이머/카운터, 워치독 타이머(Watchdog Timer), 펄스폭 변조(Pulse Width Modulation) 파형 발생기, 내부 RC 발진기, 인터럽트 처리기, 컴퓨터에서 프로그램을 다운로드하여 저장할 수 있는 ISP 기능 등을 가지고 있다.

2) AT90 패밀리

AT90 패밀리는 모든 모델명이 AT90으로 시작하고 내부 프로그램 메모리로 1~8 kByte의 플래시 메모리를 내장하며 패키지는 8핀, 20핀, 28핀, 32핀, 40핀 또는 44핀의 PDIP, SOIC, SSOP, TQFP 또는 PLCC의 형태로 제작된다. 핀 수가 큰 패키지 중에는 외부 메모리로 접근할 수 있는 버스가 있고 내부 프로그램 메모리가 큰 패키지도 있어서 C 언어와 같은 고급언어로 프로그램하여 사용할 수 있다. 그러나, 저가의 간단한 기능을 위한 ATtiny 패밀리와 뒤에 설명하는 복잡한 기능을 위한 ATmega 패밀리와는 달리 확실한 목표 시장을 가지고 있지 않아서 현재는 거의 단종되고 일부 분야에서 사용되고 있는 상황이다.

AT90 패밀리의 주요 특징은 내부 프로그램 메모리(플래시 메모리 : 1~8 kByte), 내부 데이터 메모리(EEPROM : 64~512 Byte, SRAM : 128~512 Byte), 아날로그/디지털 변환기, 아날로그 비교기, 직렬통신용 USART, 8비트 및 16비트 타이머/카운터, 워치독 타이머, 펄스폭 변조 파형 발생기, 내부 RC 발진기, 인터럽트 처리기, 컴퓨터에서 프로그램을 다운로드하여 저장할 수 있는 ISP 기능을 가지고 있다.

3) ATmega 패밀리

ATmega 패밀리는 모든 모델명이 ATmega로 시작하고 내부 프로그램 메모리로 4~128kByte의 플래시 메모리를 내장하며 패키지는 28핀, 32핀, 40핀, 44핀 또는 64핀의 PDIP, TQFP, PLCC 또는 MLF의 형태로 제작된다. 핀 수가 큰 패키지 중에는 외부 메모리로 접근할 수 있는 버스가 있고 내부 프로그램 메모리가 커서 C 언어와 같은 고급언어로 프로그램하여 사용할 수 있다. 현재는 복잡한 기능을 수행하기 위한 용도의 ATmega 패밀리가 다양한 분야에서 폭넓게 사용되고 있는 상황이다.

ATmega 패밀리의 주요 특징은 내부 프로그램 메모리(플래시 메모리 : 4~128 kByte), 내부 데이터 메모리(EEPROM : 256~4096 Byte, SRAM : 512~4096 Byte), 아날로그/디지털 변환기, 아날로그 비교기, 직렬통신용 USART, 8비트 및 16비트 타이머/카운터, 워치독 타이머, 펄스폭 변조 파형 발생기, 내부 RC 발진기, 인터럽트 처리기, 곱셈기(Multiplier), 컴퓨터에서 프로그램을 다운로드하여 저장할 수 있는 ISP 기능을 가지고 있다.

1.1.3 AVR 마이크로콘트롤러 패키지

1) PDIP / SOIC/ SSOP

PDIP 패키지는 현재까지 널리 사용되고 있는 패키지 형태로 ATtiny, AT90 및 ATmega 패밀리에서 8핀, 20핀, 28핀 및 40핀의 형태로 제작되고 있다. SOIC 패키지는 ATtiny, AT90패밀리에서 8핀 및 20핀의 형태로 제작되고 있다. 그리고, SSOP 패키지는 AT90 패밀리에서 20핀의 형태로 제작되고 있다. 그림 1.1은 20핀의 PDIP / SOIC / SSOP 패키지의 형태를 보여주는 것으로 AT90 패밀리의 AT90S1200 제품이다.

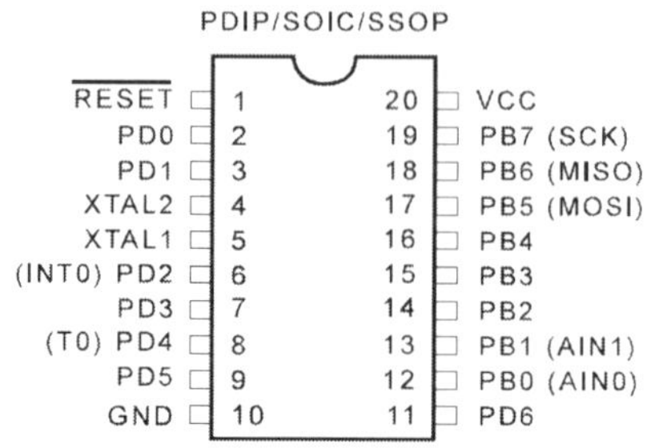

그림 1.1 AT90S1200 제품의 20핀 PDIP / SOIC / SSOP 패키지

2) PLCC

PLCC 패키지는 AT90 및 ATmega 패밀리에서 44핀의 형태로 제작되고 있다. 그림 1.2는 44핀의 PLCC 패키지의 형태를 보여주는 것으로 ATmega 패밀리의 ATmega8535 제품이다.

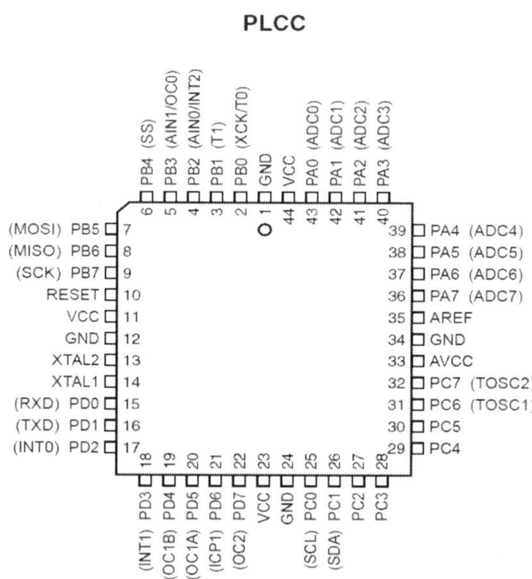

그림 1.2 ATmega8535 제품의 44핀 PLCC 패키지

3) TQFP / MLF

TQFP 패키지는 ATtiny, AT90 및 ATmega 패밀리에서 32핀, 44핀 및 64핀의 형태로 제작되고 있다. MLF 패키지는 ATtiny 및 ATmega 패밀리에서 32핀, 44핀 및 64핀의 형태로 제작되고 있다. 그림 1.3은 44핀의 TQFP / MLF 패키지의 형태를 보여주는 것으로 ATmega 패밀리의 ATmega162 제품이다.

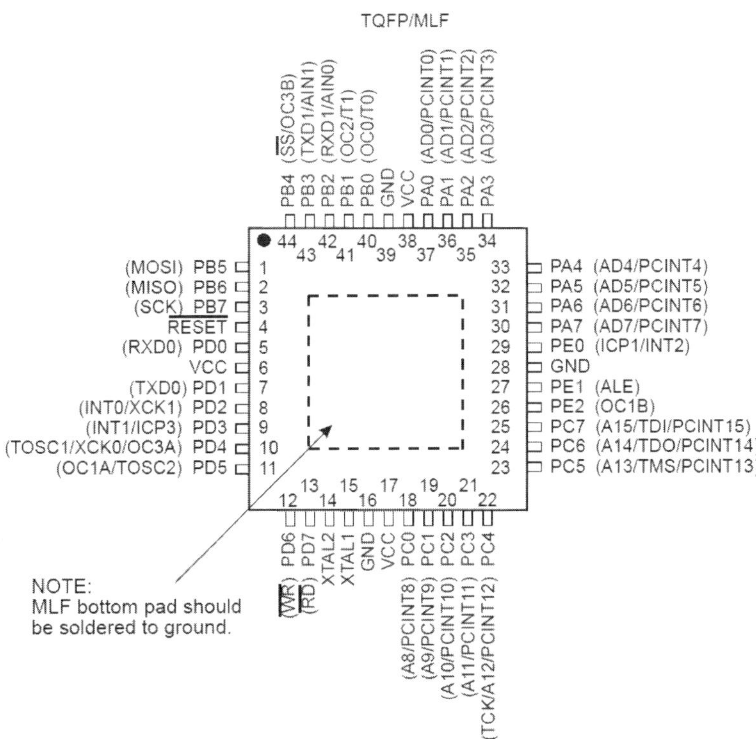

그림 1.3 ATmega162 제품의 44핀 TQFP / MLF 패키지

1.1.4 ATmega162 마이크로콘트롤러의 특징

ATmega 패밀리 중에서 널리 사용되고, 본 교재의 실습에 사용하는 QB-MCU100 스타터 키트에 적용된 ATmega162 제품의 특징에 대해 설명하고자 한다.

- 131개의 명령어 세트를 가지고 있고 대부분의 명령어가 1개의 클럭 사이클(Clock Cycle)에 실행된다.
- 32개의 8비트 범용 레지스터(Working Register)를 가지고 있으며 거의 모든 범용 레지스터가 연산 장치와 연동되어 사용할 수 있다.
- 2개의 클럭 사이클에 실행되는 곱셈기를 보유하고 있다.
- 내부 프로그램 메모리로 16kByte의 플래시 메모리를 보유하고 있고 ISP 기능을 이용하여 컴퓨터에서 직접 다운로드하여 저장할 수 있다. 플래시 메모리는 10,000번까지 쓰고 지울 수 있다.
- 내부 데이터 메모리로 512Byte의 EEPROM을 보유하고 있고 100,000번까지 쓰고 지울 수 있다.
- 내부 데이터 메모리로 1kByte의 SRAM을 보유하고 있고 데이터 버스를 이용하여 외부 데이터 메모리로 64kByte까지 확장할 수 있다.
- 내부 프로그램 메모리에 저장된 프로그램을 보호하기 위해 프로그램 읽기 방지 설정(Programmable Lock)을 설정할 수 있다.
- JTAG(IEEE standard 1149.1 규격) 인터페이스를 보유하고 있어서 JTAG ICE 장비와 연동하여 컴퓨터에서 실시간으로 프로그램 디버그를 수행할 수 있다. 또한, JTAG 인터페이스를 통해 플래시 메모리, EEPROM, Fuse 및 Lock Bit에 데이터를 설정할 수 있다.
- 2개의 8비트 타이머/카운터를 보유하고 있으며 프리스케일러(Prescaler), 비교(Compare) 모드를 가지고 있다. 또한, 2개의 16비트 타이머/카운터를 보유하고 있으며 프리스케일러(Prescaler), 비교(Compare) 및 캡쳐(Capture) 모드를 가지고 있다.
- 2개의 USART를 보유하고 있어서 직렬 통신을 수행할 수 있다.
- 마스터/슬레이브(Master/Slave) SPI(Serial Peripheral Interface) 인터페이스를 보유하고 있어서 외부 주변 장치와 SPI 통신을 수행할 수 있다. 또한, SPI 인터페이스를 통해 플래시 메모리에 프로그램을 저장할 수 있다.

- 워치독 타이머(Watchdog Timer)를 보유하고 있다.
- 아날로그 비교기(Analog Comparator)를 보유하고 있다.
- 내부 RC 발진기를 보유하고 있어서 외부 발진소자 없이도 시스템 클럭을 발생하여 동작할 수 있다.
- 외부 및 내부 인터럽트 소스(Interrupt Source)를 보유하고 있다.
- 5개의 소비전력 절약 모드(Sleep Mode)를 보유하고 있다.
- 35개의 입출력 포트를 보유하고 있고 이러한 입출력 포트는 일반 입출력 포트 기능 이외에도 다양한 기능을 병행하여 수행한다.
- 패키지는 40핀 PDIP, 44핀 TQFP, 44핀 MLF의 형태를 가지고 있다.
- 동작 전압은 2.7~5.5 V(Volt)이고 동작 주파수는 0~16 MHz이다.

다음 절에서 AVR ATmega162 마이크로콘트롤러를 기반으로 제작된 ㈜퀀텀베이스의 QB-MCU100 스타터 키트(Starter Kit)를 소개한다. 앞으로 다루게 되는 예제들은 ISP(In-System Programming) 회로가 내장된 ㈜퀀텀베이스의 QB-MCU100 스타터 키트에 컴파일된 프로그램을 다운로드하여 실행할 것이다.

1.2 QB-MCU100 스타터 키트 소개

(주)퀀텀베이스의 Level-up 시리즈 중의 QB-MCU100 스타터 키트는 RISC 방식의 8비트 마이크로콘트롤러(MCU)로 유명한 Atmel사와 Microchip사중에서 Atmel사의 8비트 MCU를 탑재하고 있다. 이 제품은 처음 MCU를 다루는 엔지니어 또는 상용화 프로젝트 진행 중 8비트 MCU 검증 또는 구현이 필요한 경우에 가장 쉽고, 편리하게 사용할 수 있도록 고안된 교육 및 개발용 8비트 MCU 스타터 키트이다.

QB-MCU100 스타터 키트는 Atmel사의 최신 MCU인 AVR 시리즈의 ATmega162를 탑재하고 있으며, 본 제품에 같이 동봉된 병렬 케이블을 사용하여 컴퓨터의 병렬 포트에 연결만으로 별도의 드라이버 설치 없이 간단히 사용할 수 있다. Atmel사의 AVR MCU를 사용하는 데 필요한 소프트웨어로는 WinAVR 통합 개발 툴이 있는데 winavr.source forge.net에서 무료로 다운로드하여 설치하고 사용할 수 있다.

이와 같은 WinAVR 통합 개발 툴을 사용하고 사용자는 단순히 컴퓨터의 병렬 포트와 QB-MCU100 스타터 키트의 QB-AM162-TK 보드와 병렬 케이블로 연결함으로써 프로그램 소스 코드 컴파일, 다운로드 및 MCU 검증의 모든 과정을 쉽고 간편하게 실행할 수 있다. QB-MCU100 스타터 키트에는 LCD, FND, LED, Key, EEPROM, RS-232 등의 다양한 주변장치를 장착하여 기본적인 테스트 및 시스템 구성을 용이하게 하고 있으며, 보드 내에 ISP 회로를 내장하고 있어서 별도의 ISP용 하드웨어의 추가 없이 컴퓨터에서 컴파일된 프로그램을 컴퓨터의 병렬 포트를 통해서 다운로드 할 수 있다.

1.2.1 QB-MCU100 스타터 키트 구성

QB-MCU100 스타터 키트는 표 1.1에 기술한 바와 같이 QB-AM162-TK 보드, 프로그램 다운로드를 위한 병렬 케이블, RS-232 직렬 통신을 위한 직렬 케이블, DC 9V 전원 어댑터 및 CD로 구성되어 있다. 또한, CD에는 사용자 매뉴얼을 비롯한 예제, QB-AM162-TK 보드에 사용된 디바이스의 데이터시트, WINAVR 통합 개발 툴 및 Ponyprog 2000 다운로드 프로그램이 포함되어 있다.

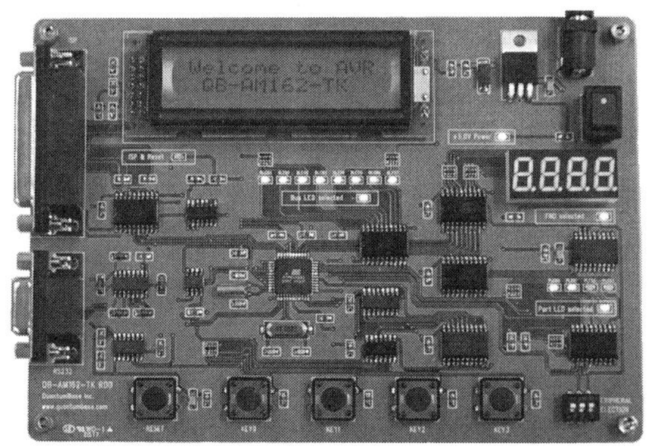

그림 1.4 QB-AM162-TK 보드

[표 1.1] QB-MCU100 스타터 키트 구성

구 성 품	설 명
메인보드 (QB-AM162-TK)	ATmega162 기반의 Prototype Board
병렬케이블	ISP 다운로드용 25핀 병렬 케이블
직렬케이블	RS-232 직렬통신용 9핀 직렬케이블
직류전원어댑터	220 V 입력, 9 V 500 mA 출력의 직류전원장치
CD	매뉴얼, 데이터시트, 개발 툴, 예제 포함

1.2.2 AVR MCU 디바이스 사양

QB-MCU100 스타터 키트는 Atmel사 AVR MCU 제품군의 ATmega162 디바이스를 탑재하고 있다. 표 1.2에 최신의 진보된 RISC MCU인 ATmega162 디바이스에 대한 특징들을 표시하였다. ATmega162 디바이스는 32개의 8비트 범용 레지스터와 2클럭 사이클만으로 곱셈연산이 가능한 곱셈기를 내장하고 있고 다양한 주변기능을 내장하고 있으며, 35개의 범용 I/O 포트를 가지고 있다. 또한, 외부 메모리 버스 인터페이스가 있어서 64 KByte까지 데이터 메모리를 확장할 수 있다.

[표 1.2] AVR ATmega162 디바이스 사양

특 징	설 명
Advanced RISC 구조	131개 명령어(대부분 1 클럭 사이클만으로 실행) 32개의 8비트 범용 레지스터 곱셈기(2 클럭 사이클만으로 실행)
프로그램 메모리	16 KByte 내부 Flash(ISP 프로그램 가능, 10,000회까지 Write/Erase 사용)
데이터 메모리	512 Byte 내부 EEPROM(100,000회까지 Write/Erase 사용) 1024 Byte 내부 SRAM(외부 메모리를 통해 64 KByte까지 확장)
JTAG (IEEE1149.1 규격)	Flash, EEPROM, Fuse, Lock Bit 프로그램 On-chip Debug
주변장치 특징	2개의 8비트 Timer/Counter (Prescaler, Compare Mode) 2개의 16비트 Timer/Counter(Prescaler, Compare Mode, Capture Mode) Real Time Counter(별도의 외부 오실레이터 사용) 6개의 PWM Channel 2개의 Serial USART Master/Slave SPI Serial Interface Watchdog Timer(별도의 내부 Oscillator 사용) Analog Comparator
특이 사항	Power-on Reset 및 Brown-out Detection 내부 RC Oscillator 외부 및 내부 인터럽트 소스 5개의 Sleep Mode(Idle, Power-save, Power-down, Standby, Extended Standby)
I/O Port	35개의 범용 I/O Port
동작 전압	2.7 V ~ 5.5 V
동작 클럭 주파수	0 ~ 16 MHz

1.2.3 AVR MCU 보드 사양

QB-MCU100 스타터 키트의 메인보드인 QB-AM162-TK는 앞 절에서 설명한 AVR MCU중 ATmega162 디바이스를 탑재하였다. 동작을 위한 클럭으로는 메인클럭(Main Clock)과 서브클럭(Sub Clock)의 두 가지 외부클럭을 적용하여 전력제어 및 Sleep 모드를 구현할 수 있고, 특히 서브 클럭을 이용하여 Real Time Clock을 구현할 수 있다. 또한, SPI 직렬통신을 통해 Serial EEPROM에 데이터를 읽거나 쓸 수 있다. 그리고, 디스플레이 출력 장치로는 Port LED, Bus LED, Bus FND(7-segment), Bus LCD 등이 장착되어 있고, 실습 내용에 따라 이러한 디스플레이 장치를 선택하는 3 pole DIP Switch가 장착되어 있다. 입력 장치로는 사용자 입력을 위한 4개의 Push Button Switch와 시스템 리셋(Reset)을 위한 1개의 Push Button Switch가 장착되어 있다. 그 외에도 USART 기능을 이용한 RS-232 통신을 위한 Transceiver 및 DB-9 커넥터가 장착되었고 컴파일된 프로그램을 다운로드 하기 위한 ISP(In-System Programming) 회로 및 DB-25 커넥터가 장착되어 있다. 마지막으로, 시스템 동작을 위한 직류전원단자와 Power Switch가 장착되어 있으며, 직류전원단자의 입력은 DC 9V로서 가운데 단자가 + 전원이 인가되어야 한다.

[표 1.3] QB-AM162-TK 보드 사양

	사 양	설 명
MCU Device	ATmega162	Atmel AVR MCU Device
Main Clock	11.0592 MHz	System, I/O, Flash, Timer/Counter0에 Clock으로 사용
Sub Clock	32.768 KHz	Real Time 및 Asynchronous Counter0에 Clock으로 사용
EEPROM	AT93C46	SPI와 연결된 Atmel Serial EEPROM
Port LED	4 Port LED	MCU I/O 포트와 연결된 4개의 LED
Bus LED	8 Bus LED	외부 메모리 버스와 연결된 8개의 LED
Bus FND	4 Bus FND	외부 메모리 버스와 연결된 4개의 FND (7-Segment LED)
Bus LCD	Bus LCD	외부 메모리 버스와 연결된 LCD
DIP Switch	3 Pole DIP Switch	Port LED, Bus LED, Bus FND를 선택하는데 사용
RS-232 Port	DB-9 Connector	컴퓨터의 직렬포트와 연결되는 RS-232 직렬 통신용 포트
Key	4 Push Button Switch	MCU I/O 포트와 연결된 4개의 Key
Reset Key	System Reset Switch	With Power On Reset function
ISP Port	DB-25 Connector	컴퓨터의 병렬 포트와 연결되는 프로그램 다운로드용 포트
Power	9V DC Power Jack, Power Switch	Regulator를 통해 5V DC Power를 main board에서 사용

1.2.4 각부 명칭 및 상세 설명

그림 1.5에는 앞 절에서 설명한 QB-AM162-TK 보드의 각부 명칭을 도시하였다. 그림 1.5에 보인 바와 같이 QB-AM162-TK 보드에는 디스플레이 출력 장치, 키 입력장치, 외부 메모리 장치, RS-232 통신 및 ISP 프로그램 다운로드 장치들이 장착되어 있다.

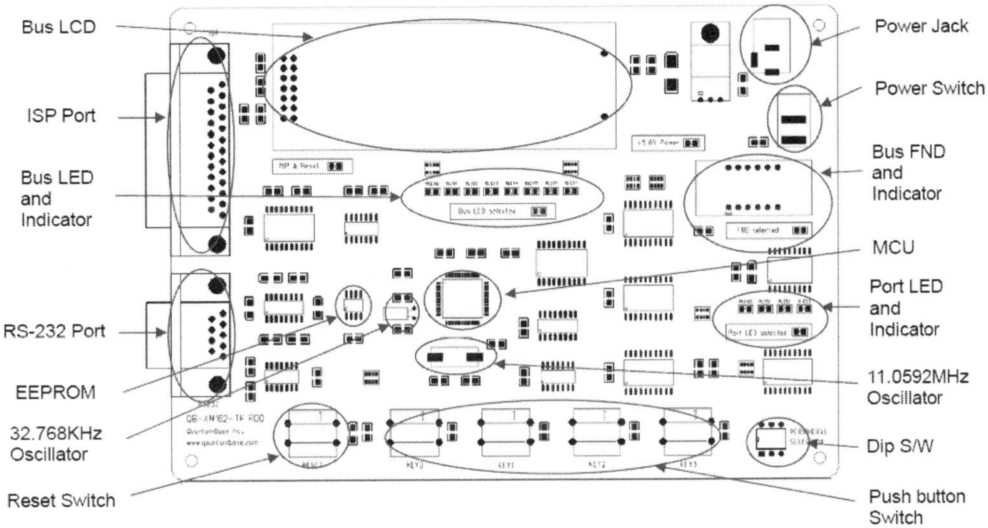

그림 1.5 QB-AM162-TK 보드의 각부 명칭

1.2.5 QB-AM162-TK 보드 설치 방법

그림 1.6에서는 QB-AM162-TK 보드를 동작하기 위해 설치하는 방법을 보여주고 있는데 우선, 직류전원 장치의 출력단자를 QB-AM162-TK 보드의 Power Jack에 연결하여 QB-AM162-TK 보드에 DC 9 V 전원을 인가하게 된다. 다음으로, 다운로드 병렬 케이블의 25핀 male 커넥터를 QB-AM162-TK Board의 25핀 ISP Port(DB-25 female 커넥터)에 연결하고 다운로드 병렬 케이블의 다른 25핀 male 커넥터는 컴퓨터의 병렬 포트인 25핀 female 커넥터에 연결함으로써 컴퓨터에서 QB-AM162-TK 보드로 컴파일된 프로그램을 다운로드할 수 있다. 마지막으로, RS-232 통신 케이블의 9핀 male 커넥터를 QB-AM162-TK 보드의 RS-232 Port(DB-9 female 커넥터)에 연결하고 RS-232 통신 케이블의 연결되지 않은 9핀 female 커넥터를 컴퓨터의 직렬포트인 9핀 male 커넥터에 연결함으로써 컴퓨터와 QB-AM162-TK 보드간의 RS-232 통신을 수행할 수 있다.

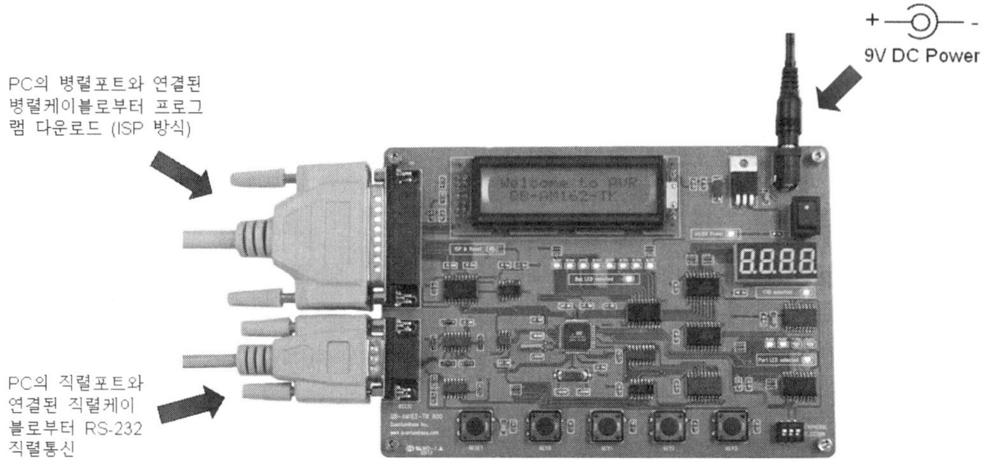

그림 1.6 QB-AM162-TK 보드 실습을 위한 설치 예

1.2.6 Port MAP

표 1.4와 표 1.5에서는 AVR ATmega162 MCU의 포트(Port)와 주변장치간의 연결을 표로 보여주고 있는데 Key, EEPROM, RS-232, ISP, Clock, Port LED 등은 AVR ATmega162 MCU의 포트와 직접 연결되어 사용되었고 Bus LED, Bus FND, Bus LCD 등은 AVR ATmega162 MCU의 외부 메모리 버스(External Memory Bus)와 연결되어 사용되었다. 여기서, ISP와 EEPROM은 AVR ATmega162 MCU의 N_SS, N_RESET 포트를 제외하고 3개는 같은 포트를 공유하고 있는데 이것은 SPI 직렬통신 방식을 사용하고 있기 때문이다. 또한, AVR ATmega162 MCU의 TOSC1, TOSC2 포트는 32.768 KHz 크리스털 발진소자와 연결하여 Real Time Counter의 클럭 소스가 되는 서브클럭을 생성한다.

[표 1.4] AVR ATmega162 MCU 포트와 주변장치간의 Port Map(1)

MCU	KEY	EEPROM	RS-232	ISP	Clock
PB5/MOSI(#1)		DI		D5(#7)	
PB6/MISO(#2)		DO		ACK(#10)	
PB7/SCK(#3)		SK		D4(#6)	
N_RESET(#4)	RESET			D7(#9)	
PD0(#5)	KEY0				
PD1(#7)	KEY1				
PD2(#8)	KEY2				
PD3(#9)	KEY3				
PD4/TOSC1(#10)					SUB
PD5/TOSC2(#11)					SUB
XTAL2(#14)					MAIN
XTAL1(#15)					MAIN
PC0(#18)					
PC1(#19)					
PC2(#20)					
PC3(#21)					
PC4(#22)					
PC5(#23)					
PC6(#24)					
PC7(#25)					
PA7(#30)					
PA6(#31)					
PA5(#32)					
PA4(#33)					
PA3(#34)					
PA2(#35)					
PA1(#36)					
PA0(#37)					
PB0(#40)					
PB1(#41)					
PB2/RXD1(#42)			TD(#3)		
PB3/TXD1(#43)			RD(#2)		
PB4/N_SS(#44)		CS			

[표 1.5] AVR ATmega162 MCU 포트와 주변장치간의 Port Map(2)

MCU	Port LED	Bus LED	Bus FND	Bus LCD
PB5/MOSI(#1)				
PB6/MISO(#2)				
PB7/SCK(#3)				
N_RESET(#4)				
PD0(#5)				
PD1(#7)				
PD2(#8)				
PD3(#9)				
PD4/TOSC1(#10)				
PD5/TOSC2(#11)				
XTAL2(#14)				
XTAL1(#15)				
PC0(#18)		A15	A15	A15
PC1(#19)		A14	A14	A14
PC2(#20)		A13	A13	A13
PC3(#21)		A12	A12	A12
PC4(#22)		A11	A11	A11
PC5(#23)		A10	A10	A10
PC6(#24)		A9	A9	A9
PC7(#25)		A8	A8	A8
PA7(#30)		BLED7/A7	C/A7	DB7/A7
PA6(#31)		BLED6/A6	DP/A6	DB6/A6
PA5(#32)		BLED5/A5	D/A5	DB5/A5
PA4(#33)		BLED4/A4	E/A4	DB4/A4
PA3(#34)		BLED3/A3	A/A3	DB3/A3
PA2(#35)		BLED2/A2	F/A2	DB2/A2
PA1(#36)		BLED1/A1	B/A1	DB1/RS/A1
PA0(#37)		BLED0/A0	G/A0	DB0/RW/A0
PB0(#40)	PLED0			
PB1(#41)	PLED1			
PB2/RXD1(#42)	PLED2			
PB3/TXD1(#43)	PLED3			
PB4/N_SS(#44)				

1.2.7 QB-AM162-TK 보드 회로도

독자들의 하드웨어에 대한 이해를 위하여, QB-MCU100 스타터 키트에 포함된 AVR ATmega162 MCU 보드인 QB-AM162-TK 보드의 전체 회로도를 그림 1.7, 그림 1.8, 그림 1.9에 도시하였다. 그림 1.7에는 AVR ATmega162 MCU, AVR ATmega162 MCU의 N_RESET 포트와 연결되는 리셋 스위치 및 리셋 회로, RS-232 통신에 사용되는 Transceiver(MAX232A) 및 DB-9 female 커넥터, 외부 메모리 버스에서 사용되는 래치(Latch, 74HC573), 디코더(Decoder, 74HC138) 및 OR 게이트(Gate, 74HC32) 일부를 나타내고 있다. 그림 1.8에는 직류전원 공급 부분에 사용되는 Power Jack, Regulater 소자(TO220-7805) 및 관련 회로, ISP 다운로드에 사용되는 버퍼(Buffer, 74HC244) 및 DB-25 female Connector, Port LED 부분에 사용되는 버퍼(Buffer, 74HC244) 및 LED Diode, 외부 메모리로 Serial EEPROM(AT93C46), 키 입력 장치의 4개의 Push button Switch 등을 나타내고 있다. 그림 1.9에는 Bus LCD 부분에 사용되는 16x2 Character LCD 및 버스 어드레스 디코드를 위한 OR 게이트(74HC32), AND 게이트(74HC08), Schmitt Trigger Inverter 게이트(74HC14), Bus LED 부분에 사용되는 플립플롭(Flip-flop, 74HC574) 및 LED Diode, 디스플레이 출력 장치를 ON 시키는데 사용되는 3 Pole DIP Switch 등을 나타내고 있다.

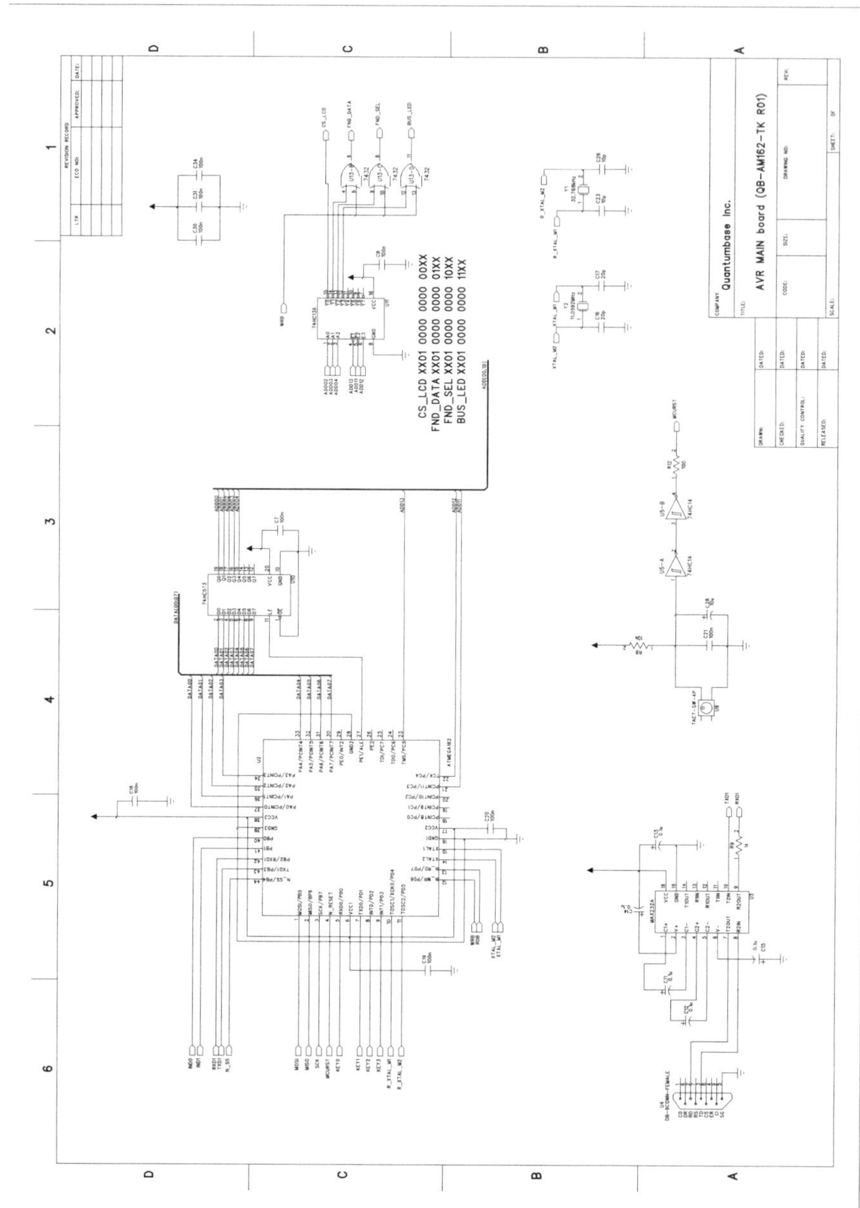

그림 1.7

QB-AM162-TK 보드 회로도 1/3

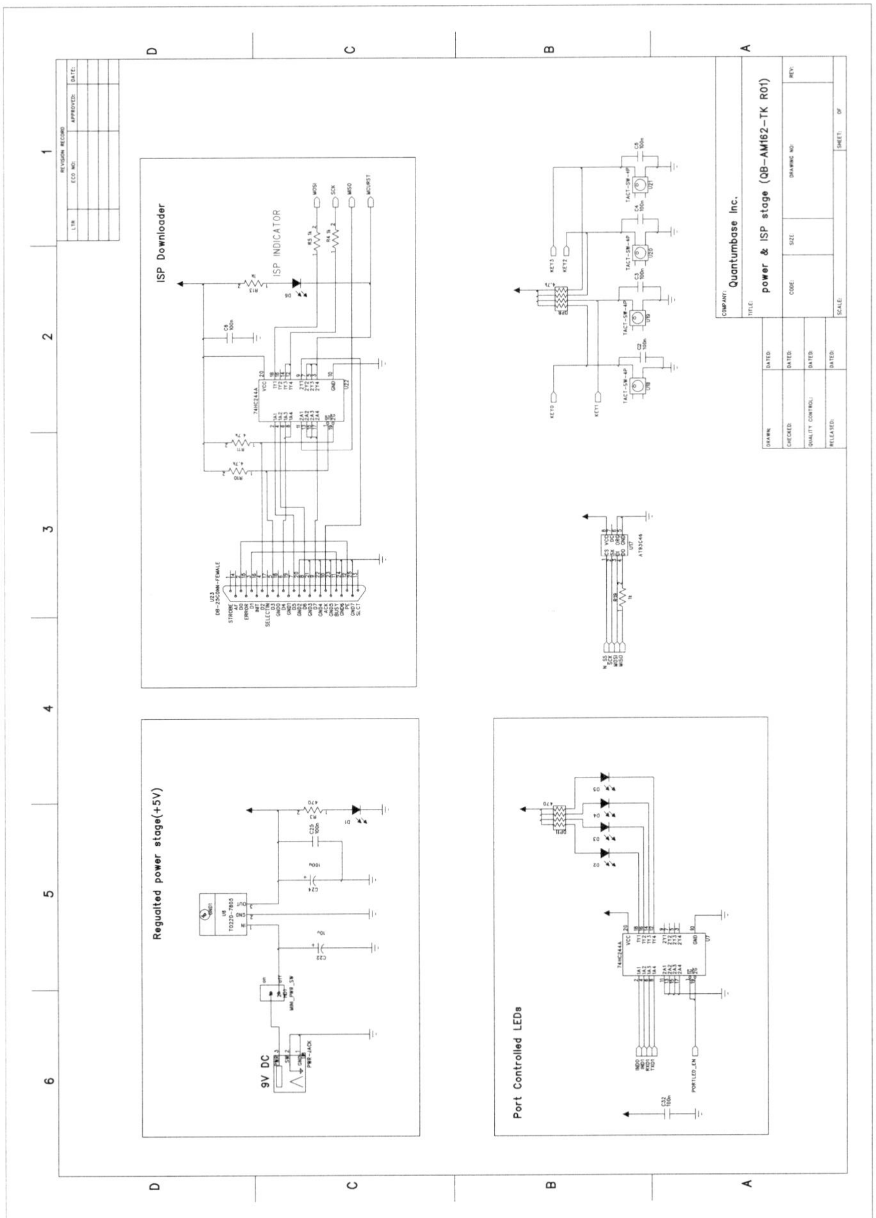

그림 1.8

QB-AM162-TK 보드 회로도 2/3

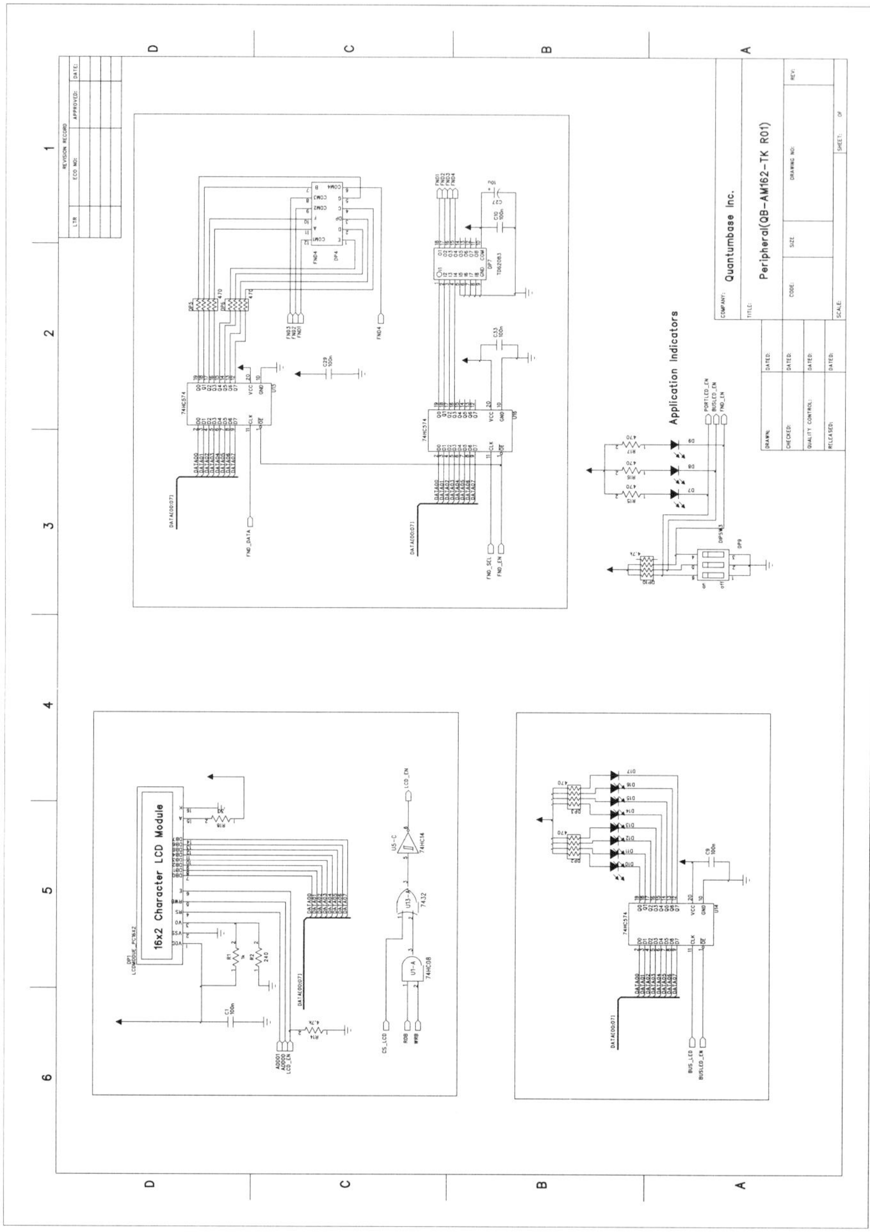

그림 1.9 QB-AM162-TK 보드 회로도 3/3

2. AVR 프로그램 개발 방법

2.1 AVR 프로그램 작성 개발툴 설치

2.1.1 WinAVR 통합 개발툴 설치

AVR MCU 통합 개발 툴 중에 하나인 WinAVR(20040720 버전)을 설치하는 방법에 대해서 설명한다. WinAVR은 winavr.sourceforge.net에서 무료로 다운로드하여 설치하고 사용할 수 있다. 여기서는 이 책에 같이 동봉된 CD에 있는 WinAVR을 설치할 것이다. 우선, 같이 동봉된 CD를 컴퓨터의 CD-ROM 드라이버에 삽입하면 그림 2.1에 보인 바와 같은 Windows 탐색기 창이 나타난다.

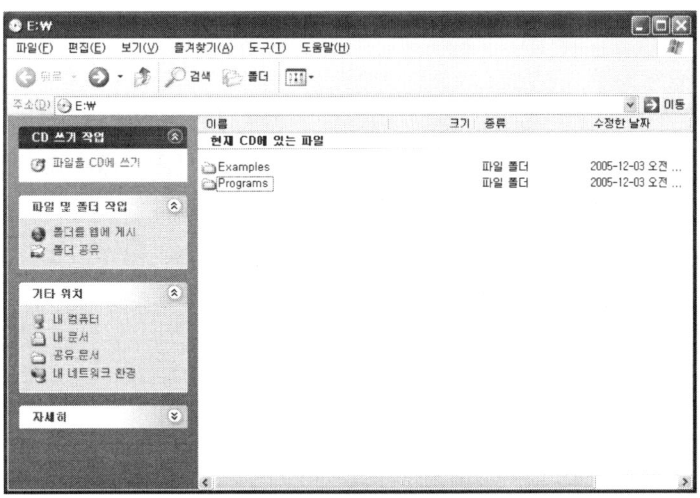

그림 2.1 CD를 삽입한 후에 나타나는 Windows 탐색기 창

그림 2.1에 보인 바와 같이 CD에는 본 서에서 사용하는 예제 파일이 들어있는 "Examples" 폴더와, 실습에 필요한 관련 개발 툴들이 들어있는 "Programs" 폴더로 구성되어 있다.

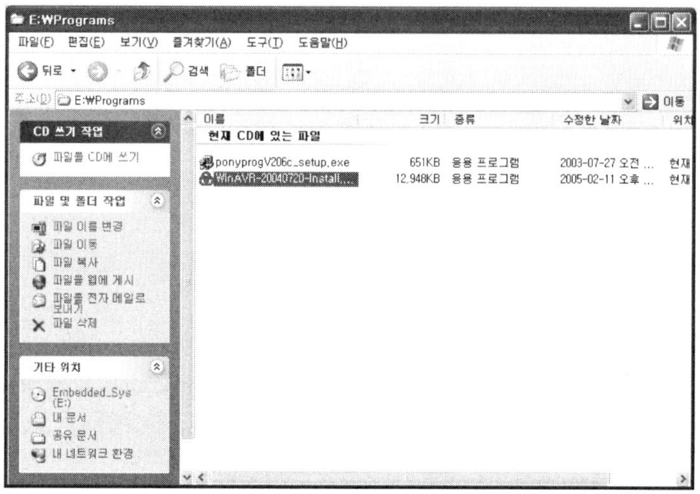

그림 2.2

CD의 "Programs" 폴더에 있는 파일 내용

Windows 탐색기 창에서 "Programs" 폴더를 선택하면 그림 2.2에 보인 바와 같이 "Programs" 폴더에 있는 파일의 내용을 볼 수 있는데 여기서 WinAVR 개발 툴 설치 파일인 "WinAVR-20040720-install.exe"을 더블클릭하여 실행한다. WinAVR 개발 툴 설치 파일을 실행하면 그림 2.3과 같이 WinAVR 설치 사용 언어 선택창이 나타난다. 여기서 설치 사용 언어 선택창의 콤보박스로부터 "Korean"을 선택하여 설치시에 한글이 표시되도록 설정하고 "OK" 버튼을 누른다.

그림 2.3 WinAVR 설치 사용 언어 선택창

그러면, 그림 2.4에 보인 바와 같이 WinAVR 설치 시작창이 나타나는데 여기서는 "다음 >" 버튼을 누른다.

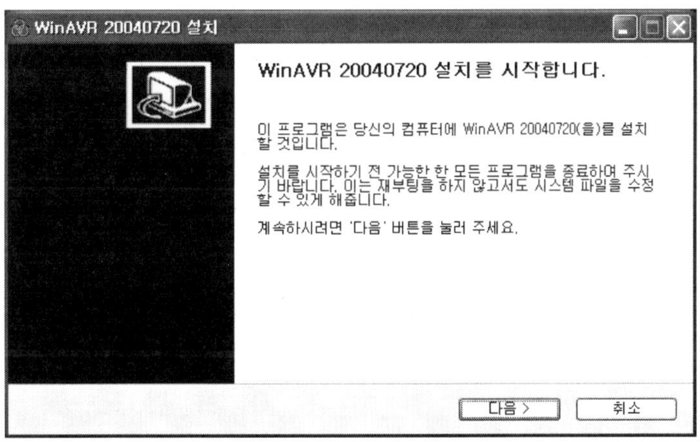

그림 2.4 WinAVR 설치 시작창

다음으로, 그림 2.5와 같은 WinAVR 사용권 계약창이 보여지는데, WinAVR에 구성되는 각 모듈들의 사용권에 관한 내용들을 표시하고 있다. 여기서는 "동의함" 버튼을 누르면 다음으로 설치가 진행된다.

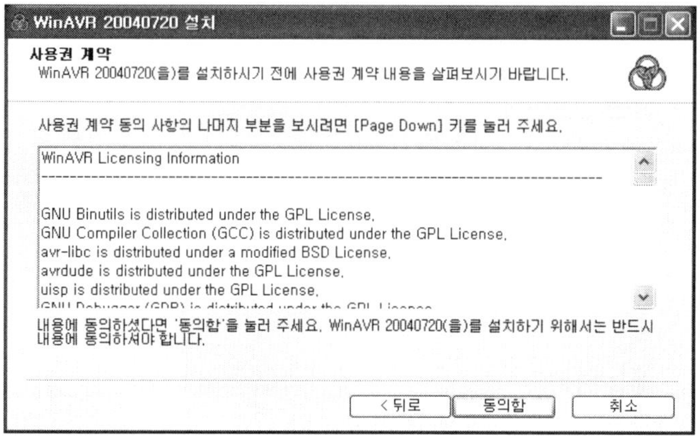

그림 2.5 WinAVR 사용권 계약창

그림 2.6에 보인 바와 같이 WinAVR 설치 위치 선택창이 나타나는데 "설치 폴더" 부분에 WinAVR의 설치 폴더가 표시되고 있다. 사용자가 임의의 폴더에 설치하고 싶으면 "찾아보기" 버튼을 눌러서 새로운 폴더를 설정하면 되는데 여기서는 기본적인 설치 폴더인 "C:\WinAVR"을 설정하기 위해 "다음 >" 버튼을 눌러서 다음으로 진행한다.

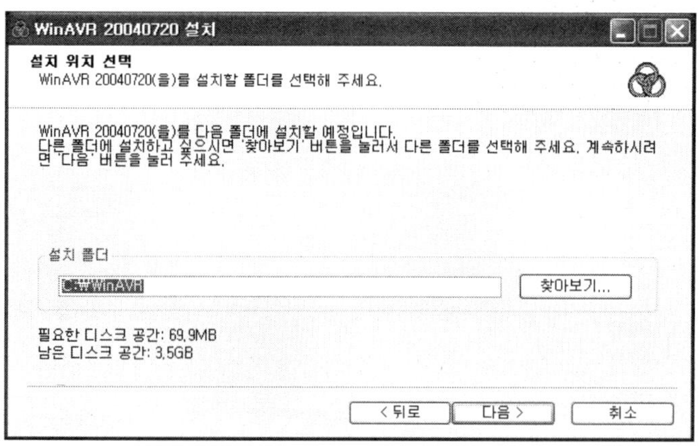

그림 2.6 WinAVR 설치 위치 선택창

이제는 그림 2.7에 보이는 바와 같이 WinAVR의 구성 요소 선택창이 보여지게 되는데 WinAVR의 구성 요소를 선택할 수 있게 된다. 여기서 "Install Files" 구성 요소는 기본적인 설치 파일들을 의미하고 "Add Directories to PATH(Recommended)" 구성 요소는 WinAVR 설치 파일들에 대한 경로를 Windows 환경변수에 지정하는 것을 의미한다. "Add Shortcuts to Desktop" 구성 요소는 Windows 바탕화면에 바로가기 아이콘을 설치한다는 의미이고 "Add WinAVR Tools to Programmers Notepad" 구성 요소는 C 소스 코드 편집기인 Programmers Notepad를 설치한다는 것을 의미한다. 여기서는 기본적으로 모든 구성 요소를 설치하는 것으로 하여 "설치" 버튼을 누르고 진행하면 WinAVR의 각 구성 요소들이 설치되는 화면이 보여지게 된다.

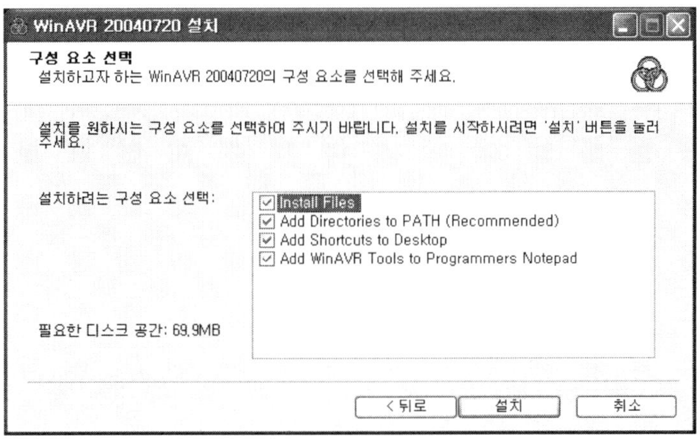

그림 2.7 WinAVR 구성 요소 선택 창

WinAVR 구성 요소의 설치가 끝나면 그림 2.8에 보인 바와 같이 WinAVR 설치 완료 창이 나타나는데 여기서 "마침" 버튼을 누르게 되면 WinAVR 설치가 완료된다.

그림 2.8 WinAVR 설치 완료 창

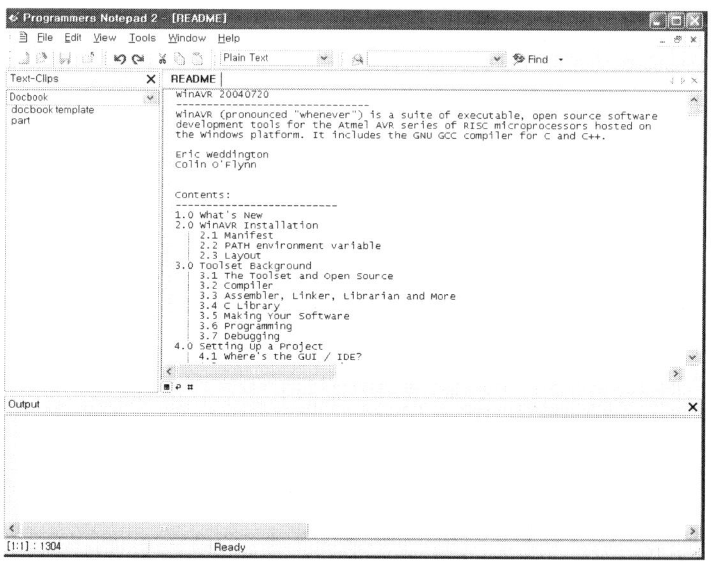

그림 2.9 WinAVR Readme 문서 표시 창

이와 같이 설치가 완료되면, 그림 2.9에 보인 바와 같은 WinAVR에 대한 간단한 설명이 바로 설치된 Programmers Notepad 개발 툴의 실행과 함께 보여진다. 이제 여러분은 Programmers Notepad 개발 툴을 사용하여 C 소스 코드를 작성하고 컴파일하여 hex 프로그램 파일을 만들고 QB-MCU100에 hex 프로그램 파일을 다운로드 하게 될 것이다. 이때, AVR-gcc를 이용하여 C 소스 코드 컴파일과 다운로드를 위해서는 "Makefile"이라는 이름의 특별한 파일을 작성해야 한다. 이는 다양한 스크립트로 구성되어 있어 사용자가 모두 작성하기는 매우 어렵다. 하지만 WinAVR에서는 MFile이라는 유틸리티 프로그램을 통하여 컴파일 옵션과 다운로드(avrdude) 옵션을 사용자가 쉽게 설정하여 손쉽게 Makefile 파일을 작성할 수 있도록 하고 있다.

2.1.2 WinAVR의 MFile을 이용한 컴파일 옵션 설정

이제, 앞에서 설치한 WinAVR의 MFile을 이용하여 C 소스 코드를 avr-gcc 개발툴 등으로 컴파일하기 위해 필요한 "Makefile"이라는 매크로 파일을 작성한다. Makefile을 작성하기 위해 MFile을 실행하여야 하는데, Windows에서 "시작→모든프로그램→WinAVR→MFile [WinAVR]"을 차례대로 선택하면 된다. MFile 유틸리티 프로그램이 실행된 모습을 그림 2.10에 보여주고 있다. 그림 2.10에 보이는 바와 같이 MFile의 "Makefile" 메뉴를 선택하면 컴파일 옵션을 설정하는 "Code generation"의 밑에 있는 서브 메뉴들이 보여진다.

첫 번째로 "Main file name..." 메뉴를 선택하면 "Main file" 입력 창이 나타나는데 이 창의 입력박스에 main 함수가 있는 C 소스 코드 파일 이름(예, main)을 입력하고 "OK" 버튼을 누른다. 그러면, MFile의 편집창 안의 TARGET = main이라는 부분에 방금 입력한 내용이 입력된다. 이것은 C 소스 코드가 컴파일되어 생성되는 프로그램 파일의 이름이 된다. 즉, 컴파일이 완료되었을 때 생성되는 프로그램 파일의 이름이 "main.hex"이 된다는 것이다.

두 번째로 "MCU type >" 메뉴를 선택하면 AVR MCU 패밀리 서브 메뉴가 나오는데 여기서 "ATmega >" 메뉴를 선택하고 다시, AVR MCU 서브 메뉴가 나오면 "atmega162" 메뉴를 선택하여 QB-MCU100의 AVR MCU와 일치시킨다. 그러면, MFile의 편집창 안에서 MCU=atmega162으로 수정된 부분을 확인할 수 있다.

세 번째로 "Output format >" 메뉴를 선택하면 프로그램 파일 형식 서브 메뉴가 나오는데 "ihex" 메뉴를 선택하여 "Intel HEX" 프로그램 파일 형식을 선택한다. 그러면, MFile의 편집창 안에서 FORMAT=ihex으로 수정된 부분을 확인할 수 있다.

네 번째로 "Optimization level >" 메뉴를 선택하면 컴파일 최적화 옵션 서브 메뉴 중 "0" 메뉴를 선택하여, 컴파일시 최적화를 수행하지 않도록 한다. 그러면, MFile의 편집창 안에서 OPT=0으로 수정된 부분을 확인할 수 있다. 다른 최적화 옵션에 대한 자세한 설명은 AVR-gcc 매뉴얼을 참조한다.

다섯 번째로 "Debug format >" 메뉴를 선택하면 디버그 정보 형식 서브 메뉴가 나오는데 "AVR-ext-COFF(AVR Studio 4.07+, VMLAB 3.10+)" 메뉴를 선택하여 컴파일시 디버그 정보를 저장하는 형식 중에 하나인 ext-COFF를 선택한다. 그러면, MFile의 편집창 안에서 DEBUG=stabs와 build: elf hex eep lss sym extcoff으로 수정된 부분을 확인할 수 있다. 이것을 선택하면 디버그 정보가 포함된 "main.cof" 프로그램 파일이 생성되는데 이 파일을 Atmel사에서 제공하는 AVR Studio(4.07 버전 이상) 개발 툴에서 읽어서 C 소스 코드를 보면서 디버그가 가능한 소스 레벨 디버깅을 할 수가 있다. 이 옵션을 사용함으로써 얻을 수 있는 소스 레벨디버깅에 관련된 내용은 본서의 13장에 설명하였으므로, 13장을 학습하면서 디버깅 방법을 습득하도록 한다.

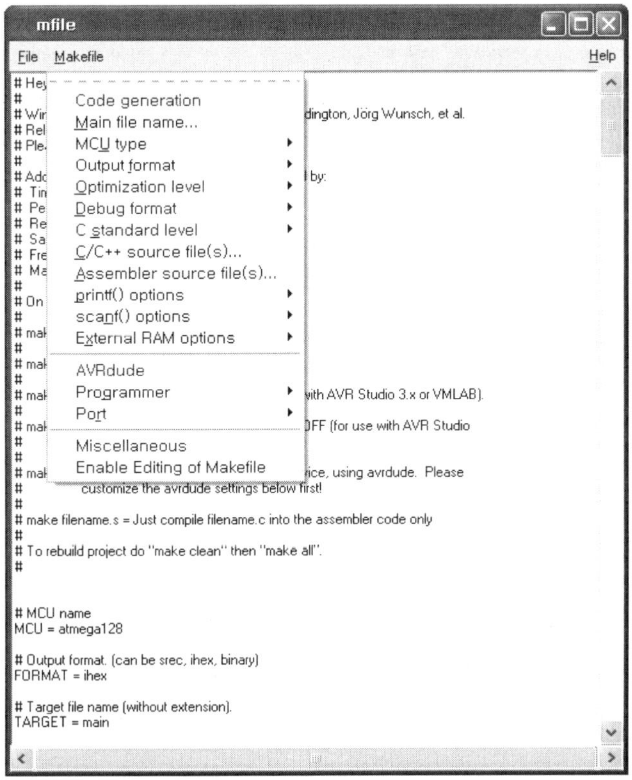

그림 2.10 MFile의 Makefile 옵션 설정 메뉴 내용

2.1.3 WinAVR의 MFile을 이용한 다운로드 옵션 설정

앞 절에서는 MFile을 이용하여 컴파일 옵션을 설정하였으며, 본 절에서는 컴파일된 프로그램을 다운로드 하는데 필요한 옵션설정에 관하여 설명하도록 한다. 설계한 프로그램을 컴파일한 결과를 ISP(In-System Programming) 방식으로 AVR MCU에 다운로드 하기 위하여, 다운로드 장비(stk200, stk500, avrisp 등)와 컴퓨터의 통신 포트(com1, com2, lpt1, lpt2 등)를 설정하여야 한다. 여기서, stk200은 Kanda사의 STK200 스타터 키트에서

사용하는 다운로드 방식, stk500은 Atmel사의 STK500 키트에서 사용하는 다운로드 방식, avrisp는 Atmel사의 AVRISP 장비에서 사용하는 다운로드 방식이다. 또한, com1, com2는 각각 컴퓨터의 직렬포트1, 직렬포트2로서 25핀 또는 9핀의 커넥터 형태이고 lpt1, lpt2는 각각 컴퓨터의 병렬포트1, 병렬포트2로서 25핀의 커넥터 형태로 제공된다. 이제 본 서에서 사용하는 QB-AM162-TK 보드에 맞게 옵션을 설정해 보기로 한다.

앞의 그림 2.10에 도시한 MFile의 "Makefile" 메뉴를 선택하고 "AVRdude" 밑에 있는 서브 메뉴 중에 "Programmer >" 메뉴를 선택하면 다운로드 장비 서브 메뉴가 나오는데 "stk200" 메뉴를 선택한다. 그러면, MFile의 편집창 안의 AVRDUDE_PROGRAMMER = stk200 부분의 내용이 수정되어 입력됨을 볼 수 있다. 다음으로 "Port >" 메뉴를 선택하면 통신 포트 서브 메뉴가 나오는데 "lpt1" 메뉴를 선택하여 컴퓨터의 병렬포트1을 선택한다. 그러면, MFile의 편집창 안의 AVRDUDE_PORT = lpt1 부분의 내용이 수정되어 입력된다.

지금까지 WinAVR의 MFile에서 설정한 컴파일 및 다운로드 옵션을, "Makefile"이라는 이름으로 저장하기 위해 MFile의 "File" 메뉴를 선택한다. File 메뉴의 서브 메뉴에서 "Save as…"를 선택하면 파일 저장 창이 나타나는데, 여기서 자신이 작성한 C 소스 코드 파일이 있는 폴더에 "Makefile"이라는 이름으로 파일을 저장한다.

이것으로 Makefile의 생성은 완료 되었으며, WinAVR 통합환경에서 다운로드를 수행하기 위하여 "giveio.sys" 드라이버 파일을 설치해야하는데, WinAVR 설치 폴더 밑에 있는 "bin" 폴더내의 "install_giveio.bat" 배치파일을 실행하여 "giveio.sys" 드라이버 파일을 설치한다. 이 드라이버는 WinAVR을 처음 사용할 때 한번만 설치하면 되는 것이다. 또한, "status_giveio.bat" 배치파일을 실행하면 "giveio.sys" 드라이버 상태를 볼 수 있다. 이러한 파일들은 WinAVR에 설치된 폴더 아래의 "bin" 폴더(보통 "C:\WinAVR\bin")에 있다.

매크로 2.1에 MFile로 컴파일 및 다운로드 옵션을 설정하여 만든 Makefile의 내용을 모두 도시하였다. Makefile 내용 전체를 수록한 것은 참조를 위한 것이며, 지금 시점에서 전체를 이해하려고 할 필요는 없다. 다만, 앞서 MFile을 통하여 설정된 부분들을 찾아 확인하여 Makefile의 용도를 대략적으로 이해하는 것으로 족하다.

매크로 2.1 〉〉 Makefile 매크로 파일 내용

```
# Hey Emacs, this is a -*- makefile -*-
#
# WinAVR Sample makefile written by Eric B. Weddington, J?rg Wunsch, et al.
# Released to the Public Domain
# Please read the make user manual!
#
# Additional material for this makefile was submitted by:
#  Tim Henigan
#  Peter Fleury
#  Reiner Patommel
#  Sander Pool
#  Frederik Rouleau
#  Markus Pfaff
#
# On command line:
#
# make all = Make software.
#
# make clean = Clean out built project files.
#
# make coff = Convert ELF to AVR COFF (for use with AVR Studio 3.x or VMLAB).
#
# make extcoff = Convert ELF to AVR Extended COFF (for use with AVR Studio
#               4.07 or greater).
#
# make program = Download the hex file to the device, using avrdude.  Please
#               customize the avrdude settings below first!
#
# make filename.s = Just compile filename.c into the assembler code only
#
# To rebuild project do "make clean" then "make all".
#

# MCU name
MCU = atmega162

# Output format. (can be srec, ihex, binary)
```

```
FORMAT = ihex

# Target file name (without extension).
TARGET = main

# List C source files here. (C dependencies are automatically generated.)
SRC = $(TARGET).c

# List Assembler source files here.
# Make them always end in a capital .S.  Files ending in a lowercase .s
# will not be considered source files but generated files (assembler
# output from the compiler), and will be deleted upon "make clean"!
# Even though the DOS/Win* filesystem matches both .s and .S the same,
# it will preserve the spelling of the filenames, and gcc itself does
# care about how the name is spelled on its command-line.
ASRC =

# Optimization level, can be [0, 1, 2, 3, s].
# 0 = turn off optimization. s = optimize for size.
# (Note: 3 is not always the best optimization level. See avr-libc FAQ.)
OPT = 0

# Debugging format.
# Native formats for AVR-GCC's -g are stabs [default], or dwarf-2.
# AVR (extended) COFF requires stabs, plus an avr-objcopy run.
DEBUG = stabs

# List any extra directories to look for include files here.
#     Each directory must be seperated by a space.
EXTRAINCDIRS =

# Compiler flag to set the C Standard level.
# c89   - "ANSI" C
# gnu89 - c89 plus GCC extensions
# c99   - ISO C99 standard (not yet fully implemented)
# gnu99 - c99 plus GCC extensions
CSTANDARD = -std=gnu99

# Place -D or -U options here
```

```
CDEFS =

# Place -I options here
CINCS =

# Compiler flags.
#  -g*:          generate debugging information
#  -O*:          optimization level
#  -f...:        tuning, see GCC manual and avr-libc documentation
#  -Wall...:     warning level
#  -Wa,...:      tell GCC to pass this to the assembler.
#    -adhlns...: create assembler listing
CFLAGS = -g$(DEBUG)
CFLAGS += $(CDEFS) $(CINCS)
CFLAGS += -O$(OPT)
CFLAGS += -funsigned-char -funsigned-bitfields -fpack-struct -fshort-enums
CFLAGS += -Wall -Wstrict-prototypes
CFLAGS += -Wa,-adhlns=$(<:.c=.lst)
CFLAGS += $(patsubst %,-I%,$(EXTRAINCDIRS))
CFLAGS += $(CSTANDARD)

# Assembler flags.
#  -Wa,...:   tell GCC to pass this to the assembler.
#  -ahlms:    create listing
#  -gstabs:   have the assembler create line number information; note that
#             for use in COFF files, additional information about filenames
#             and function names needs to be present in the assembler source
#             files - see avr-libc docs [ FIXME: not yet described there]
ASFLAGS = -Wa,-adhlns=$(<:.S=.lst),-gstabs

#Additional libraries.

# Minimalistic printf version
PRINTF_LIB_MIN = -Wl,-u,vfprintf -lprintf_min

# Floating point printf version (requires MATH_LIB = -lm below)
PRINTF_LIB_FLOAT = -Wl,-u,vfprintf -lprintf_flt

PRINTF_LIB =
```

```
# Minimalistic scanf version
SCANF_LIB_MIN = -Wl,-u,vfscanf -lscanf_min

# Floating point + %[ scanf version (requires MATH_LIB = -lm below)
SCANF_LIB_FLOAT = -Wl,-u,vfscanf -lscanf_flt

SCANF_LIB =

MATH_LIB = -lm

# External memory options

# 64 KB of external RAM, starting after internal RAM (ATmega128!),
# used for variables (.data/.bss) and heap (malloc()).
#EXTMEMOPTS = -Wl,-Tdata=0x801100,-defsym=__heap_end=0x80ffff

# 64 KB of external RAM, starting after internal RAM (ATmega128!),
# only used for heap (malloc()).
#EXTMEMOPTS = -Wl,-defsym=__heap_start=0x801100,-defsym=__heap_end=0x80ffff

EXTMEMOPTS =

# Linker flags.
#  -Wl,...:     tell GCC to pass this to linker.
#    -Map:      create map file
#    -cref:     add cross reference to  map file
LDFLAGS = -Wl,-Map=$(TARGET).map,-cref
LDFLAGS += $(EXTMEMOPTS)
LDFLAGS += $(PRINTF_LIB) $(SCANF_LIB) $(MATH_LIB)

# Programming support using avrdude. Settings and variables.

# Programming hardware: alf avr910 avrisp bascom bsd
# dt006 pavr picoweb pony-stk200 sp12 stk200 stk500
#
# Type: avrdude -c ?
# to get a full listing.
#
AVRDUDE_PROGRAMMER = stk200
```

```
# com1 = serial port. Use lpt1 to connect to parallel port.
AVRDUDE_PORT = lpt1

AVRDUDE_WRITE_FLASH = -U flash:w:$(TARGET).hex
#AVRDUDE_WRITE_EEPROM = -U eeprom:w:$(TARGET).eep

# Uncomment the following if you want avrdude's erase cycle counter.
# Note that this counter needs to be initialized first using -Yn,
# see avrdude manual.
#AVRDUDE_ERASE_COUNTER = -y

# Uncomment the following if you do /not/ wish a verification to be
# performed after programming the device.
#AVRDUDE_NO_VERIFY = -V

# Increase verbosity level.  Please use this when submitting bug
# reports about avrdude. See <http://savannah.nongnu.org/projects/avrdude>
# to submit bug reports.
#AVRDUDE_VERBOSE = -v -v

AVRDUDE_FLAGS = -p $(MCU) -P $(AVRDUDE_PORT) -c $(AVRDUDE_PROGRAMMER)
AVRDUDE_FLAGS += $(AVRDUDE_NO_VERIFY)
AVRDUDE_FLAGS += $(AVRDUDE_VERBOSE)
AVRDUDE_FLAGS += $(AVRDUDE_ERASE_COUNTER)

# ----------------------------------------------------

# Define directories, if needed.
DIRAVR = c:/winavr
DIRAVRBIN = $(DIRAVR)/bin
DIRAVRUTILS = $(DIRAVR)/utils/bin
DIRINC = .
DIRLIB = $(DIRAVR)/avr/lib

# Define programs and commands.
SHELL = sh
CC = avr-gcc
OBJCOPY = avr-objcopy
OBJDUMP = avr-objdump
```

```
SIZE = avr-size
NM = avr-nm
AVRDUDE = avrdude
REMOVE = rm -f
COPY = cp

# Define Messages
# English
MSG_ERRORS_NONE = Errors: none
MSG_BEGIN = ——— begin ———
MSG_END = ———  end  ———
MSG_SIZE_BEFORE = Size before:
MSG_SIZE_AFTER = Size after:
MSG_COFF = Converting to AVR COFF:
MSG_EXTENDED_COFF = Converting to AVR Extended COFF:
MSG_FLASH = Creating load file for Flash:
MSG_EEPROM = Creating load file for EEPROM:
MSG_EXTENDED_LISTING = Creating Extended Listing:
MSG_SYMBOL_TABLE = Creating Symbol Table:
MSG_LINKING = Linking:
MSG_COMPILING = Compiling:
MSG_ASSEMBLING = Assembling:
MSG_CLEANING = Cleaning project:

# Define all object files.
OBJ = $(SRC:.c=.o) $(ASRC:.S=.o)

# Define all listing files.
LST = $(ASRC:.S=.lst) $(SRC:.c=.lst)

# Compiler flags to generate dependency files.
GENDEPFLAGS = -Wp,-M,-MP,-MT,$(*F).o,-MF,.dep/$(@F).d

# Combine all necessary flags and optional flags.
# Add target processor to flags.
ALL_CFLAGS = -mmcu=$(MCU) -I. $(CFLAGS) $(GENDEPFLAGS)
ALL_ASFLAGS = -mmcu=$(MCU) -I. -x assembler-with-cpp $(ASFLAGS)

# Default target.
```

```
all: begin gccversion sizebefore build sizeafter finished end

build: elf hex eep lss sym extcoff

elf: $(TARGET).elf
hex: $(TARGET).hex
eep: $(TARGET).eep
lss: $(TARGET).lss
sym: $(TARGET).sym

# Eye candy.
# AVR Studio 3.x does not check make's exit code but relies on
# the following magic strings to be generated by the compile job.
begin:
  @echo
  @echo $(MSG_BEGIN)

finished:
  @echo $(MSG_ERRORS_NONE)

end:
  @echo $(MSG_END)
  @echo

# Display size of file.
HEXSIZE = $(SIZE) -target=$(FORMAT) $(TARGET).hex
ELFSIZE = $(SIZE) -A $(TARGET).elf
sizebefore:
  @if [ -f $(TARGET).elf ]; then echo; echo $(MSG_SIZE_BEFORE); $(ELFSIZE);
echo; fi

sizeafter:
  @if[ -f $(TARGET).elf ]; then echo; echo $(MSG_SIZE_AFTER); $(ELFSIZE); echo;
fi

# Display compiler version information.
gccversion :
  @$(CC) -version
```

```
# Program the device.
program: $(TARGET).hex $(TARGET).eep
	$(AVRDUDE) $(AVRDUDE_FLAGS) $(AVRDUDE_WRITE_FLASH) $(AVRDUDE_WRITE_EEPROM)

# Convert ELF to COFF for use in debugging / simulating in AVR Studio or VMLAB.
COFFCONVERT=$(OBJCOPY) -debugging \
-change-section-address .data-0x800000 \
-change-section-address .bss-0x800000 \
-change-section-address .noinit-0x800000 \
-change-section-address .eeprom-0x810000

coff: $(TARGET).elf
	@echo
	@echo $(MSG_COFF) $(TARGET).cof
	$(COFFCONVERT) -O coff-avr $< $(TARGET).cof

extcoff: $(TARGET).elf
	@echo
	@echo $(MSG_EXTENDED_COFF) $(TARGET).cof
	$(COFFCONVERT) -O coff-ext-avr $< $(TARGET).cof

# Create final output files (.hex, .eep) from ELF output file.
%.hex: %.elf
	@echo
	@echo $(MSG_FLASH) $@
	$(OBJCOPY) -O $(FORMAT) -R .eeprom $< $@

%.eep: %.elf
	@echo
	@echo $(MSG_EEPROM) $@
	-$(OBJCOPY) -j .eeprom -set-section-flags=.eeprom="alloc,load" \
	-change-section-lma .eeprom=0 -O $(FORMAT) $< $@

# Create extended listing file from ELF output file.
%.lss: %.elf
	@echo
	@echo $(MSG_EXTENDED_LISTING) $@
	$(OBJDUMP) -h -S $< > $@
```

```
# Create a symbol table from ELF output file.
%.sym: %.elf
	@echo
	@echo $(MSG_SYMBOL_TABLE) $@
	$(NM) -n $< > $@

# Link: create ELF output file from object files.
.SECONDARY : $(TARGET).elf
.PRECIOUS : $(OBJ)
%.elf: $(OBJ)
	@echo
	@echo $(MSG_LINKING) $@
	$(CC) $(ALL_CFLAGS) $(OBJ) -output $@ $(LDFLAGS)

# Compile: create object files from C source files.
%.o : %.c
	@echo
	@echo $(MSG_COMPILING) $<
	$(CC) -c $(ALL_CFLAGS) $< -o $@

# Compile: create assembler files from C source files.
%.s : %.c
	$(CC) -S $(ALL_CFLAGS) $< -o $@

# Assemble: create object files from assembler source files.
%.o : %.S
	@echo
	@echo $(MSG_ASSEMBLING) $<
	$(CC) -c $(ALL_ASFLAGS) $< -o $@

# Target: clean project.
clean: begin clean_list finished end

clean_list :
	@echo
	@echo $(MSG_CLEANING)
	$(REMOVE) $(TARGET).hex
	$(REMOVE) $(TARGET).eep
	$(REMOVE) $(TARGET).obj
```

```
	$(REMOVE) $(TARGET).cof
	$(REMOVE) $(TARGET).elf
	$(REMOVE) $(TARGET).map
	$(REMOVE) $(TARGET).obj
	$(REMOVE) $(TARGET).a90
	$(REMOVE) $(TARGET).sym
	$(REMOVE) $(TARGET).lnk
	$(REMOVE) $(TARGET).lss
	$(REMOVE) $(OBJ)
	$(REMOVE) $(LST)
	$(REMOVE) $(SRC:.c=.s)
	$(REMOVE) $(SRC:.c=.d)
	$(REMOVE) .dep/*

# Include the dependency files.
-include $(shell mkdir .dep 2>/dev/null) $(wildcard .dep/*)

# Listing of phony targets.
.PHONY : all begin finish end sizebefore sizeafter gccversion \
build elf hex eep lss sym coff extcoff \
clean clean_list program
```

2.2 Ponyprog2000 다운로드 프로그램

상기 2.1절에서 설명한 WinAVR 통합 개발 툴의 설치가 완료되면 프로그램 코딩에서 다운로드까지 모든 준비가 완료된 것이다. 그런데 무료로 공급되어 널리 사용되고 있는 Ponyprog2000 다운로드 프로그램을 별도로 사용하여 다운로드에 활용하는 경우도 많으므로 본 절에서 소개하고자 한다. Ponyprog2000은 AVR MCU의 퓨즈비트 세팅을 쉽게 할 수 있는 장점도 있다.

2.2.1 Ponyprog2000 다운로드 프로그램 설치

AVR MCU용 ISP(In-System Programming) 다운로드 프로그램 중에 하나인 Ponyprog2000을 설치하는 방법에 대해서 설명한다. Ponyprog2000은 www.lancos.com에서 무료로 다운로드하여 설치하고 사용할 수 있다. 여기서는 본서에 동봉된 CD에 있는 Ponyprog2000을 설치할 것이다. 우선, 동봉된 CD를 PC의 CD-ROM 드라이버에 삽입하고 "Programs" 폴더를 선택하면 그림 2.11에 보인 바와 같이 Windows 탐색기 창에 본서에서 사용하는 프로그램이 나타난다. 여기서 "ponyprogV206c_setup.exe" 실행파일을 더블클릭하여 Ponyprog2000 프로그램 설치를 시작한다.

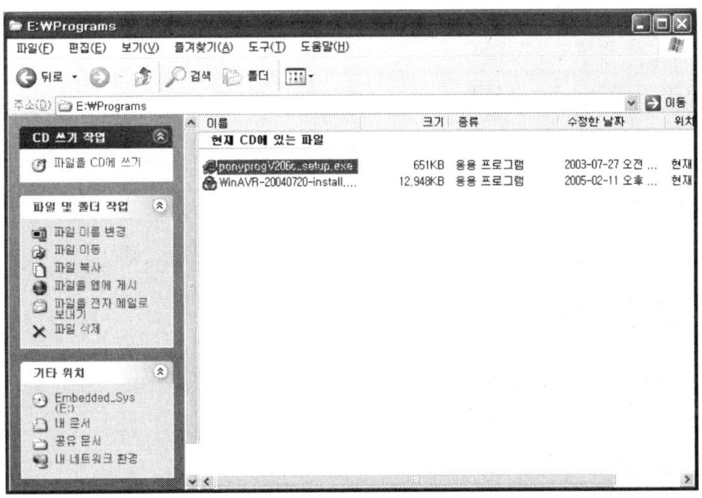

그림 2.11 CD의 "Programs" 폴더에 있는 파일 내용

Ponyprog2000 프로그램 설치를 시작하면 그림 2.12에 보인 바와 같이 Ponyprog2000 프로그램의 설치를 계속할 것인지를 물어보는 설치 확인 대화창이 나타나는데 여기서 "예(Y)" 버튼을 눌러서 설치를 계속 진행한다.

그림 2.12 Ponyprog2000의 설치 확인 대화창

그림 2.13에 보인 바와 같이 Ponyprog2000 설치 시작창이 나타나는데 "Next >" 버튼을 눌러서 다음으로 진행한다.

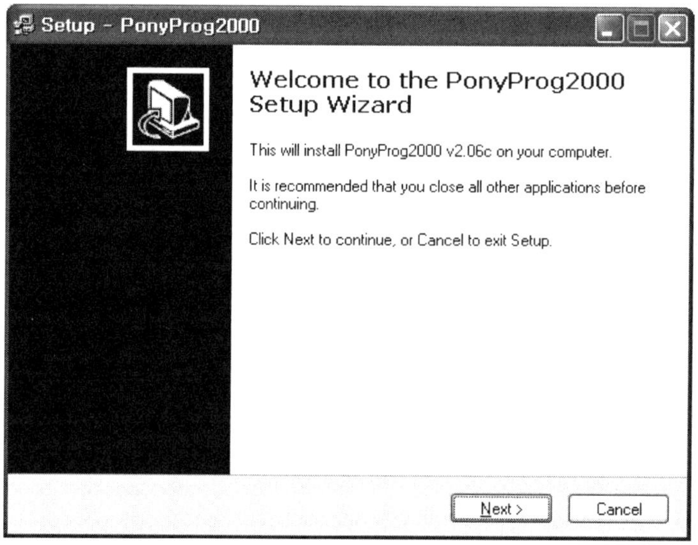

그림 2.13 Ponyprog2000 설치 시작창

다음으로, Ponyprog2000 사용자 계약창이 그림 2.14와 같이 보여지는데 "I accept the agreement"라는 라디오 버튼을 선택한 후에 "Next >" 버튼을 눌러서 프로그램 설치를 계속 진행한다.

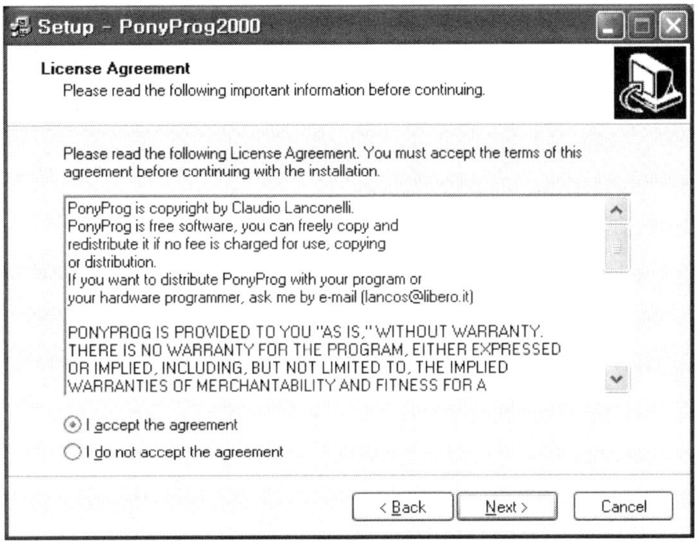

그림 2.14 Ponyprog2000 사용자 계약창

그림 2.15에서는 Ponyprog2000 프로그램을 설치하게 되는 폴더를 선택하게 되는데 기본적으로 "C:\Program Files\PonyProg2000" 폴더로 설정된다. 사용자가 다른 설치 폴더를 설정하고 싶으면 아래에 있는 폴더 설정 부분에서 변경해주면 되는데 여기서는 기본 설치 폴더로 설정하고 "Next >" 버튼을 눌러서 다음으로 진행한다.

그림 2.16에서는 앞에서 진행한 설치 설정 내용을 확인하는 내용을 보여주고 있다. 사용자가 원하는 설정 내용과 틀리다면 "< Back" 버튼을 눌러서 이전 설치 진행창에서 설정 내용을 변경하면 된다. 여기서는 설치 설정 내용이 맞으므로 "Install" 버튼을 눌러서 프로그램의 설치를 진행한다.

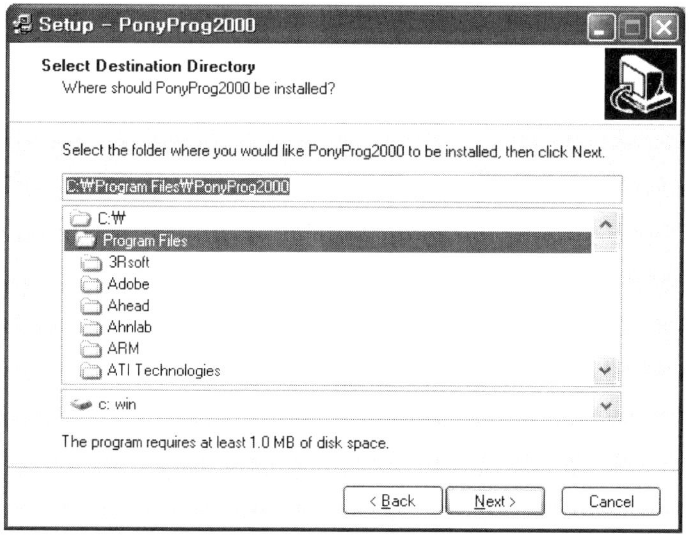

그림 2.15

Ponyprog2000 설치 위치 선택창

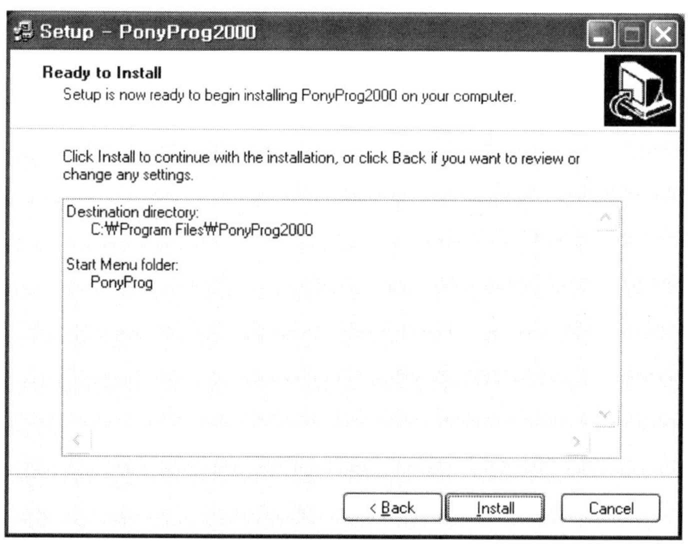

그림 2.16

Ponyprog2000 설치 설정 확인창

Ponyprog2000 프로그램 설치가 완료되면 그림 2.17에 보인 바와 같이 Ponyprog2000 설치 완료창이 나타난다. 여기서, "Finish" 버튼을 눌러서 Ponyprog2000 프로그램 설치를 완료하게 된다.

그림 2.17 Ponyprog2000 설치 완료창

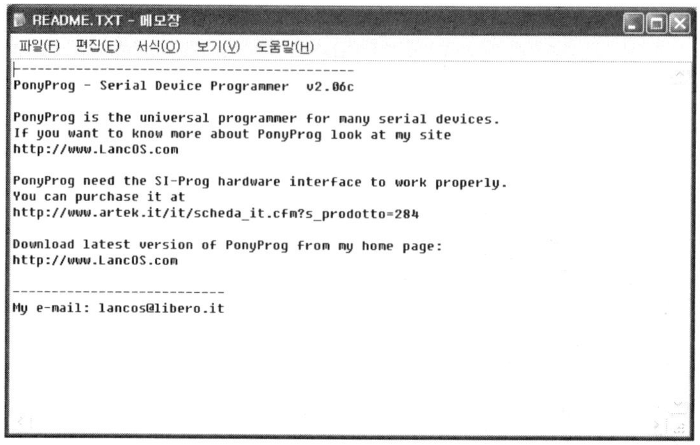

README.TXT - 메모장

파일(F) 편집(E) 서식(O) 보기(V) 도움말(H)

```
-----------------------------------------
PonyProg - Serial Device Programmer  v2.06c

PonyProg is the universal programmer for many serial devices.
If you want to know more about PonyProg look at my site
http://www.LancOS.com

PonyProg need the SI-Prog hardware interface to work properly.
You can purchase it at
http://www.artek.it/it/scheda_it.cfm?s_prodotto=284

Download latest version of PonyProg from my home page:
http://www.LancOS.com

--------------------------
My e-mail: lancos@libero.it
```

그림 2.18 Ponyprog2000 Readme 문서 표시 창

설치가 완료되면, 그림 2.18에 보인 바와 같이 Ponyprog2000 프로그램에 관련된 정보가 들어있는 Readme 문서 파일을 화면에서 볼 수 있다.

2.2.2 Ponyprog2000 다운로드 프로그램의 환경 설정

앞 절에서 설치한 Ponyprog2000 프로그램을 이용하여 AVR MCU에 프로그램을 다운로드하기 위해서는 다운로드 환경 설정을 해야 한다. 이제, Ponyprog2000 프로그램을 실행하고 QB-AM162-TK 보드에서 사용되는 AVR MCU인 ATmega162에 맞도록 Ponyprog2000에서 Device 설정을 해야 한다. 그림 2.19에서 보인 바와 같이 Ponyprog 2000을 실행하고 "Device→AVR micro→ATmega162" 메뉴를 선택하여 Device 설정을 한다.

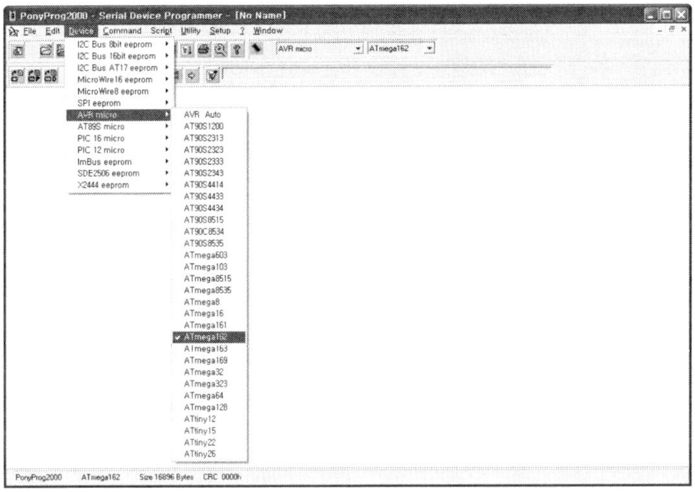

그림 2.19
Ponyprog2000에서 Device 설정 화면

또한, 컴퓨터와 QB-AM162-TK 보드간에 병렬 케이블로 연결된 ISP 다운로드 방식이므로 Ponyprog2000에서 "Setup→Interface Setup…" 메뉴를 선택하여 그림 2.20에서 보인 바와 같이 "IO port setup 대화창"을 열어 IO port 설정을 변경한다. "IO port setup 대화창"의 "Parallel" 라디오 버튼을 선택하고 바로 아래에 있는 콤보박스에서 "Avr ISP I/O"를 선택한 후 바로 밑에서는 현재 QB-AM162-TK 보드와 연결된 컴퓨터의 병렬포트를 설정해주는데 여기서는 "LPT1"을 설정하고 "OK" 버튼을 눌러서 IO Port 설정을 완료한다.

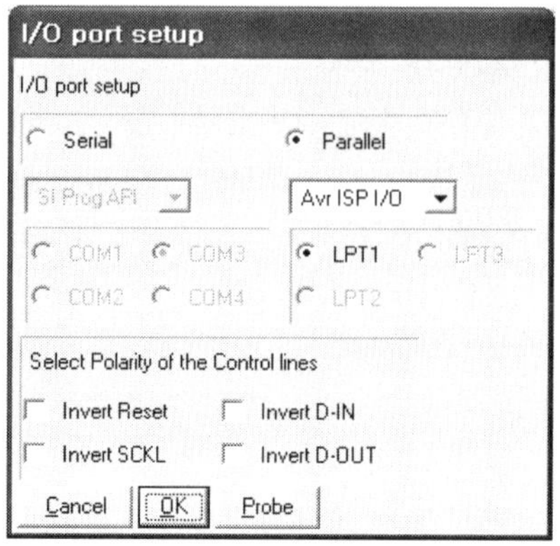

그림 2.20 IO Port setup 대화창

이제, 앞서 Ponyprog2000에서 설정한 컴퓨터의 병렬포트와 QB-AM162-TK 보드의 ISP 포트를 QB-AM162-TK 보드와 같이 동봉된 병렬 케이블로 연결하고 QB-AM162-TK 보드의 전원잭에 QB-AM162-TK 보드와 동봉된 DC 9V 전원 어댑터를 연결하여 앞장의 그림 1.6에 보인 바와 같이 구성을 한 후에 Power Switch를 사용하여 QB-AM162-TK 보드의 전원을 인가한다. 여기서, QB-AM162-TK 보드를 구입한 후, MCU에 프로그램을 다운로드하지 않았다면 QB-AM162-TK 보드의 테스트 프로그램이 자동적으로 실행되므로 QB-AM162-TK 보드 LCD의 두 번째 라인에 "PORT KEY: NONE"라는 문자열이 표시될 때까지 기다린 후에 프로그램을 다운로드 하면 된다.

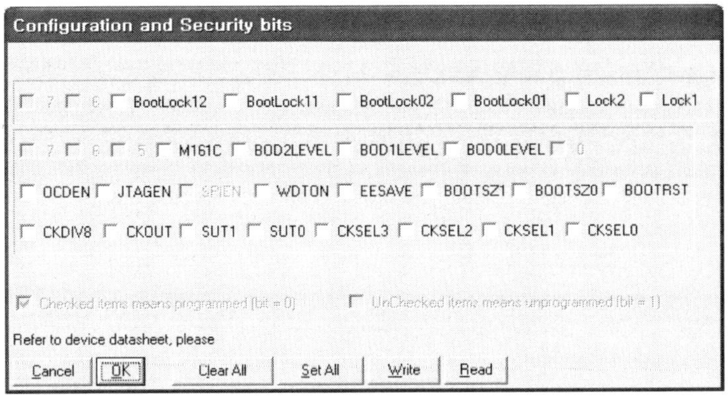

그림 2.21 Configuration and Security bits 대화창

QB-AM162-TK 보드에 전원을 인가한 후, ATmega162 MCU의 Fuse 및 Lock Bit의 설정을 변경하기 위해 Ponyprog2000의 메뉴에서 "Command→Configuration and Security Bits…"를 선택하면 그림 2.21에 보인 바와 같이 "Configuration and Security Bits 대화창"이 나타난다. 이때, "Configuration and Security Bits 대화창"에 나타난 정보는 이전에 사용했던 설정 내용일 뿐이므로 실제, QB-AM162-TK 보드의 ATmega162 MCU에 설정된 내용을 "Configuration and Security Bits 대화창"에 표시하기 위해서는 "Read" 버튼을 눌러서 QB-AM162-TK 보드의 ATmega162 MCU로부터 Fuse 및 Lock Bit의 설정값을 읽어야 한다.

QB-AM162-TK 보드를 구입한 후, 처음으로 ATmega162 MCU로부터 Fuse 및 Lock Bit의 설정값을 읽어오면 QB-AM162-TK 보드 제조시, ATmega162 MCU에 보드 테스트 프로그램을 다운로드하기 위해 모든 설정 비트들이 "1"로 설정되어 있어서 모든 체크 버튼들이 체크되어 있지 않는다. QB-AM162-TK 보드에서 사용되는 ATmega162 MCU의 Fuse 및 Lock Bit에 대한 자세한 내용은 ATmega162 MCU의 데이터시트를 참고하기 바란다.

이제, 앞서 "Configuration and Security Bits 대화창"에서 사용자가 원하는 비트의 체크 버튼을 클릭하여 설정을 변경하게 되는데 체크버튼이 체크되어 있지 않으면 "unprogrammed" 상태로 비트값은 "1"이 되고 체크 버튼이 체크되어 있으면

"programmed" 상태로 비트값은 "0"이 되는 것에 주의하기 바란다. "Read" 버튼으로 ATmega162 MCU로부터 읽어들인 Fuse 및 Lock Bit의 설정값에서 해당 비트의 체크 버튼을 설정한 후, "Write" 버튼을 눌러서 Fuse 및 Lock Bit의 설정값을 ATmega162 MCU로 전송하여 설정한다. 여기서는 모든 체크버튼을 체크되지 않도록 하여 ATmega162 MCU의 모든 Fuse 및 Lock Bit의 설정값을 "unprogrammed" 상태인 비트값 "1"로 설정한 상태로 한 후 "Write"버튼을 눌러 퓨즈비트(Fuse bit)를 설정한다. 퓨즈비트는 한번 바꾸어놓으면 전원과 관계없이 그 설정이 계속 유지되므로, 처음에 한번 설정한 후에는 더 이상 신경쓰지 않아도 된다.

2.3 AVR 프로그램 개발 순서

2.3.1 WinAVR 통합 개발툴 기반 AVR 프로그램 개발 순서

AVR MCU 프로그램을 개발하는 경우에 그림 2.22와 같은 개발 흐름도를 가지고 개발을 수행하게 된다.

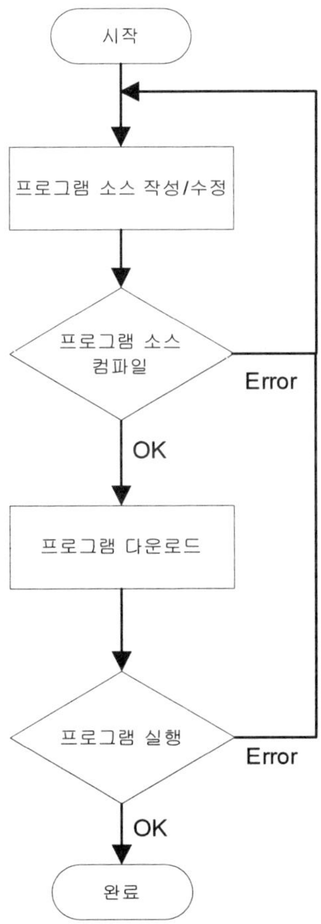

그림 2.22 AVR MCU 프로그램 개발 흐름도

그림 2.22에 도시한 바와 같이, 프로그램 소스 코드를 작성하고 프로그램 소스 코드를 컴파일러(WinAVR)를 이용하여 컴파일하는데, 이때 에러가 발생하면 프로그램 소스 코드를 수정한 후 재컴파일을 수행한다. 컴파일되어 생성된 프로그램을 WinAVR의 Program 메뉴를 이용하거나, 별도의 다운로드 프로그램인 Ponyprog2000을 이용하여 QB-MCU100의 QB-AM162-TK 보드에 다운로드한다. QB-AM162-TK 보드에 다운로드가 완료되면, 즉시 프로그램이 실행된다. 이때, 프로그램 실행에 에러가 있으면 다시 처음으

로 가서 프로그램 소스 코드를 수정하고 재컴파일, 다운로드, 프로그램 실행을 수행하여 개발을 완료하게 된다. 이것은 AVR MCU뿐만 아니라 대부분의 MCU 개발 환경과 동일하다.

우선, 책과 함께 제공되는 CD의 “Examples” 폴더를 사용자의 컴퓨터에 복사한다. 이 폴더에는 각 장에서 사용되는 C 소스 코드, 헤더 파일 및 Makefile과 같은 매크로 파일들이 있다.

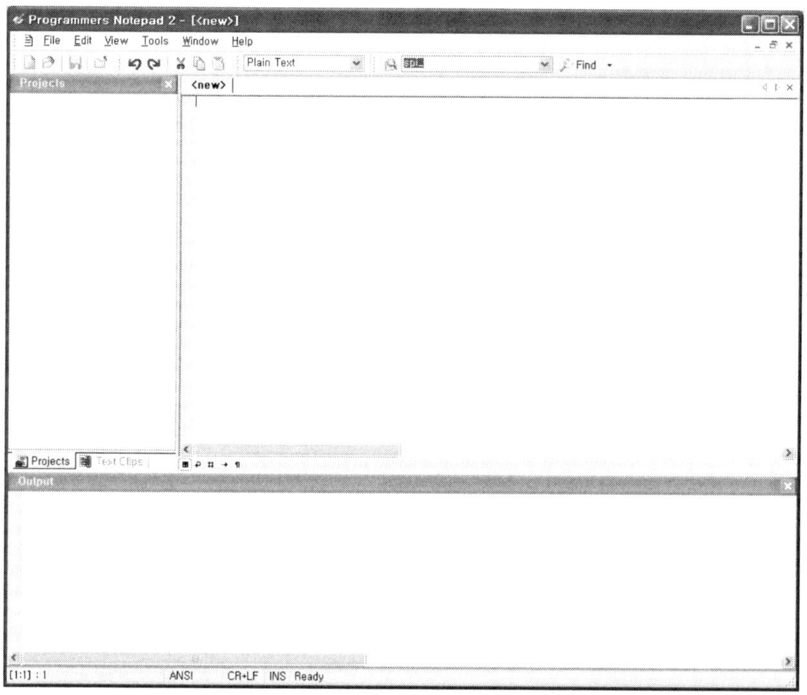

그림 2.23 Programmers Notepad 개발 툴의 초기 실행화면

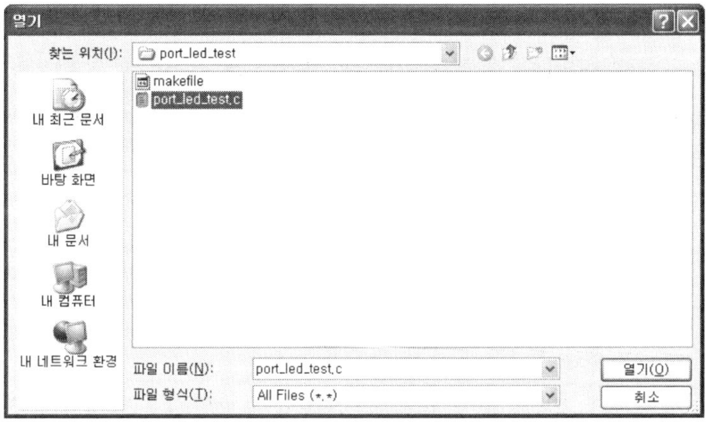

그림 2.24 Programmers Notepad 개발툴의 파일 열기 창

여기서는 AVR 프로그램 개발 순서를 익히기 위해 "Examples\port_led_test" 폴더에 있는 "port_led_test.c" C 소스 코드 파일을 WinAVR의 Programmers Notepad 개발 툴로 읽어보자. 그림 2.23에 보이는 바와 같이 Windows에서 "시작→모든 프로그램→WinAVR→Programmers Notepad [WinAVR]"을 선택하여 WinAVR의 Programmers Notepad 개발툴을 실행한 후, Programmers Notepad 개발 툴의 "File→Open…" 메뉴를 선택하면 그림 2.24에 보이는 파일열기 창이 나타나는데 여기서 "port_led_test.c" C 소스 코드를 선택하고 "열기" 버튼을 눌러서 C 소스 코드를 읽어들인다. 그러면, 그림 2.25에 보이는 바와 같이 "port_led_test.c" C 소스 코드가 소스 코드 편집창에 나타나게 되고 이 상태에서 Programmers Notepad 개발 툴의 "Tools" 메뉴를 선택하고 Makefile 매크로 파일을 이용하여 소스 코드 컴파일을 하는 "[WinAVR] Make All" 서브 메뉴를 선택하면 "port_led_test.c" C 소스 코드가 컴파일되는데 C 소스 코드에 잘못된 부분이 없으면 "port_led_test.hex" 프로그램 실행 파일이 생성된다. 이때, Programmers Notepad 개발 툴의 Output 창에는 "Errors : none" 메시지가 표시된다.

여기서, Programmers Notepad의 "Tools" 메뉴에 있는 "[WinAVR] Make All" 서브메뉴를 선택하면 Makefile 매크로 파일에서 all:로 시작하는 부분의 내용이 실행되어 C 소스 코드가 컴파일 된다. 그리고, "[WinAVR] Make Clean" 서브메뉴를 선택하면 Makefile

매크로 파일에서 clean:로 시작하는 부분의 내용이 실행되어 컴파일할 때 생성된 파일들이 삭제된다. 또한, "[WinAVR] Program" 서브메뉴를 선택하면 Makefile 매크로 파일에서 program:로 시작하는 부분의 내용이 실행되어 프로그램 실행파일(port_led_test.hex)을 QB-MCU100의 QB-AM162-TK 보드에 다운로드하게 된다. 이때, 컴퓨터의 병렬포트와 QB-AM162-TK 보드의 25핀 ISP 포트가 병렬 케이블로 연결되어 있고 QB-AM162-TK 보드에는 전원이 인가되어 있어야 한다. 이 과정이 완료되면 보드는 사용자가 프로그램한대로 동작을 시작하게 된다.

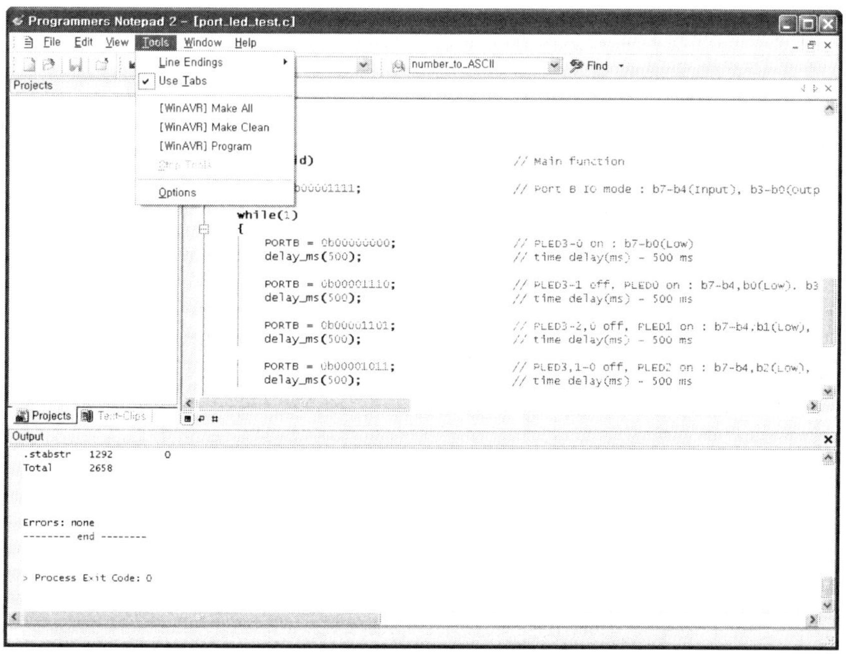

그림 2.25 Programmers Notepad 개발툴의 "Tools" 메뉴

여기서는 WinAVR의 통합환경에서 프로그램 작성, 다운로드, 검증까지 모든 절차를 수행한 예를 보였다. 하지만 사용자의 취향에 따라 2.2절에서 설명한 Ponyprog2000 다운로드 프로그램을 이용하여 컴파일된 결과를 MCU에 다운로드하여 실행할 수도 있다.

2.3.2 Ponyprog2000 다운로드 프로그램을 이용하는 방법

본 절에서는 앞서 WinAVR 통합환경에서 사용한 "[WinAVR] Program" 서브메뉴의 역할을 Ponyprog2000에서 수행하는 방법을 기술한다. 먼저 PonyProg2000을 실행한다. 이때 PonyProg2000은 본 서의 2.2절에 기술한대로 설정 되어 있어야 한다. 이제 컴파일이 끝난 결과인 hex 파일이 저장되어 있는 PC의 폴더에서, 저장되어 있는 hex 실행 파일을 읽는다. 이를 위하여, Ponyprog2000 프로그램의 메뉴에서 "File→Open Program (FLASH) File…"을 선택하면 그림 2.26에 보인 바와 같이 "Flash 프로그램 파일 열기 대화창"이 나타나는데 "port_led_test" 폴더에서 "port_led_test.hex"라는 실행파일을 선택하고 "열기" 버튼을 누른다.

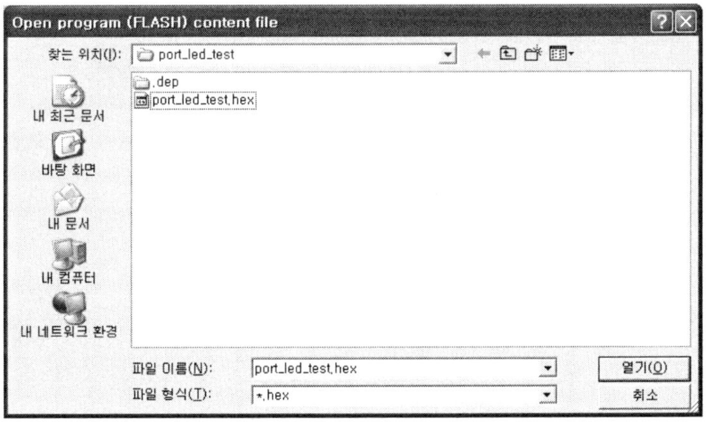

그림 2.26 Ponyprog2000의 Flash 프로그램 파일 열기 대화창

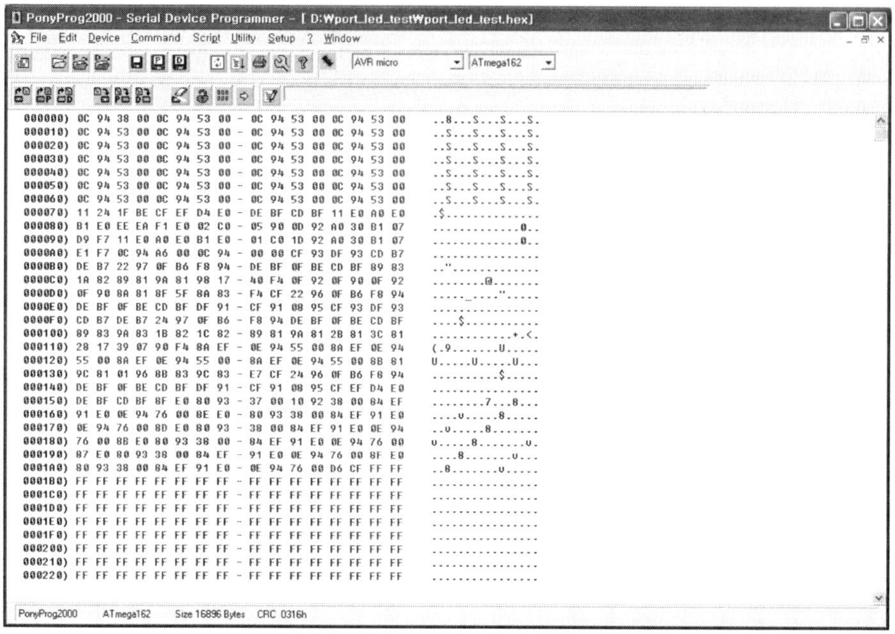

그림 2.27 Ponyprog2000에서 Flash 프로그램 파일의 내용화면

"Flash 프로그램 파일 열기 대화창"을 통해 "port_led_test.hex"라는 실행파일을 읽어들이면 그림 2.27에 보인 바와 같이 Ponyprog2000 프로그램의 "데이터 표시창"에 "port_led_test.hex"라는 실행파일의 내용이 16진수 형태와 ASCII 코드의 형태로 표시된다. 여기서 Ponyprog2000의 메뉴에서 "Command→Write Program(FLASH)"를 선택하면 그림 2.28에 보인 바와 같이 "Flash 프로그램 덮어쓰기 확인 대화창"이 나타난다. 이때, "Yes" 버튼을 누르면 사용자 프로그램을 AVR MCU에 덮어쓰고 확인 작업한 후에 그림 2.29에 보인 바와 같이 Flash 프로그램 쓰기가 성공적으로 이루어졌음을 알리는 창이 나타난다.

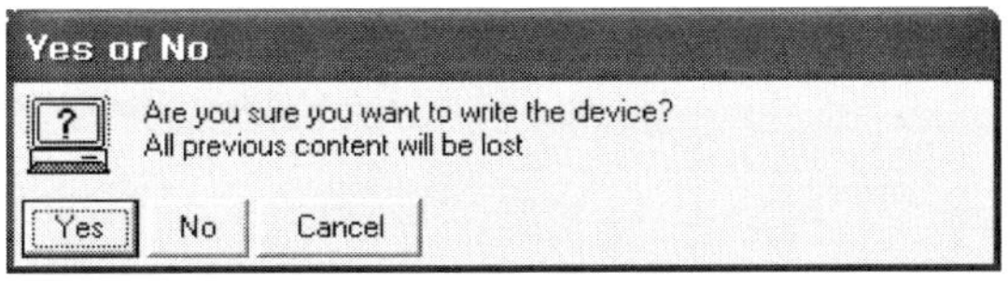

그림 2.28 Ponyprog2000에서 Flash 프로그램 덮어쓰기 확인 대화창

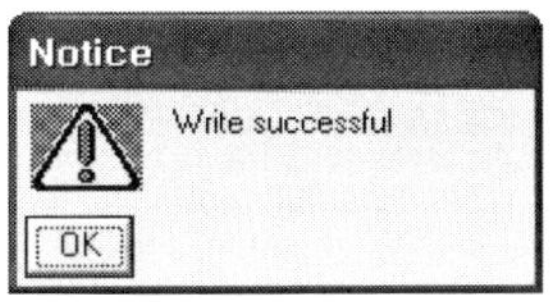

그림 2.29 Ponyprog2000에서 Flash 프로그램 쓰기성공 대화창

여기서 "Flash 프로그램 쓰기성공 대화창"이 나타나면, 사용자 프로그램이 컴퓨터로부터 QB-AM162-TK 보드의 MCU에 성공적으로 다운로드 되었음을 의미한다. 다운로드가 완료되면 QB-AM162-TK 보드에서 사용자 프로그램은 자동적으로 실행된다. 본 절에서 다운로드한 실행파일은 처음에는 모든 Port LED를 점등한 후, 좌측 Port LED부터 점등하여 순차적으로 우측으로 이동하다가 마지막으로 모든 Port LED가 소등되는 순서로 실행되는 것이므로, QB-AM162-TK 보드의 주변장치 선택을 위한 딥스위치(보드의 하단 우측에 위치)의 1번 스위치를 on 상태에 놓으면 그 결과를 눈으로 확인할 수 있다.

3. 간단한 Port LED 제어

3.1 Port LED 하드웨어 구성

3.1.1 AVR MCU와 Port LED 연결

이번에는 AVR MCU를 이용하여 LED를 ON하거나 OFF하는 방법에 대해서 설명한다. 여기서는 AVR MCU의 범용 입출력 포트에 연결된 LED를 제어하게 되는데 QB-MCU100 스타터 키트에 있는 QB-AM162-TK 보드를 기준으로 설명하고자 한다. 그림 3.1에 보인 바와 같이 QB-AM162-TK 보드는 AVR MCU의 범용 입출력 포트 중 Port B의 0~3이 버퍼(Buffer)를 통하여 LED(Light Emitted Diode)와 연결되어 있다. 그림 3.1에 보인 buffer는 enable신호가 로직 '1'이면 입력(In0~3)이 출력 (Out0~3)과 각각 연결되며, enable신호가 로직 '0'이면 출력(Out0~3)은 고임피턴스 상태로서 전류가 흐르지 못하는 단전상태가 된다.

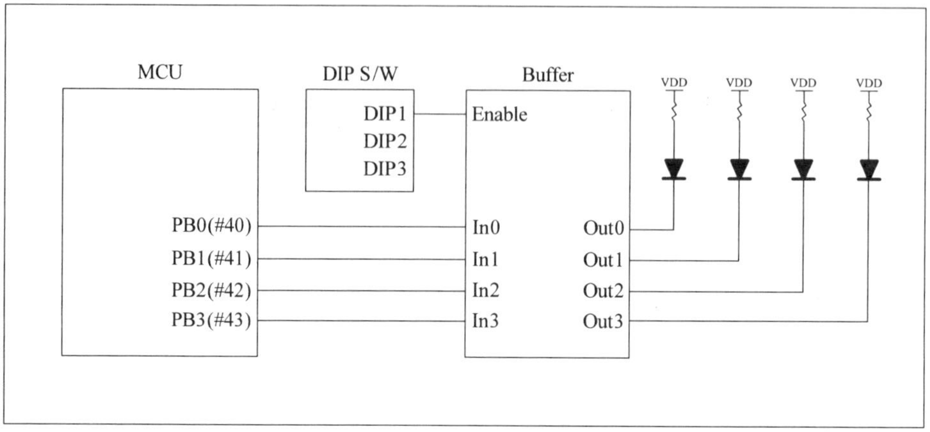

그림 3.1 AVR MCU와 Port LED 연결도

여기서 버퍼 IC는 TTL 소자로 74HC244를 사용하고 있다. 74HC244 소자는 Enable 포트가 로직 '1'상태, 즉 딥스위치(DIP S/W)의 DIP1이 ON 되면 입력 포트에 입력된 데이터의 값을 그대로 출력 포트로 출력하는 역할을 한다. 따라서, 딥스위치의 1번을 ON 상태로 해야만 AVR MCU의 Port B의 출력 값이 LED의 캐소드(Cathode)로 전달되게 된다. 또한, AVR MCU의 Port B가 LED의 캐소드에 연결되어 있고 LED의 애노드(Anode)는 전원단인 VDD에 연결되어 있어서, AVR MCU의 Port B의 출력값을 로직 '0'으로 하면 LED가 ON이 되고 AVR MCU의 Port B의 출력값을 로직 '1'로 하면 LED가 OFF가 된다.

그림 3.2에 QB-AM162-TK 보드에서 Port LED와 Port LED가 사용 가능한 상태로 선택되었는지를 표시하는 LED의 위치와 주변장치 사용선택을 위한 딥스위치(DIP S/W)의 위치도 함께 표시하고 있다. 여기서 Port LED는 좌측부터 Port B0으로 시작하여 맨 우측이 Port B3 순서로 AVR MCU와 연결되어 있다. 각 Port LED 바로 위에 PLED0, PLED1, PLED2, PLED3이라고 쓰여져 있다. 그리고, 딥스위치도 좌측부터 DIP1, DIP2, DIP3의 순서로 되어 있고 DIP1이 Port LED를 MCU의 포트와 연결시키는 역할을 수행한다. 본 절에서는 Port LED만을 사용할 것이므로 딥스위치의 1번 스위치를 ON 상태로 전환시킨다. 이제 보드의 "Port LED selected" LED가 불이 들어와 Port LED가 사용

가능상태가 되었음을 알 수 있다.

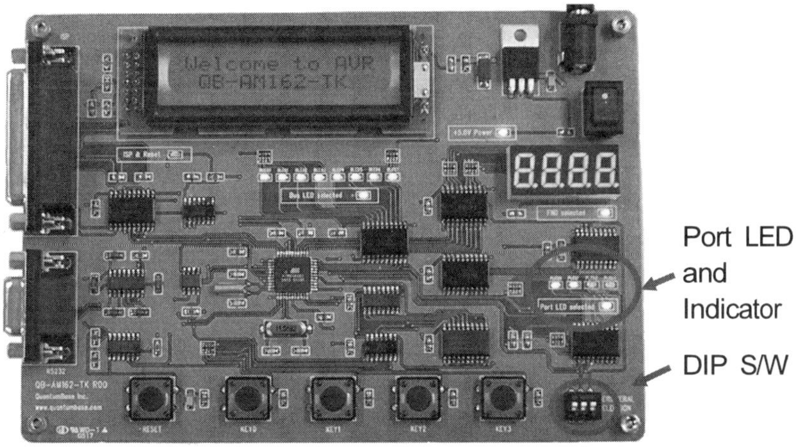

그림 3.2 QB-AM162-TK 보드의 Port LED 및 DIP Switch 부분

3.2 Port LED 제어 프로그램 작성

3.2.1 Port LED 제어 프로그램 개요

이제 WinAVR을 이용하여 QB-AM162-TK 보드의 Port LED를 제어하는 프로그램을 작성해보자.

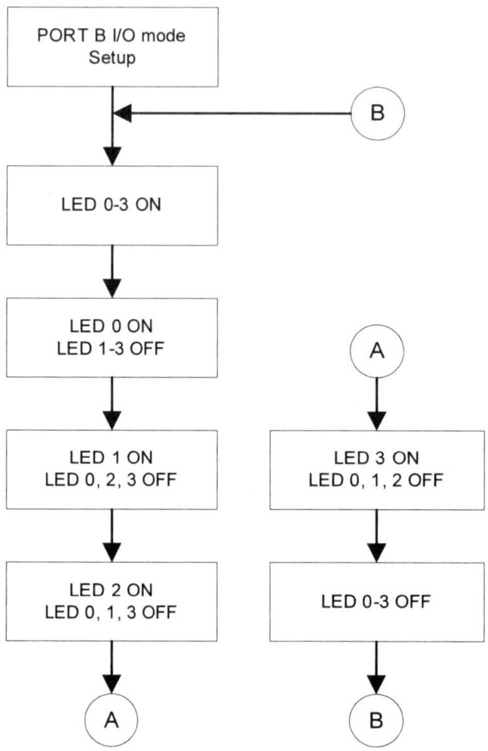

그림 3.3 Port LED 프로그램 흐름도

그림 3.3에 AVR MCU에서 Port LED를 제어하는 프로그램의 흐름을 도시하였다. 이 프로그램에서는 AVR MCU의 Port B와 연결된 Port LED를 ON하거나 OFF하는 동작을 수행한다. 처음에는 AVR MCU의 Port B의 I/O 모드를 설정하여 Port LED와 연결된 포트를 출력 상태로 만든다. Port LED0에서 Port LED3 모두를 점등한 후, 맨좌측 Port LED0부터 점등하여 Port LED1, Port LED2와 같이 순차적으로 우측으로 이동하다가 맨우측 Port LED3을 점등한다. 마지막으로 Port LED0에서 Port LED3을 모두 소등하는 순서로 실행된다. 이러한 동작이 반복적으로 수행된다. 이 예제는 시스템 상태를 표시하는데 사용되는 LED를 ON하거나 OFF하는 방법을 보여주면서 또한, AVR MCU의 I/O 포트를 제어하는 방법도 보여주고 있는 프로그램이다.

3.2.2 Port LED 제어 C 소스 코드 작성

그림 3.4에 WinAVR의 소스 코드 편집기인 Programmers Notepad를 실행했을 때 초기 화면을 보여주고 있다. Windows의 "시작→모든 프로그램→WinAVR→Programmers Notepad [WinAVR]" 메뉴를 선택하면 그림 3.4에 보인 바와 같이 WinAVR에 있는 소스 코드 편집기인 Programmers Notepad가 실행되는데 이때, "New"라는 제목을 가지는 빈 "소스 코드 편집창"이 표시된다. 여기서 Programmers Notepad의 빈 "소스 코드 편집창"에 프로그램 소스 코드를 작성하거나 기존에 있는 프로그램 소스 코드를 불러오면 된다.

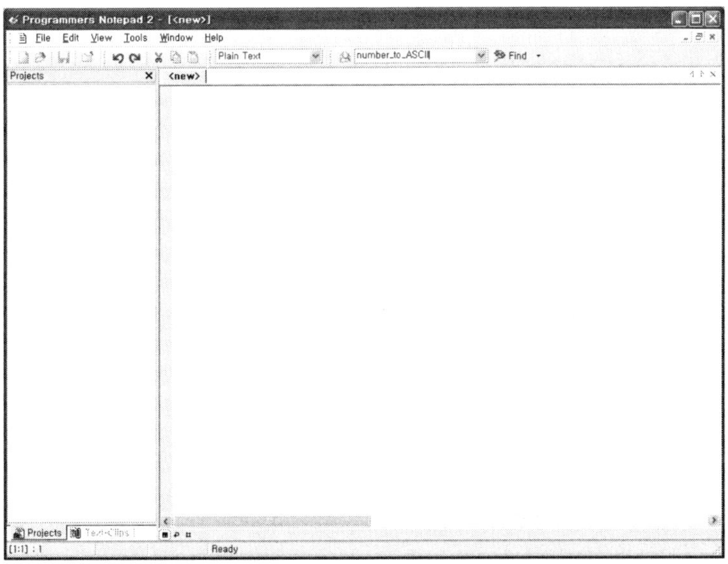

그림 3.4 WinAVR Programmers Notepad의 초기 실행화면

여기서는 Programmers Notepad의 빈 "소스 코드 편집창"에 Port LED 프로그램 소스 코드를 작성한다. 프로그램 3.1에 보인 Port LED 제어 C 소스 코드를 Programmers Notepad의 "소스 코드 편집창"에 직접 입력한다.

Port LED 제어 C 소스 코드를 살펴보면 우선 #include <avr/io.h>라는 부분이 있는데 이것은 WinAVR을 설치하면 생성되는 AVR MCU 입출력 관련 header 파일을 C 소스 코드의 맨 앞부분에 포함시킨다는 preprocessor 구문이다. 여기서는 이 정도로만 알고 지나가자. AVR MCU의 입출력 부분을 제어하려면 반드시 필요한 부분이다.

그 다음으로 보이는 void delay_us(unsigned char time_us)는 us(10^{-6} second, 마이크로세컨드) 시간단위로 지정하는 시간 지연 함수의 정의 부분으로 prototype(함수의 원형, 즉 함수의 형태를 정의한 부분) 선언에 대한 내용을 보여주고 있다. 함수의 반환값은 없고(void), 함수의 인수로 "time_us"라는 양수(unsigned)이고 문자 또는 8비트 숫자(char)형을 선언하고 있다. "time_us" 인수에는 지연하고자 하는 시간(단위 : us)을 지정해준다.

us 시간단위의 시간 지연 함수 정의 내부에 있는 asm volatile("PUSH R0"); 부분은 인라인 어셈블(Inline Assemble) 명령어를 C 소스 코드에 삽입하고자 할 때 사용하는 방법으로 큰 따옴표 안에 어셈블 명령어를 입력한다. 여기서 PUSH R0는 R0 레지스터의 내용을 스택에 저장하는 명령이며, asm volatile("POP R0"); 부분의 POP R0는 스택에서 마지막 저장된 데이터를 읽는 명령어 이다. 이들의 실행에는 각각 AVR MCU 클럭의 2 사이클이 필요하다.

프로그램 3.1 〉〉 Port LED 제어 C 소스 코드

```
#include <avr/io.h>

/* — time delay functions - 1 clock : 1/11.0592MHz = 90.42 ns — */
void delay_us(unsigned char time_us)  // time delay(us)
{
  register unsigned char i;

  for(i = 0; i < time_us; i++)         // 4 cycle +
  {
    asm volatile(" PUSH  R0 ");        // 2 cycle +
    asm volatile(" POP   R0 ");        // 2 cycle +
    asm volatile(" PUSH  R0 ");        // 2 cycle +
    asm volatile(" POP   R0 ");        // 2 cycle
                                       // 12 cycle = 1.085 us at 11.0592MHz
  }
}
```

```
void delay_ms(unsigned int time_ms)   // time delay(ms)
{
  register unsigned int i;

  for(i = 0; i < time_ms; i++)
  {
    delay_us(250);
    delay_us(250);
    delay_us(250);
    delay_us(250);
  }
}

int main(void)                 // Main function
{
  DDRB = 0b00001111;           // Port B IO mode : b7-b4(Input), b3-b0(Output)

  while(1)
  {
    PORTB = 0b00000000;        // PLED3-0 on
    delay_ms(500);             // time delay(ms) - 500 ms

    PORTB = 0b00001110;        // PLED3-1 off, PLED0 on
    delay_ms(500);             // time delay(ms) - 500 ms

    PORTB = 0b00001101;        // PLED3-2,0 off, PLED1 on
    delay_ms(500);             // time delay(ms) - 500 ms

    PORTB = 0b00001011;        // PLED3,1-0 off, PLED2 on
    delay_ms(500);             // time delay(ms) - 500 ms

    PORTB = 0b00000111;        // PLED2-0 off, PLED3 on
    delay_ms(500);             // time delay(ms) - 500 ms

    PORTB = 0b00001111;        // PLED3-0 off
    delay_ms(500);             // time delay(ms) - 500 ms
  }
}
```

us 시간단위의 시간 지연 함수의 내용은 인라인 어셈블을 사용하여 미리 정해져 있는 AVR MCU의 실행 클럭 사이클(Clock Cycle)로부터 실행 시간을 유추할 수 있으므로 대체적으로 정확한 시간 지연 함수를 구현할 수 있다. 그러나, 이 함수도 AVR MCU의 동작 클럭 주파수가 변하게 되면 클럭 주파수에 맞게 수정해주어야 한다. 여기서는 AVR MCU에 11.0592 MHz 크리스탈 발진소자를 연결하여 사용하고 있으므로 1클럭 사이클은 $1/11.0592 \times 10^6$초이므로 90.42 ns(10^{-9} second, 나노초)가 나온다. us 시간단위의 시간 지연 함수의 인수인 "time_us"에 "1"을 지정하면 for 반복문이 1회 실행되어 12클럭 사이클 정도의 실행 시간이 소요되므로 약 1.085 us 정도가 된다. 따라서, 거의 1 us의 시간 지연을 발생할 수 있게 된다.

그 다음으로 보이는 void delay_ms(unsigned int time_ms)는 ms(10^{-3} second, 밀리 초) 시간단위로 지정하는 시간 지연 함수의 정의 부분으로 함수의 원형 선언에 대한 내용을 보여주고 있다. 함수의 반환값은 없고(void), 함수의 인수로 "time_ms"라는 양수(unsigned)이고 문자 또는 8비트 숫자(char)형을 선언하고 있다. "time_ms" 인수에는 지연하고자 하는 시간(단위 : ms)을 지정해준다.

ms 시간단위의 시간 지연 함수 정의 내부에 있는 delay_us(250); 부분은 앞에서 정의한 us 시간단위의 시간 지연 함수를 불러서 사용하고 있는데 "time_us" 인수에 "250"이라는 값을 지정하여 250 us 시간 지연을 만든다. 이와 같은 부분이 4개가 있고 "time_ms" 인수에 "1"을 지정하여 for 반복문이 1회 실행하게 되면 총 1 ms(1000 us) 시간 지연을 만들게 된다.

마지막으로, int main(void) 부분이 있는데 C 소스 코드의 처음 실행 부분이다. 모든 C 소스 코드는 main 함수가 있고 이 함수부터 실행이 시작된다. main 함수의 맨 앞부분에 DDRB=0b00001111;라는 부분이 있는데 이것은 Port B의 I/O 모드를 설정하는데 쓰이는 Port B의 DDR(Data Direction Register) 레지스터에 상위 4비트(bit 7~4, Port B 7~4)는 "0"을 지정하여 입력 모드로 설정하고 하위 4비트(bit 3~0, Port B 3~0)는 "1"을 지정하여 출력 모드로 설정하고 있다. 여기서 "0b00001111" 부분의 "0b"는 2진수로 숫자를 표시한다는 의미이다. 참고로, "0x"는 16진수로 숫자를 표시한다는 의미이고 숫자 앞에 아무런 표시가 없다면 10진수로 표시한다는 의미가 된다.

main 함수에서 while(1) 부분은 while 키워드의 인수로 "1"을 지정함으로써 무한 반복을 한다는 것을 의미한다. 즉, while 반복문 안의 내용을 무한 반복해서 실행한다는 것이다.

앞서 Port B의 I/O 모드 설정에서, 상위 4비트(bit 7~4, Port B 7~4)는 입력모드로 설정되었고 하위 4비트(bit 3~0, Port B 3~0)는 출력모드로 설정되었으므로, PORT B=0b00000000; 설정값은 상위 4비트와 하위 4비트에서 그 의미가 다르게 된다. 즉, 상위 4비트(bit 7~4, Port B 7~4)는 입력 모드이면서 "0"이 지정되므로 해당 포트에 풀업(Pull-up)이 설정되지 않는 것이고 하위 4비트(bit 3~0, Port B 3~0)는 출력 모드이면서 "0"이 지정되므로 해당 포트에 지정된 값 "0"이 출력되게 된다. 따라서, 하위 4비트(bit 3~0, Port B 3~0)와 연결된 Port LED 3~0의 캐소드가 로직 "0"으로 설정되어 모든 Port LED가 점등된다.

그리고, delay_ms(500); 부분은 앞에서 설명한 ms 시간단위의 시간 지연함수를 사용한 것으로 인수에 "500"이라는 값을 지정하여 500 ms의 시간 지연이 발생하게 된다.

다시, PORT B=0b00001110; 부분은 Port B 레지스터에 대해서 하위 4비트 중에 비트 3~1 부분은 "1"로 지정되어 Port LED 3~1은 OFF가 되고 비트 0 부분은 "0"으로 지정되어 Port LED 0은 ON이 된다. 그리고, 다시 delay_ms(500); 부분이 있어서 500 ms의 시간 지연이 발생하게 된다.

결국은, 처음에는 모든 Port LED가 ON이 되고 500 ms 시간 간격으로 맨 좌측의 Port LED 0에서 맨 우측의 Port LED 3의 순서로 Port LED가 ON 되는 현상이 반복하여 발생하게 된다. 이외에도 다양한 방법으로 DDRB 및 PORTB 레지스터의 값을 변경하여 Port LED를 제어할 수 있게 된다. 이와 같이, 단순하게 AVR MCU의 범용 I/O 포트를 제어함으로써 범용 I/O 포트와 연결된 Port LED와 같은 외부 소자를 제어할 수 있게 된다.

지금까지, 작성한 Port LED 제어 C 소스 코드를 저장하기 위해 Programmers Notepad의 "File→Save As…" 메뉴를 선택하면 그림 3.5와 같은 "소스 코드 저장 대화창"이 나타난다. 여기서 "파일이름" 콤보박스에 "port_led_test.c"라고 입력하고 "저장" 버튼을 누르면 지금 작성한 Port LED 제어 C 소스 코드 파일이 생성된다.

그림 3.5 WinAVR Programmers Notepad의 소스 코드 저장 대화창

3.2.3 Port LED 제어 C 소스 코드 컴파일

이제, 앞 절에서 작성한 Port LED 제어 C 소스 코드를 WinAVR에 있는 AVR-GCC 컴파일러를 이용하여 컴파일 해보자. 우선, WinAVR Programmers Notepad에서 컴파일하려면 컴파일할 때 자주 사용되고 있는 make 유틸리티의 매크로 파일이 필요하게 된다. make 유틸리티는 여러 개의 프로그램 소스 코드가 존재할 때 전체가 아닌 일부의 소스 코드만 수정하는 경우, 수정된 소스 코드만 컴파일하고 다시 컴파일되어 생성된 전체 오브젝트 파일을 링크하여 최종 실행파일을 만드는데 유용하게 사용되는 프로그램이다. 즉, 일부의 소스 코드 파일만을 수정했을 때 매번 전체 소스 코드 파일을 컴파일하지 않고 실행파일과 소스 코드 파일의 날짜를 비교하여 실행파일보다 이후의 소스 코드 파일만을 컴파일함으로써 개발 시간을 단축시키는 효과를 볼 수가 있다.

본 예제를 컴파일 하기 위한 Makefile은 2.1절에서 설명한 MFile을 이용하여 만들기로 한다. 모든 옵션은 2.1절과 동일하며 다만, MFile 툴의 "Makefile" 메뉴에서 "Main file name..." 메뉴를 선택하여 나오는 "Main file" 입력 창에서 main 함수가 있는 C 소스 코드 파일 이름인 "port_led_test"를 입력하는 것에 유의한다. (기존 2.1절의 예에서는 본 절과 동일한 파일이 사용되었음)

여기서 Makefile을 매번 MFile을 이용하여 생성시키는 것이 불편할 수 있다. 이러한 경우에는 2.1절에서 생성시킨 파일을 복사한 후 일부만 다음과 같이 수정하여 사용할 수 있다. 이를 위하여 2.1절에서 생성시킨 makefile을 현재 작업폴더에 복사한다. 그리고 Programmers Notepad의 "File→Open.." 메뉴를 선택하여 복사한 makefile을 불러온다. 그러면 매크로 2.1에서 보인바와 같은 makefile을 볼 수 있는데, 여기서 아래에 보인바와 같이 "TARGET=(파일이름)"이 있는 부분을 찾아 현재 소스 코드 파일 이름으로 바꾼 후 저장하여 사용하면 간편하다. 수정을 완료하였다면, Programmers Notepad의 "File→Save"를 선택하여 저장한다.

```
# Target file name (without extension).
TARGET = port_led_test

# List C source files here. (C dependencies are automatically generated.)
SRC = $(TARGET).c
```

지금부터, 실제로 Port LED 제어 C 소스 코드를 컴파일 하고자 한다. Programmers Notepad에서 "소스 코드 편집창" 바로 위에 있는 탭 중에서 "port_led_test.c"라고 쓰여 있는 탭을 선택하여 컴파일하고자 하는 C 소스 코드를 설정한다. 그리고, Programmers Notepad의 "Tools→[WinAVR] Make All" 메뉴를 선택하면 그림 3.6에 보인 바와 같이 "컴파일 결과 창"에 컴파일 과정이 표시되고 컴파일 에러가 발생하지 않으면 "Errors : none"이라는 표시와 함께 컴파일 과정이 끝난다.

Programmers Notepad에서 컴파일 과정이 끝나면 C 소스 코드 파일이 있는 폴더에 생성되는 파일들로 컴파일러를 이용하여 C 소스 코드 파일을 컴파일하면서 생기는 오브젝트 파일(port_led_test.o)과 리스트 파일(port_led_test.lst), 오브젝트 파일을 링크하면서 생기는 ELF 형식의 실행파일(port_led_test.elf)과 map 파일(port_led_test.map), 마지막으로 실행파일 변환기를 이용하여 ELF 형식의 실행파일을 변환시키면서 생기는 HEX 형식의 실행파일(port_led_test.hex)이 있다.

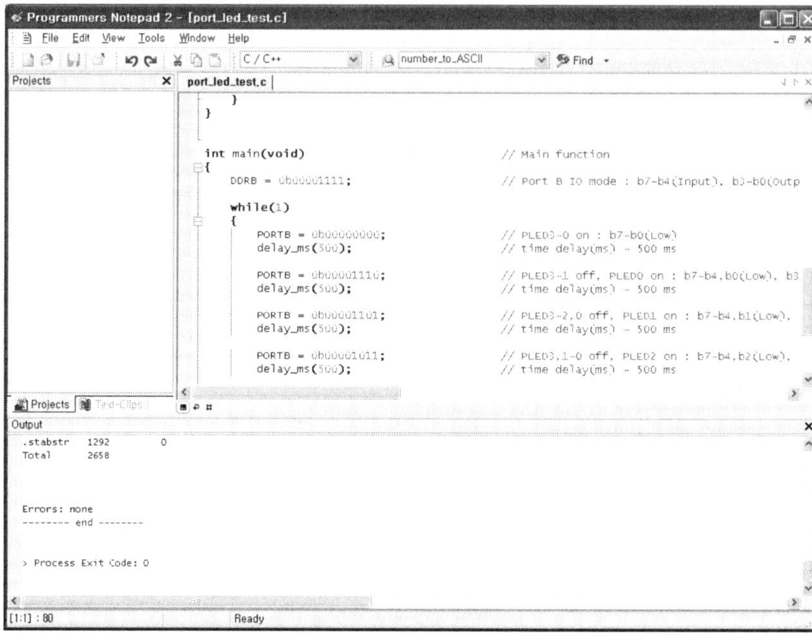

그림 3.6 WinAVR Programmers Notepad에서 컴파일 실행 화면

여기서 마지막으로 생성된 HEX 형식의 실행파일인 "port_led_test.hex" 파일이 바로 AVR MCU의 프로그램 메모리인 Flash 메모리로 다운로드 되는 프로그램이다. 이제 Programmers Notepad의 "Tools→[WinAVR] Program"을 선택하면 결과창인 하단 Output 창에 프로그램이 AVR에 쓰여진 결과가 출력되며, 다운로드가 완료되는 즉시 보드의 동작이 확인될 것이다.

여기서 HEX 파일의 다운로드는 2장에서 언급한 바와 같이 PonyProg2000을 사용하여 수행할 수도 있으며, 이를 사용하고자 하는 사용자는 PonyProg2000 프로그램을 실행시킨 다음, 메뉴에서 "File→Open Program (FLASH) File…"을 선택하면 그림 3.7에 보인 바와 같이 "Flash 프로그램 파일 열기 대화창"이 나타나는데 "port_led_test" 폴더에서 "port_led_test.hex"라는 실행파일을 선택하고 "열기" 버튼을 누른다. 단 PonyProg2000의 설정은 2장에서 기술한 바대로 완료되었다고 가정한다.

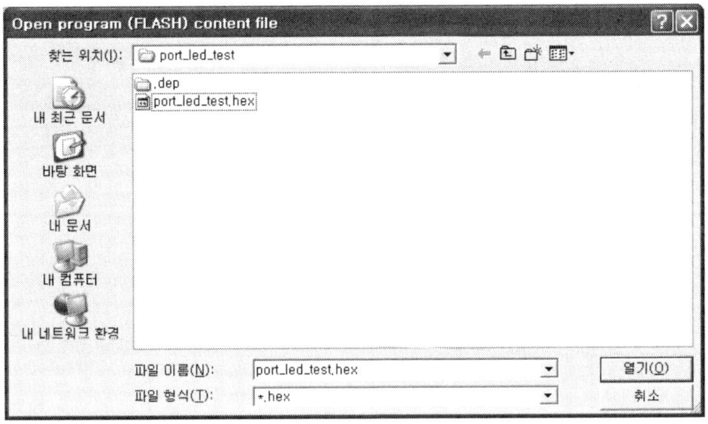

그림 3.7 Ponyprog2000의 Flash 프로그램 파일 열기 대화창

"Flash 프로그램 파일 열기 대화창"을 통해 "port_led_test.hex"라는 실행파일을 읽어들이면 그림 3.8에 보인 바와 같이 Ponyprog2000의 "데이터 표시창"에 "port_led_test.hex"라는 실행파일의 내용이 16진수 형태와 ASCII 코드의 형태로 표시된다. 여기서 Ponyprog2000의 메뉴에서 "Command→Write Program(FLASH)"를 선택하면 그림 3.9에 보인 바와 같이 "Flash 프로그램 덮어쓰기 확인 대화창"이 나타난다. 이때, "Flash 프로그램의 덮어쓰기 확인 대화창"의 "Yes" 버튼을 누르면 사용자 프로그램을 MCU에 덮어쓰고 확인 작업한 후에 그림 3.10에 보인 바와 같은 "Flash 프로그램 쓰기성공 대화창"이 나타난다.

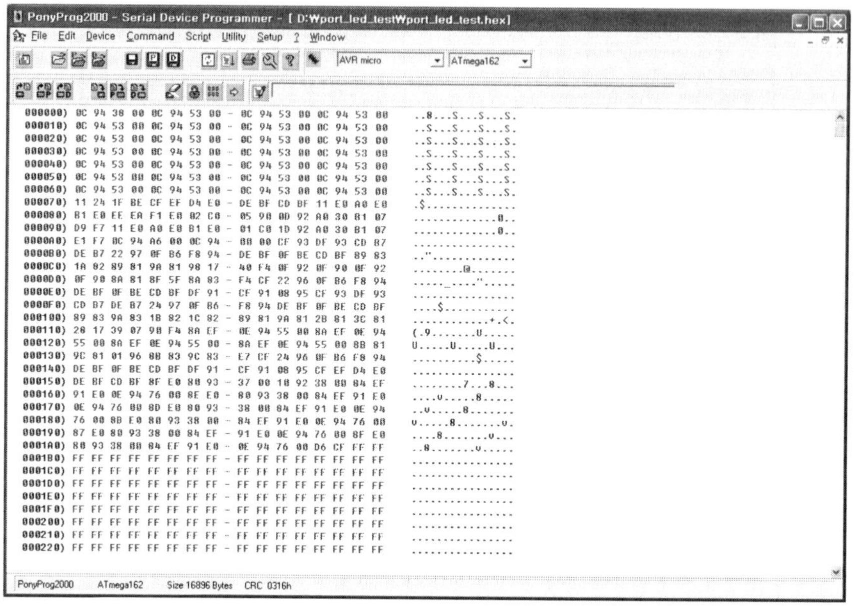

그림 3.8 Ponyprog2000에서 Flash 프로그램 파일의 내용을 표시한 화면

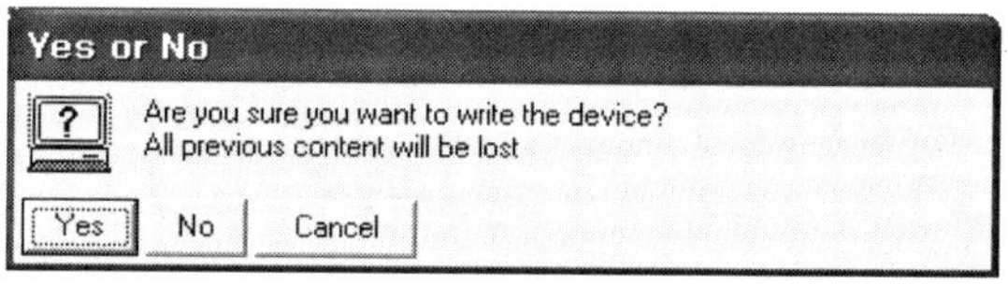

그림 3.9 Ponyprog2000에서 Flash 프로그램 덮어쓰기 확인 대화창

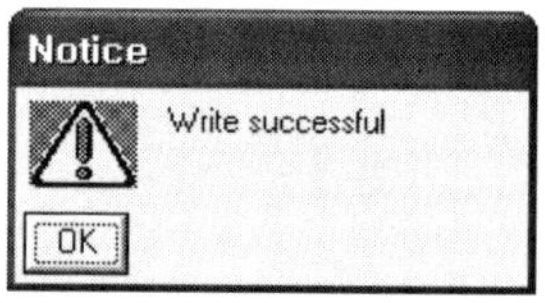

그림 3.10 Ponyprog2000에서 Flash 프로그램 쓰기성공 대화창

여기서 "Flash 프로그램 쓰기성공 대화창"이 나타나면 성공적으로 사용자 프로그램을 컴퓨터로부터 QB-AM162-TK 보드의 AVR MCU에 다운로드된 것이다. 이제, 자동적으로 QB-AM162-TK 보드는 사용자 프로그램의 내용을 실행하게 된다. "port_led_test.hex"라는 실행파일의 내용은 처음에는 모든 Port LED를 점등한 후, 좌측 Port LED부터 점등하여 순차적으로 우측으로 이동하다가 마지막으로 모든 Port LED가 소등되는 순서로 실행된다. 이러한 동작이 반복적으로 수행된다.

본 장은 특별히 프로그램 코딩부터 다운로드까지 튜토리얼의 개념으로 상세히 기술하였다. 처음 사용자는 여러 번 숙지하여 전체 프로그램 개발 순서를 확실히 기억하도록 한다.

4. Bus LED 제어

4.1 Bus LED 하드웨어 구성

4.1.1 AVR MCU와 Bus LED 연결

본 장에서는 버스구조를 이용하여 주변장치를 확장하는 방법에 대한 간단한 설명과, 이러한 버스 구조를 적용하여 장착된 LED를 제어하는 방법에 대해서 설명한다. MCU를 기반으로 주변장치를 확장하는 방법 중 가장 널리 사용되고 가장 강력한 방법 중의 하나는 어드레스 버스와 데이터 버스를 이용하는 것이다. 이렇게 연결된 주변장치들은 어떤 것이든지, 이를 제어하는 MCU의 입장에서는 메모리와 다르지 않음을 기억한다. QB-MCU100 스타터 키트에 있는 AVR MCU 보드인 QB-AM162-TK 보드에는 본 장에서 사용하고자 하는 8개의 LED와 FND와 LCD가 모두 같은 데이터버스를 공유하고 있다. 이와 같이 전혀 다른 주변장치지만 동일한 방식으로 제어할 수 있게 되어있는 것이다. 따라서 본 서에서는 이들이 버스를 공유하고 있다는 의미에서 각각 BUS LED와 BUS FND, BUS LCD로 부르기로 한다.

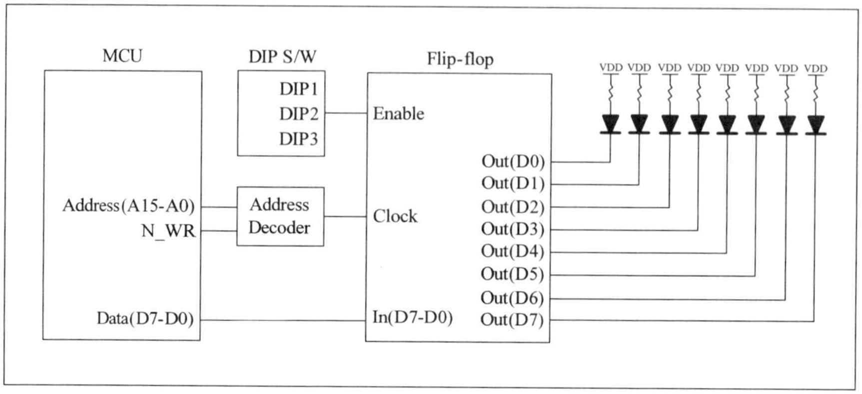

그림 4.1 AVR MCU와 Bus LED 연결도

그림 4.1에 보인 바와 같이 QB-AM162-TK 보드는 AVR MCU의 외부 메모리 버스로서 16비트의 어드레스 버스와 8비트의 데이터 버스로 구성되어 Bus LED를 제어하는데 사용되었다. 여기서, AVR MCU의 N_WR 포트 및 어드레스 버스는 어드레스 디코더를 거쳐 Flip-flop IC의 Clock 포트로 연결되고 AVR MCU의 데이터 버스는 Flip-flop IC의 8비트 입력 포트로 연결된다. 그리고, Flip-flop IC의 8비트 출력 포트는 각 LED의 캐소드와 연결되었다.

여기서 Flip-flop IC는 TTL 소자로 74HC574를 사용하고 있다. 74HC574 소자는 Enable 포트가 로직 '0'이 되면 각 출력 포트가 고임피던스(High Impedance : Z) 상태가 되고 Enable 포트가 로직 '1'이 되면 각 Flip-flop의 출력 포트 값을 그대로 출력한다. 따라서, 딥스위치(DIP S/W) 2번을 ON 상태로 해야만 AVR MCU의 데이터 버스의 출력 값이 LED의 캐소드로 전달되게 된다. 이때, AVR MCU의 데이터 버스의 출력 값을 Flip-flop IC의 입력 포트를 통해 각 Flip-flop에 전달되기 위해서는 Flip-flop IC의 Clock에 상승에지(Rising Edge) 신호가 입력되어야 하므로 AVR MCU의 어드레스 버스와 N_WR 포트를 이용하여 상승에지 신호를 발생시킨다.

또한, AVR MCU의 데이터 버스와 연동되는 Flip-flop IC의 출력 포트가 LED의 캐소드에 연결되어 있고 LED의 애노드는 전원단(VDD)에 연결되어 있어서 AVR MCU의 데이터 버스 출력값을 로직 '0'으로 하면 LED가 ON이 되고 AVR MCU의 데이터 버스 출력값을 로직 '1'로 하면 LED가 OFF가 된다.

그림 4.2에 QB-AM162-TK 보드에서 Bus LED와 Bus LED Selected Indicator의 위치를 표시하고 있고 딥스위치의 위치도 함께 표시하고 있다. 여기서 Bus LED는 좌측부터 데이터 버스 출력 비트 0으로 시작하여 맨 우측이 데이터 버스 출력 비트 7 순서로 AVR MCU와 연결되어 있다. 각 Bus LED 바로 위에 BLED0, BLED1, BLED2, BLED3, BLED4, BLED5, BLED6, BLED7이라고 쓰여져 있으므로 쉽게 그 순서를 확인할 수 있다.

그리고, Bus LED를 실습에 사용할 수 있도록 DIP 스위치의 2번 스위치를 ON의 위치에 놓는다.

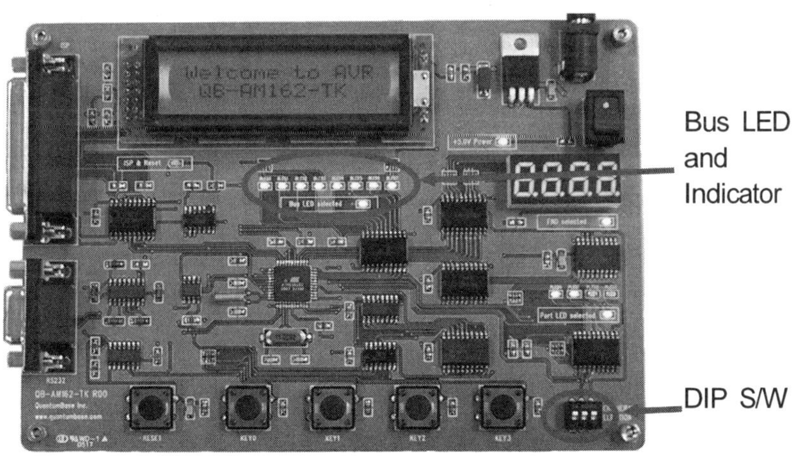

그림 4.2 QB-AM162-TK 보드의 Bus LED 및 DIP 스위치

4.2 Bus LED 제어 프로그램 작성

4.2.1 Bus LED 제어 C 소스 코드 작성

그림 4.3에서는 AVR MCU에서 Bus LED를 제어하는 프로그램의 흐름도를 보여주고 있다. 이 프로그램에서는 AVR MCU의 외부 메모리 버스에 연결된 Bus LED를 ON하거나 OFF하는 동작을 수행한다. 처음에는 AVR MCU의 외부 메모리 버스 기능을 동작시킨다. 그 다음으로 Bus LED0에서 Bus LED7을 모두 점등한 후, 좌측 Bus LED0부터 점등하여 Bus LED1, Bus LED2와 같이 순차적으로 우측으로 이동하다가 마지막으로 Bus LED7이 점등되는 순서로 실행된다. 그리고, 다시 Bus LED0에서 Bus LED7을 모두 점등하는 형태로 이러한 동작이 반복적으로 수행된다. 이 예제를 통하여 시스템의 상태를 표시하는 LED를 ON하거나 OFF하는 방법과 함께, 외부 메모리 버스를 사용하는 방법을 습득할 수 있음을 기억한다.

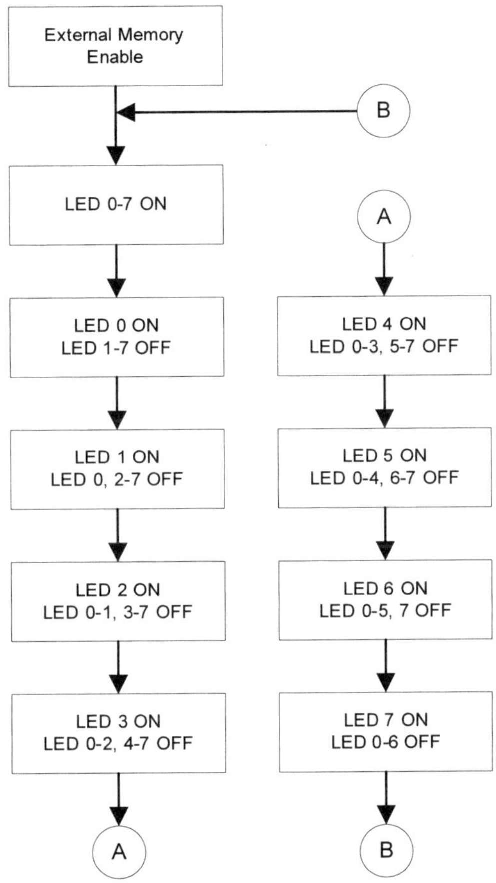

그림 4.3 Bus LED 프로그램 흐름도

Bus LED 제어 C 소스 코드를 살펴보면 우선 #include <avr/io.h>라는 부분이 있는데 앞 장에서 AVR MCU 입출력 관련 해더파일을 C 소스 코드의 맨 앞부분에 포함 시키는 전처리기(Preprocessor) 구문이라는 것을 언급한 바 있다. 예측할 수 있듯이 어떤 프로그램을 개발하던지 반드시 들어간다. 왜냐하면 I/O를 사용하지 않는 소스 코드는 거의 없기 때문이다.

그 다음으로 보이는 void delay_us(unsigned char time_us)와 void delay_ms(unsigned int time_ms)는 앞장에서 설명하였으므로 더 이상의 설명은 생략하기로 하고 메인함수의 내용을 설명하도록 한다.

프로그램 4.1 〉〉 Bus LED 제어 C 소스 코드

```
#include <avr/io.h>

/* — time delay functions - 1 clock : 1/11.0592MHz = 90.42 ns — */
void delay_us(unsigned char time_us)  // time delay(us)
{
  register unsigned char i;

  for(i = 0; i < time_us; i++)         // 4 cycle +
  {
    asm volatile(" PUSH  R0 ");        // 2 cycle +
    asm volatile(" POP   R0 ");        // 2 cycle +
    asm volatile(" PUSH  R0 ");        // 2 cycle +
    asm volatile(" POP   R0 ");        // 2 cycle
                                       // 12 cycle = 1.085 us at 11.0592MHz
  }
}

void delay_ms(unsigned int time_ms)   // time delay(ms)
{
  register unsigned int i;

  for(i = 0; i < time_ms; i++)
  {
    delay_us(250);
    delay_us(250);
    delay_us(250);
    delay_us(250);
  }
}

int main(void)                         // Main function
{
  /* — MCUCR(MCU control register) — */
```

```
    MCUCR |= 0b10000000;           // SRE(7) : External SRAM/XMEM Enable

    while(1)
    {
      // BLED7-0 on
      *((unsigned char *)0x100C) = 0b00000000;
      delay_ms(500);                 // time delay(ms) - 500 ms
      // BLED7-1 off, BLED0 on
      *((unsigned char *)0x100C) = 0b11111110;
      delay_ms(500);                 // time delay(ms) - 500 ms
      // BLED7-2,0 off, BLED1 on
      *((unsigned char *)0x100C) = 0b11111101;
      delay_ms(500);                 // time delay(ms) - 500 ms
      // BLED7-3,1-0 off, BLED2 on
      *((unsigned char *)0x100C) = 0b11111011;
      delay_ms(500);                 // time delay(ms) - 500 ms
      // BLED7-4,2-0 off, BLED3 on
      *((unsigned char *)0x100C) = 0b11110111;
      delay_ms(500);                 // time delay(ms) - 500 ms
      // BLED7-5,3-0 off, BLED4 on
      *((unsigned char *)0x100C) = 0b11101111;
      delay_ms(500);                 // time delay(ms) - 500 ms
      // BLED7-6,4-0 off, BLED5 on
      *((unsigned char *)0x100C) = 0b11011111;
      delay_ms(500);                 // time delay(ms) - 500 ms
      // BLED7,5-0 off, BLED6 on
      *((unsigned char *)0x100C) = 0b10111111;
      delay_ms(500);                 // time delay(ms) - 500 ms
      // BLED6-0 off, BLED7 on
      *((unsigned char *)0x100C) = 0b01111111;
      delay_ms(500);                 // time delay(ms) - 500 ms
    }
    return(1);
}
```

메인함수인 int main(void)의 가장 앞부분의 MCUCR |= 0b10000000; 은 "MCUCR = MCUCR | 0b10000000;"을 간결하게 표현한 C 언어 구문이라는 것을 기억한다. 이것은 MCUCR(MCU Control Register) 레지스터의 7비트에 "1"을 지정하여 외부 메모리 버스

기능(External SRAM/XMEM)을 활성화시키는 것을 의미한다. 여기서 "0b10000000" 부분의 "0b"는 2진수로 숫자를 표시한다는 의미이다. 참고로, "0x"는 16진수로 숫자를 표시한다는 의미이고 숫자 앞에 아무런 표시가 없다면 10진수로 표시한다는 의미가 된다.

main 함수에서 while(1) 부분은 while 키워드의 인수로 "1"을 지정함으로써 무한 반복을 한다는 것을 의미한다. 즉, while 반복문 안의 내용을 무한 반복해서 실행한다는 것이다.

그 다음으로 *((unsigned char *)0x100C)=0b00000000; 부분은 어드레스가 "0x100C"인 외부 메모리에 "0b00000000"의 8비트 데이터 값을 출력한다는 의미이다. 여기서 QB-AM162-TK 보드는 AVR MCU의 외부 메모리 "0x100C" 어드레스에 8개의 Bus LED를 할당 하였으므로 모든 Bus LED가 ON이 되는 것이다. 또한, (unsigned char *) 부분은 1바이트(8비트) 문자형 포인터로 형변환을 하는 C 언어 구문으로 C 언어에 대한 것은 C 언어 관련 서적을 참고하기 바란다.

그리고, delay_ms(500); 부분은 앞에서 설명한 ms 시간단위의 시간 지연함수를 사용한 것으로 인수에 "500"이라는 값을 지정하여 500 ms의 시간 지연이 발생하게 된다.

다시, *((unsigned char *)0x100C) = 0b11111110; 부분은 어드레스가 "0x100C"인 외부 메모리에 "0b11111110"의 8비트 데이터 값을 출력한다는 의미로 비트 7~1 부분은 "1"로 지정되어 Bus LED 7~1은 OFF가 되고 비트 0 부분은 "0"으로 지정되어 Bus LED 0은 ON이 된다. 그리고, 다시 delay_ms(500); 부분이 있어서 500 ms의 시간 지연이 발생하게 된다.

결국은, 처음에는 모든 Bus LED가 ON이 되고 500 ms 시간 간격으로 맨 좌측의 Bus LED 0에서 맨 우측의 Bus LED 7의 순서로 Bus LED가 ON 되는 현상이 반복하여 발생하게 된다. 이외에도 다양한 방법으로 MCUCR 레지스터 및 외부 메모리의 데이터 값을 변경하여 Bus LED를 제어할 수 있게 된다. 이와 같이, 단순하게 AVR MCU의 외부 메모리에 데이터 값을 출력함으로써 외부 메모리 버스와 연결된 Bus LED와 같은 외부 소자를 제어할 수 있게 된다.

이제 WinAVR의 소스 코드 편집기인 Programmers Notepad를 실행하여 소스 코드를 입력하여 보자. 입력이 끝나고 "bus_led_test.c"라는 이름으로 저장한다. 저장한 후에는 앞장의 Port LED 제어 예제에서 사용한 makefile을 복사하여 현재 소스 코드를 저장한 폴더에 넣고, Programmers Notepad의 File메뉴의 "File→Open.." 메뉴를 선택하여 복사한 makefile을 불러온다. 다음으로, 아래에 보인 바와 같이 "TARGET=(파일이름)"이 있는 부분을 찾아 파일이름 부분을 "bus_led_test"로 수정한 후 Programmers Notepad의 "File→Save"를 선택하여 저장한다.

```
# Target file name (without extension).
TARGET = bus_led_test

# List C source files here. (C dependencies are automatically generated.)
SRC = $(TARGET).c
```

이제 모든 준비가 완료되었다. 다시 한 번 보드의 병렬케이블이 잘 연결되어 있는지와 전원이 인가되어 있는지 확인한 후, Programmers Notepad의 "Tools→[WinAVR] Make All" 메뉴를 선택하여 컴파일을 수행한다. 오류가 있다면 수정하고, 오류가 없다면 "Tools→[WinAVR] Program"을 선택하여 QB-AM162-TK 보드에 컴파일된 결과를 다운로드 한다. 이로써 QB-AM-162-TK 보드의 8개의 Bus LED가 프로그램한 순서대로 점멸할 것이다.

5. Bus FND 제어

5.1 Bus FND 하드웨어 구성

5.1.1 AVR MCU와 Bus FND 연결

본 장에서는 지난 4장의 Bus LED의 예제와 동일한 방식인 AVR MCU의 외부 메모리 버스에 연결된 FND(Flexible Numeric Display, 또는 7-Segment)를 이용하여 16진수 숫자(0~9, A~F) 및 몇 개의 특수기호(dash, dot)를 표시하는 방법에 대해서 알아본다. 그림 5.1에 보인 바와 같이 QB-AM162-TK 보드에서는 AVR MCU의 외부 메모리 버스인 16비트의 어드레스 버스와 8비트의 데이터 버스를 사용하여 Bus FND를 제어하도록 구성되었다. AVR MCU의 N_WR 포트 및 어드레스 버스는 어드레스 디코더를 거쳐 Flip-flop A 및 Flip-flop B IC의 Clock 포트로 연결되고 AVR MCU의 데이터 버스는 Flip-flop A 및 Flip-flop B IC의 8비트 입력 포트로 연결된다. 그리고, Flip-flop A IC의 8비트 출력 포트는 FND의 COM 포트와 연결되고, Flip-flop B IC의 8비트 출력 포트는 FND의 SEG 포트와 연결되어 있다.

여기서 플립플롭 IC는 TTL 소자로 74HC574를 사용하고 있다. 74HC574 소자는 Enable(/OE) 포트가 로직 '0'이면 각 출력 포트가 고 임피던스 상태가 되며, Enable 포트가 로직 '1'이면 Clock이 상승에지일 때 각 플립플롭의 입력값이 해당되는 출력포트로 각각 전달된다. 따라서, 본 실습을 위해서는 딥스위치(DIP S/W)의 3번을 ON 상태로 하여 FND와 연계된 플립플롭을 활성화 시켜야 한다. 상기와 같이, AVR MCU의 데이터 버스의 출력 값을 플립플롭을 통하여 출력포트로 전달한 후 그 값을 유지시키기 위하여, 어드레스 디코더의 출력과 AVR MCU의 N_WR 신호를 이용하여 상승에지 신호를 생성하도록 구성되었다.

다음으로, FND의 경우 하나의 숫자를 표시하기 위하여 최대 8개의 LED가 동시에 켜져야 하므로, 이러한 전류를 구동할 수 있도록 회로를 구성하여야 한다. 따라서 AVR MCU의 데이터 버스와 연동되는 Flip-flop A IC의 출력 포트가 Current Driver의 입력 포트에 연결되고 Current Driver의 출력포트가 FND의 COM 포트에 연결되어 8개의 SEG에서 모아진 대전류를 구동하도록 설계되었다. 여기서, Current Driver는 입력과 출력값이 반전(Invert) 되므로 Flip-flop A IC의 출력값이 반전되어 FND LED의 캐소드에 전달된다. 또한, AVR MCU의 데이터 버스와 연동되는 Flip-flop B IC의 출력 포트가 FND의 SEG 포트를 통해 FND LED의 애노드에 연결되어 Flip-flop B IC의 출력값을 그대로 FND LED의 애노드에 전달된다.

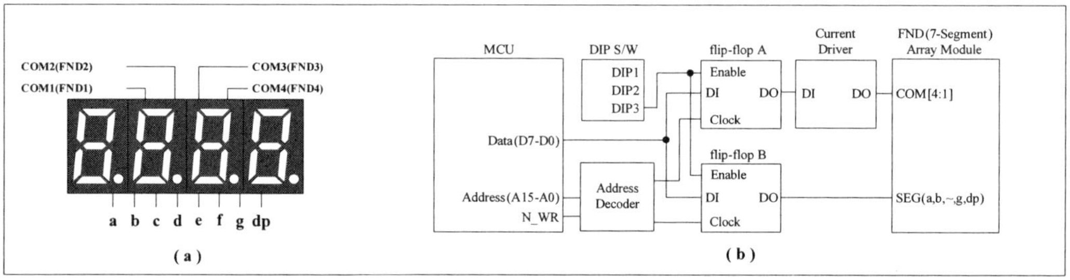

그림 5.1 (a) FND 외형 및 포트 구성도 (b) AVR MCU와 Bus FND 연결도

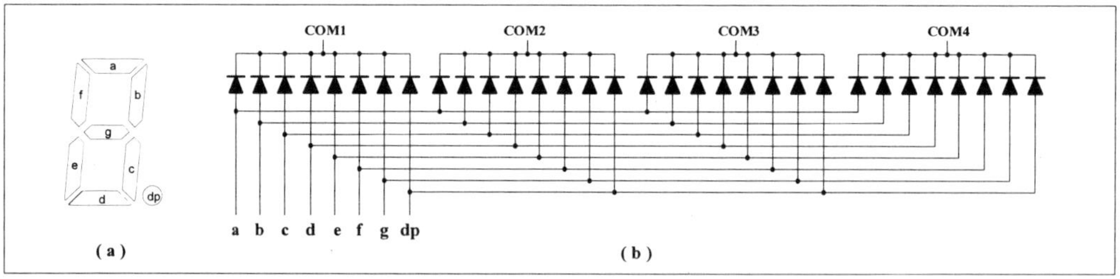

그림 5.2 (a) FND SEG 구성도 (b) FND COM 및 SEG 포트 연결도

따라서, AVR MCU의 어드레스 버스로 Flip-flop A IC를 선택하여 AVR MCU의 데이

터 버스 출력값을 로직 '1'로 하면 FND COM 포트를 통해 연결된 FND LED 캐소드에는 로직 '0'가 전달되고 AVR MCU의 어드레스 버스로 Flip-flop B IC를 선택하여 AVR MCU의 데이터 버스 출력값을 로직 '1'로 하면 FND SEG 포트를 통해 연결된 FND LED 애노드에는 로직 '1'이 전달되어 해당 FND LED segment가 ON이 된다.

다시 말해서, 4개의 FND COM 포트 중에 해당 COM을 선택하기 위해서는 AVR MCU의 어드레스 버스로 Flip-flop A IC를 선택한 후, AVR MCU의 데이터 버스 출력값을 로직 '1'로 설정하고 8개의 FND SEG 포트 중에 해당 SEG를 선택하기 위해서는 AVR MCU의 어드레스 버스로 Flip-flop B IC를 선택한 후, AVR MCU의 데이터 버스 출력값을 로직 '1'로 설정하면 된다. 이때, 이렇게 설정된 해당 FND LED는 ON이 된다. 이외의 경우에 대해서는 FND LED는 OFF가 된다. 그림 5.2(a)의 FND SEG 구성도에서는 각 segment의 위치를 표시하였고 그림 5.2(b)의 FND COM 및 SEG 연결도에서는 각 COM 및 SEG 포트의 연결 모양을 표시하였다. 그림 5.2(b)에 보인 바와 같이 FND COM 포트는 FND LED의 캐소드에 연결되어 있어 로직 '0'을 입력하고 FND SEG 포트는 FND LED의 애노드에 연결되어 있어 로직 '1'을 입력하는 경우에만 FND LED가 ON이 된다는 것을 알 수 있다.

여기까지 설명을 보면 하드웨어적으로 몇 단계를 거쳐 MCU와 FND가 연결되다 보니 논리관계가 복잡하게 느껴질 수 있다. 하지만 MCU입장에서 보면 이와 같이 간단히 정리할 수 있다. QB-AM162-TK 보드에서는 점등시키고자 하는 디지트를 선택하기 위하여, COM선택을 위한 해당 주소의 해당 비트를 '1'로 설정하면 되는 것이다. 더불어, 세그먼트를 점등시키기 위하여, 세그먼트 선택을 위한 해당 주소의 해당 비트를 '1'로 설정하면 된다.

독자의 편의를 위하여, 표 5.1에 16진수 숫자 및 특수기호를 표시하기 위한 AVR MCU의 세그먼트 데이터 버스 출력값을 보였다. 따라서, 독자는 4개의 FND 디지트선택을 위한 어드레스로, 선택하고자 하는 디지트에 해당하는 비트를 로직 '1'을 출력하고, 표 5.1의 마지막 열에 나타낸 16진수 값을 참조하여 표시하고자 하는 문자의 코드값을 해당 메모리 어드레스로 출력하기만 하면 FND에 원하는 문자를 간단히 표시할 수 있다.

표 5.1 표시 문자에 대한 FND 코드표

표시문자	FND SEG 포트								FND SEG 데이터 (HEX, 16진수)
	c(7)	dp(6)	d(5)	e(4)	a(3)	f(2)	b(1)	g(0)	
0	1	0	1	1	1	1	1	0	BE
1	1	0	0	0	0	0	1	0	82
2	0	0	1	1	1	0	1	1	3B
3	1	0	1	0	1	0	1	1	AB
4	1	0	0	0	0	1	1	1	87
5	1	0	1	0	1	1	0	1	AD
6	1	0	1	1	1	1	0	1	BD
7	1	0	0	0	1	0	1	0	8A
8	1	0	1	1	1	1	1	1	BF
9	1	0	0	0	1	1	1	1	8F
A	1	0	0	1	1	1	1	1	9F
B	1	0	1	1	0	1	0	1	B5
C	0	0	1	1	1	1	0	0	3C
D	1	0	1	1	0	0	1	1	B3
E	0	0	1	1	1	1	0	1	3D
F	0	0	0	1	1	1	0	1	1D
dash	0	0	0	0	0	0	0	1	01
dot	0	1	0	0	0	0	0	0	40
8, dot	1	1	1	1	1	1	1	1	FF

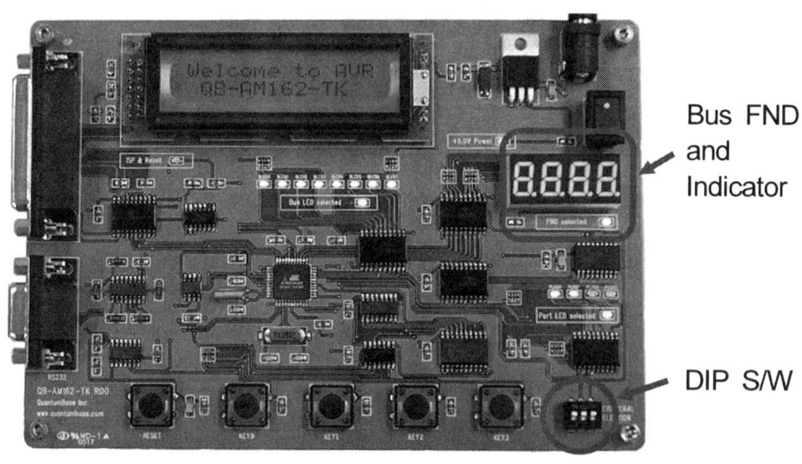

그림 5.3 QB-AM162-TK 보드의 Bus FND 및 DIP Switch 부분

그림 5.3에 QB-AM162-TK 보드에서 Bus FND와 Bus FND Selected Indicator의 위치를 표시하고 있고 딥스위치의 위치도 함께 표시하였다. 상술한 바와 같이 FND 실습을 위해서는 딥스위치의 3번 스위치를 ON으로 하여야 함을 유의한다.

5.2 Bus FND 제어 프로그램 작성

5.2.1 Bus FND 제어 C 소스 코드 작성

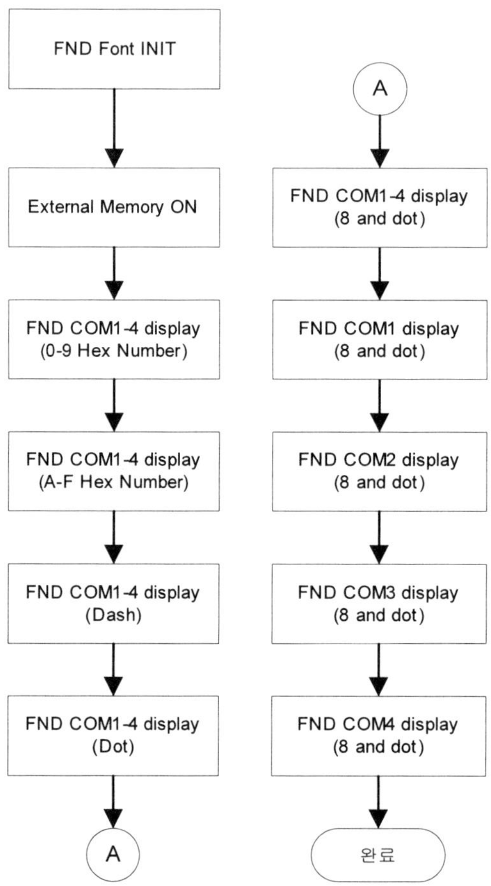

그림 5.4 Bus FND 프로그램 흐름도

그림 5.4에서는 AVR MCU에서 Bus FND를 제어하는 프로그램의 흐름도를 보여주고

있다. 이 프로그램에서는 AVR MCU의 외부 메모리 버스에 연결된 Bus FND를 이용하여 10진수 및 16진수의 숫자 및 문자와 간단한 특수기호를 표시하고 있다. 우선, FND에 표시하기 위한 16진수 숫자 및 문자와 특수기호에 대한 문자 폰트 코드를 문자열 배열에 지정하고 AVR MCU의 외부 메모리 버스 기능을 동작시킨다. 처음에는 FND COM1, COM2, COM3 및 COM4에 16진수 숫자 "0~9"를 표시하고 마찬가지로, 16진수 문자 "A~F"를 표시한 후, 특수기호인 dash, dot, 8과 dot를 표시한다. 그 다음으로 맨 왼쪽 FND COM1에서 맨 오른쪽 FND COM4로 이동하면서 8과 dot를 표시한 후 모든 디지트가 OFF되는 것으로 수행을 종료하게 된다. 이 프로그램은 시스템 상태를 표시하는 간단한 디스플레이로 동작하는 FND에 숫자, 문자 및 특수기호를 표시하는 방법을 보여주는 프로그램이다.

프로그램 5.1 〉〉 Bus FND 제어 C 소스 코드

```
#include <avr/io.h>

/* FND */
#define BUS_FND_COM_SEL *((unsigned char *)0x1008) // COM select
#define BUS_FND_WR_DATA *((unsigned char *)0x1004) // write data

/* — time delay functions - 1 clock : 1/11.0592MHz = 90.42 ns — */
void delay_us(unsigned char time_us)  // time delay(us)
{
  register unsigned char i;

  for(i = 0; i < time_us; i++)         // 4 cycle +
  {
    asm volatile(" PUSH  R0 ");        // 2 cycle +
    asm volatile(" POP   R0 ");        // 2 cycle +
    asm volatile(" PUSH  R0 ");        // 2 cycle +
    asm volatile(" POP   R0 ");        // 2 cycle
                                       // 12 cycle = 1.085 us at 11.0592MHz
  }
}

void delay_ms(unsigned int time_ms)   // time delay(ms)
```

```
{
   register unsigned int i;

   for(i = 0; i < time_ms; i++)
   {
      delay_us(250);
      delay_us(250);
      delay_us(250);
      delay_us(250);
   }
}

// convert ascii code to FND font index
unsigned char ascii_to_fnd_font(unsigned char character)
{
   unsigned char font_index;                  // FND font index

   if(character == 0xFF)
   {
      font_index = 0x12;                      // FND font index - 8 and dot point
   }
   else if(character == 0x2E)
   {
      font_index = 0x11;                      // FND font index - dot point
   }
   else if(character == 0x2D)
   {
      font_index = 0x10;                      // FND font index - dash
   }
   else if((character >= 0x30) && (character <= 0x39))
   {
      font_index = character - 0x30;          // FND font index - number
   }
   else if((character >= 0x41) && (character <= 0x46))
   {
      font_index = character - 0x37;          // FND font index - big alphabet
   }
   else if((character >= 0x61) && (character <= 0x66))
   {
```

```
      font_index = character - 0x57;        // FND font index - small alphabet
    }

    return font_index;
  }
```

C 소스 코드에서 첫 번째 줄인 #include <avr/io.h>는 앞 장에서 계속적으로 보아왔으므로 이제 여러분도 익숙해진 전처리기(preprocessor) 구문이다. 다음으로 보이는 #define BUS_FND_COM_SEL *((unsigned char *)0x1008)는 FND COM 포트에 데이터를 보내기 위해 Filp-flop A IC를 선택할 때 사용되는 어드레스 버스의 값인 "0x1008"을 "BUS_FND_COM_SEL"이라는 문자열 정수로 정의하는 부분이다. 여기서, 다음 부분에 나오는 C 소스 코드에서 "BUS_FND_COM_SEL"이라는 문자열 정수가 쓰여진 부분은 C 소스 코드 컴파일시, C 소스 코드 컴파일러의 전처리기에 의해 "*((unsigned char *)0x1008)" 문자열로 치환된 후에 컴파일 된다. 이와 같이 자주 사용되는 부분을 미리 문자열 정수로 정의해두면 나중에 문자열 정수와 치환되는 문자열 수정시, 한번의 수정으로 간단히 수정할 수 있을 뿐 아니라 C 소스 코드 가독성을 높일 수 있기 때문에 자주 사용된다. 더 자세한 내용은 C 언어 관련 자료를 참고하기 바란다.

마찬가지로, #define BUS_FND_WR_DATA*((unsigned char *)0x1004)는 FND SEG 포트에 데이터를 보내기 위해 Filp-flop B IC를 선택할 때 사용되는 어드레스 버스의 값인 "0x1004"를 "BUS_FND_WR_DATA"이라는 문자열 정수로 정의하는 부분이다. 여기서, "0x1004" 부분의 "0x"는 16진수로 숫자를 표시한다는 의미이다. 참고로, "0b"는 2진수로 숫자를 표시한다는 의미이고 숫자 앞에 아무런 표시가 없다면 10진수로 표시한다는 의미가 된다.

그 다음으로 보이는 void delay_us(unsigned char time_us)와 void delay_ms(unsigned int time_ms)함수는 앞 장에서 여러 번 설명한 시간지연함수이므로 더 이상의 설명은 생략하기로 한다. 시간 지연 함수 다음으로 보이는 unsigned char ascii_to_fnd_font(unsigned char character)는 범용 컴퓨터에서 사용되는 ASCII 코드값으로부터 FND 코드값을 추출하기 위한 FND 코드 배열의 인덱스값을 얻어오는 함수로서 뒤에 정의하게 되는 FND 코드 배열의 인덱스값으로 변환하는 역할을 수행한다. "character"는 ASCII 코드값을 가지는 문자를 입력 받는 매개변수이고 함수의 리턴값에 "font_index"에 저장된 FND 코드 배열의 인덱스로 변환된 값이 전달된다. 매개변수로부터 ASCII 코드값을 읽어 들여 "0~9"의 숫자이면 ASCII 코드값에서 "0x30"을 빼고 알파벳 대문자 "A~F"이면 ASCII 코드값에서 "0x37"을 빼고 알파벳 소문자 "a~f"이면 ASCII 코드값에서 "0x57"을 빼서 FND 코드값으로 변환한다. 나머지 특수기호들도 해당되는 FND 코드배열의 인덱스값으로 변환한다.

프로그램 5.1 〉〉 Bus FND 제어 C 소스 코드 (계속)

```
int main(void)                              // Main function
{
  unsigned char character;                  // ASCII character code
  unsigned char font_index;                 // FND font index
  /* FND font set : "0~9 A~f - . 8." */
  unsigned char fnd_font[19] = { 0xBE, 0x82, 0x3B, 0xAB, 0x87, \
        0xAD, 0xBD, 0x8A, 0xBF, 0x8F, 0x9F, 0xB5, 0x3C, \
        0xB3, 0x3D, 0x1D, 0x01, 0x40, 0xFF };

  /* — MCUCR(MCU control register) — */
  // SRE(7) : External SRAM/XMEM Enable
  MCUCR |= 0b10000000;

  /* — Display HEX number(0-9) to FND 4 digit — */
  character = '0';                          // set ASCII code - '0'
  while(character <= '9')
  {
    BUS_FND_COM_SEL = 0b00001111;           // COM select(COM4-1)
    delay_ms(2);                            // time delay(ms) - 2 ms
    // ASCII code to FND font index
    font_index = ascii_to_fnd_font(character);
    // write FND font code
    BUS_FND_WR_DATA = fnd_font[font_index];
    delay_ms(2);                            // time delay(ms) - 2 ms
    character++;                            // set next HEX number
    delay_ms(500);                          // time delay(ms) - 500 ms
  }
```

```
/* — Display HEX number(A-F) to FND 4 digit — */
character = 'A';                          // set ASCII code - 'A'
while(character <= 'F')
{
  BUS_FND_COM_SEL = 0b00001111;           // COM select(COM4-1)
  delay_ms(2);                            // time delay(ms) - 2 ms
  // ASCII code to FND font index
  font_index = ascii_to_fnd_font(character);
  // write FND font code
  BUS_FND_WR_DATA = fnd_font[ font_index] ;
  delay_ms(2);                            // time delay(ms) - 2 ms
  character++;                            // set next HEX number
  delay_ms(500);                          // time delay(ms) - 500 ms
}

/* — Display dash to FND 4 digit — */
character = '-';                          // set ASCII code - dash
BUS_FND_COM_SEL = 0b00001111;             // COM select(COM4-1)
delay_ms(2);                              // time delay(ms) - 2 ms
// ASCII code to FND font index
font_index = ascii_to_fnd_font(character);
// write FND font code
BUS_FND_WR_DATA = fnd_font[ font_index] ;
delay_ms(2);                              // time delay(ms) - 2 ms
delay_ms(500);                            // time delay(ms) - 500 ms

/* — Display dot to FND 4 digit — */
character = '.';                          // set ASCII code - dot
BUS_FND_COM_SEL = 0b00001111;             // COM select(COM4-1)
delay_ms(2);                              // time delay(ms) - 2 ms
// ASCII code to FND font index
font_index = ascii_to_fnd_font(character);
// write FND font code
BUS_FND_WR_DATA = fnd_font[ font_index] ;
delay_ms(2);                              // time delay(ms) - 2 ms
delay_ms(500);                            // time delay(ms) - 500 ms

/* — Display HEX number 8 and dot to FND 4 digit — */
// set user defined code - '8' and dot
```

```
character = 0xFF;
BUS_FND_COM_SEL = 0b00001111;          // COM select(COM4-1)
delay_ms(2);                           // time delay(ms) - 2 ms
// ASCII code to FND font index
font_index = ascii_to_fnd_font(character);
// write FND font code
BUS_FND_WR_DATA = fnd_font[ font_index] ;
delay_ms(2);                           // time delay(ms) - 2 ms
delay_ms(500);                         // time delay(ms) - 500 ms

/* — Display HEX number 8 and dot to FND 2nd digit — */
// set user defined code - '8' and dot
character = 0xFF;
BUS_FND_COM_SEL = 0b00000001;          // COM select(COM1)
delay_ms(2);                           // time delay(ms) - 2 ms
// ASCII code to FND font index
font_index = ascii_to_fnd_font(character);
// write FND font code
BUS_FND_WR_DATA = fnd_font[ font_index] ;
delay_ms(2);                           // time delay(ms) - 2 ms
delay_ms(500);                         // time delay(ms) - 500 ms

/* — Display HEX number 8 and dot to FND 2nd digit — */
// set user defined code - '8' and dot
character = 0xFF;
BUS_FND_COM_SEL = 0b00000010;          // COM select(COM2)
delay_ms(2);                           // time delay(ms) - 2 ms
// ASCII code to FND font index
font_index = ascii_to_fnd_font(character);
// write FND font code
BUS_FND_WR_DATA = fnd_font[ font_index] ;
delay_ms(2);                           // time delay(ms) - 2 ms
delay_ms(500);                         // time delay(ms) - 500 ms

/* — Display HEX number 8 and dot to FND 3rd digit — */
// set user defined code - '8' and dot
character = 0xFF;
BUS_FND_COM_SEL = 0b00000100;          // COM select(COM3)
delay_ms(2);                           // time delay(ms) - 2 ms
```

```
    // ASCII code to FND font index
    font_index = ascii_to_fnd_font(character);
    // write FND font code
    BUS_FND_WR_DATA = fnd_font[ font_index] ;
    delay_ms(2);                              // time delay(ms) - 2 ms
    delay_ms(500);                            // time delay(ms) - 500 ms

    /* — Display HEX number 8 and dot to FND 4th digit — */
    // set user defined code - '8' and dot
    character = 0xFF;
    BUS_FND_COM_SEL = 0b00001000;             // COM select(COM4)
    delay_ms(2);                              // time delay(ms) - 2 ms
    // ASCII code to FND font index
    font_index = ascii_to_fnd_font(character);
    // write FND font code
    BUS_FND_WR_DATA = fnd_font[ font_index] ;
    delay_ms(2);                              // time delay(ms) - 2 ms
    delay_ms(500);                            // time delay(ms) - 500 ms
    BUS_FND_COM_SEL = 0b00000000;             // turn off all digits
}
```

마지막으로, int main(void) 부분이 있는데 C 소스 코드의 처음 실행 부분이다. 모든 C 소스 코드는 main 함수가 있고 이 함수부터 실행이 시작된다. main 함수의 맨 앞부분에 fnd_font[19]라는 배열 정의 부분은 FND 코드의 값들이 초기화되어 저장된다. 여기에 저장되는 값들은 앞 절에서 보인 표 5.1의 마지막 열에 쓰여진 16진수들로서 해당되는 문자에 대응하도록 설정된다. 이것은 앞에서 설명한 ASCII 코드를 FND 코드로 변환하는 함수와 밀접한 관계가 있으므로 서로 맞도록 조절해야 한다.

그 다음으로 Bus LED 예제에서도 설명한 MCUCR |= 0b10000000;라는 부분이 있는데 이것은 MCUCR(MCU Control Register) 레지스터의 7비트에 "1"을 지정하여 외부 메모리 버스 기능(External SRAM/XMEM)을 활성화 시키는 역할을 한다.

이제, 실제로 표시하고자 하는 FND COM 위치를 선택하기 위해 선택하고자 하는 FND COM과 대응되는 해당 비트를 "1"로 설정하고 FND COM 어드레스에 데이터를 설정한다. 그리고, 표시를 원하는 문자의 FND SEG 패턴을 설정하기 위해 설정하고자 하는 FND SEG 패턴과 대응되는 FND 코드값을 설정하면 해당되는 FND COM 위치에 원하는 문자가 표시된다.

우선, "0"이라는 숫자를 표시하려고 FND SEG 패턴을 설정하는데 character='0'; 부분에서 "character" 변수에 "0"의 ASCII 코드값이 저장된다. 다음으로 while(character <= '9') 부분은 "0~9"까지의 숫자를 연속적으로 표시하기 위해 반복구문의 한계값을 설정하고 있다. BUS_FND_COM_SEL=0b00001111; 부분은 FND COM 어드레스에 "0b00001111" 값을 설정하여 4개의 FND COM 모두를 선택하도록 하고 있다. 즉, 모든 FND에 문자가 표시되도록 한다는 의미이다.

그 다음으로 delay_ms(2); 부분은 2ms의 시간 지연을 발생시키는데, 이것은 MCU에 비해 주변장치들은 처리속도가 느리기 때문에 일정한 시간 지연을 주어 주변장치가 처리를 끝내도록 기다리는 시간을 주기 위한 것이다. font_index=ascii_to_fnd_font (character); 부분은 앞에서 설명한 ASCII 코드를 FND 코드 배열의 인덱스로 변환시키는 함수에 앞에서 설정한 "0"의 ASCII 코드를 입력시킨 후, FND 코드 배열의 인덱스로 변환되어 리턴되는 값을 "font_index" 변수에 저장하는 것을 의미한다.

이제는 BUS_FND_WR_DATA = fnd_font[font_index]; 부분을 통해 "font_index" 변수에 있는 FND 코드 배열의 인덱스를 이용하여 "fnd_font" 배열로부터 "0"에 대응되는 FND 코드값을 FND SEG 어드레스에 설정하여 앞에서 선택한 FND COM에 "0"의 문자를 표시한다. 즉, 여기서는 모든 FND COM에 "0" 문자를 표시하게 된다. 그 다음으로 delay_ms(2); 부분은 앞에서 설명한 것과 같이 주변장치의 처리시간을 주기 위한 것이다.

"0" 다음으로 "1" 문자를 표시하기 위해 "character" 변수의 값을 1만큼 증가시킨다. ASCII 코드의 숫자와 알파벳 문자들은 일정한 패턴으로 일정한 영역에 구성되어 있으므로 일정한 숫자를 더하거나 빼면 된다. 다시 delay_ms(500); 부분을 통해 FND의 변화를 사람의 눈으로 구분하기 위한 시간 지연을 주기 위해 500 ms 정도의 시간 지연을 부여한다. 이와 같은 방법으로 "0"에서 "9"까지의 문자를 FND COM 모두에 표시하게 된다.

그 다음에 나오는 while(character <= 'F') 부분은 "A~F" 문자를 FND COM 모두에 표시하기 위한 것으로 앞에서 설명한 부분과 같은 알고리즘으로 구성되어 있다. 단지 ASCII 코드의 범위만이 달라진 것이다.

그 다음으로 FND COM 모두에 dash, dot, 8과 dot와 같은 특수기호를 표시하기 위해

"character" 변수에 해당되는 ASCII 코드를 설정하고 앞에서와 같은 방법으로 FND COM 및 FND SEG 어드레스를 설정하고 있다. 여기서는 인접한 ASCII 코드를 처리하기 위한 ASCII 코드의 연산 부분이 빠져있고 while 반복문도 빠져있는 상태이다. 다른 부분은 앞에서 설명한 부분과 알고리즘은 같다. 단지, 다른 것은 8과 dot를 함께 표시하는 ASCII 코드가 존재하지 않으므로 사용자가 정의할 수 있는 ASCII 확장코드 인덱스값으로 "0xFF"를 "character" 변수에 설정하여 사용하고 있다는 것이다. 이것은 다른 ASCII 확장코드 인덱스값인 "0xF0" 등으로 바꾸어서 사용해도 무방하다. 하지만, 이렇게 변경하면 FND 코드 배열과 ASCII 코드로부터 FND 코드 배열의 인덱스를 계산하는 함수를 함께 수정해주는 것을 주의하기 바란다.

나머지 4개의 FND 표시 부분이 있는데 이것은 8과 dot를 각 FND COM 위치에 순서대로 돌아가면서 표시하는 부분으로 처음에는 맨 왼쪽인 FND COM 1에 표시하고 마지막으로 맨 오른쪽인 FND COM 4에 표시하고 있다. 여기서는 앞에서 설명한 알고리즘과 같고 다른 부분은 BUS_FND_COM_SEL=0b00000001; 부분과 같이 FND COM의 일부분을 선택하기 위해 FND COM 어드레스에 해당되는 비트만을 "1"로 설정하는 것이다. 이렇게 표시하고자 하는 FND COM 만을 순서대로 일정한 시간 간격을 두고 반복하여 표시하게 되면 사람의 눈에 나타나는 잔상효과를 이용하여 FND COM 모두에 문자가 표시되는 것처럼 보이게 되는데 이러한 방법을 FND 스캔(scan)이라고 말한다. 대부분의 경우에는 이러한 FND 스캔 방법을 이용하여 FND에 문자를 표시하고 있다.

이제 WinAVR의 소스 코드 편집기인 Programmers Notepad를 실행하여 소스 코드를 입력하여 보자. 입력이 끝나고 "bus_fnd_test.c"라는 이름으로 저장한다. 저장한 후에는 앞장의 Port LED 제어 예제에서 사용한 makefile을 복사하여 현재 소스 코드를 저장한 폴더에 넣고, Programmers Notepad의 File 메뉴의 "File→Open.." 메뉴를 선택하여 복사한 makefile을 불러온다. 다음으로, 아래에 보인 바와 같이 "TARGET=(파일이름)" 이 있는 부분을 찾아 파일이름 부분을 "bus_fnd_test"로 수정한 후 Programmers Notepad의 "File→Save"를 선택하여 저장한다.

```
# Target file name (without extension).
TARGET = bus_fnd_test

# List C source files here. (C dependencies are automatically generated.)
SRC = $(TARGET).c
```

이제 모든 준비가 완료되었다. Programmers Notepad의 "Tools→[WinAVR] Make All" 메뉴를 선택하여 컴파일을 수행하자. 오류가 있다면 수정하고, 오류가 없다면 "Tools→[WinAVR] Program"을 선택하여 QB-AM162-TK 보드에 컴파일된 결과를 다운로드 한다. 이로써 QB-AM-162-TK 보드의 FND에 16진수로 0에서 F까지의 숫자와 문자가 차례로 표시될 것이며 가장 왼쪽 디지트부터 오른쪽으로 차례대로 모든 세그먼트가 점멸된 후 모든 세그먼트가 소등될 것이다.

6. Bus LCD 제어

6.1 Bus LCD 하드웨어 구성

6.1.1 AVR MCU와 Bus LCD 연결

본 장에서는 지난번 Bus FND의 예제와 유사한 형태로, AVR MCU의 외부 메모리 버스에 연결된 Character LCD를 이용하여 문자를 표시하는 방법에 대해서 설명한다. QB-AM162-TK 보드에 장착되어있는 LCD는 가로로 16자 세로로 2줄을 표시하는 일명 캐릭터(Character) LCD이다. 캐릭터 LCD와 그래픽 LCD는 인터페이스가 동일하여 캐릭터 LCD의 동작원리를 잘 파악하고 제어할 수 있다면 다른 LCD도 쉽게 제어할 수 있다. 그림 6.1에 캐릭터 LCD의 모양을 도시하였다. 일반적으로 시스템의 상태 등의 정보를 문자로 표시하기 위하여 흔히 캐릭터 LCD가 사용되는데 QB-AM162-TK 보드에는 16문자 2열의 문자 표시형(Character Type) LCD 모듈이 기본 장착되어 있다. 각 문자는 5x8개의 dot로 구성되어 있으며 내장된 LCD 컨트롤러와 캐릭터 ROM을 이용하여 간단한 문자를 표시할 수 있다.

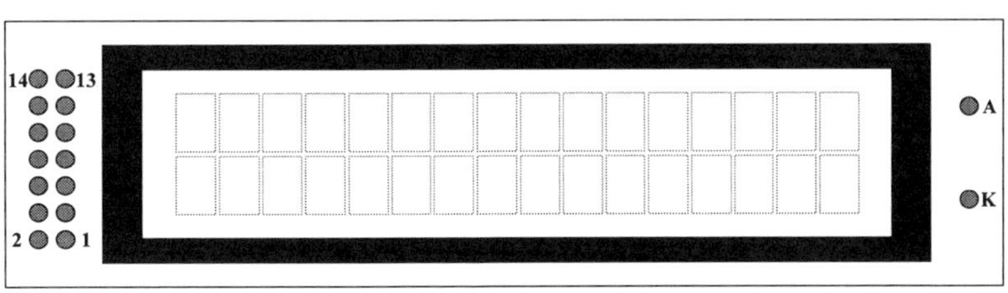

그림 6.1 16x2 캐릭터 LCD 모듈

장착된 LCD 모듈은 삼성반도체의 S6A0069 LCD 구동 칩을 내장한 모듈이다. 실제 LCD 표시 장치는 그 크기와 type에 따라 다양한 제어신호 및 driving voltage 제어를 요구한다. 그러나 이러한 번거로움을 제거하기 위하여 모듈 내부에 LCD 컨트롤러와 구동 칩을 내장하고 실제 사용자에게는 단순한 MCU 주변장치로 동작할 수 있도록 구성된 것이 바로 LCD 모듈이다. 본 절에서는 장착된 LCD를 구동하기 위한 정보만을 선택적으로 수록하도록 하고, 이외의 자세한 사항은 S6A0069 driver/controller의 데이터시트를 참고하기 바란다.

그림 6.2에 보인 바와 같이 QB-AM162-TK 보드는 AVR MCU의 외부 메모리 버스로서 16비트의 어드레스 버스와 8비트의 데이터 버스로 구성되어 캐릭터 LCD를 제어하는데 사용되었다. 여기서, AVR MCU의 N_WR, N_RD 포트 및 어드레스 버스의 일부는 어드레스 디코더를 거쳐 캐릭터 LCD의 E 포트와 연결되었고 어드레스 비트 1은 캐릭터 LCD의 RS 포트, 어드레스 비트 0는 캐릭터 LCD의 R/W 포트에 연결되었다. 또한, 데이터 버스는 캐릭터 LCD의 DB7~DB0 포트에 각각 연결되었다.

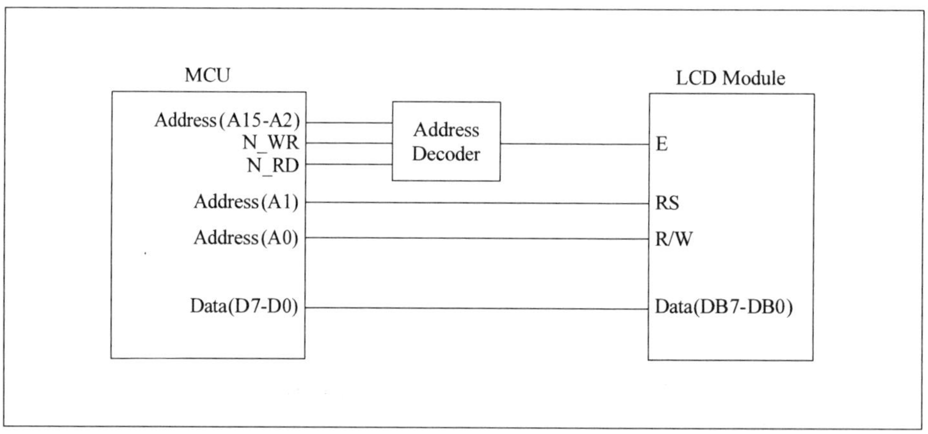

그림 6.2 AVR MCU와 LCD 모듈 연결도

6.1.2 LCD 모듈의 동작 타이밍

일반적으로 LCD는 다른 주변회로에 비하여 초기화 시간이나 동작에 많은 시간을 소요하므로 타이밍에 주의하지 않을 경우 원하는 동작을 하지 않는 경우도 종종 볼수 있다. 이와 같이 외부 장치를 장착할 때, 제어 클럭이 고속인 경우에 있어서 특히 타이밍 정보를 잘 확인하여 제어를 하여야 함에 유의한다. 표 6.1과 그림 6.3 및 6.4에 중요 동작 타이밍을 도시하였다.

[표 6.1] 캐릭터 LCD의 동작 타이밍

Mode	Characteristics	Symbol	Min	Typ	Max	Unit
Write Mode (refer to Figure-6)	E Cycle Time	tc	500	-	-	ns
	E Rise / Fall Time	t_R, t_F	-	-	20	
	E Pulse Width (High, Low)	tw	230	-	-	
	R/W and RS Setup Time	tsu1	40	-	-	
	R/W and RS Hold Time	t_{H1}	10	-	-	
	Data Setup Time	tsu2	80	-	-	
	Data Hold Time	t_{H2}	10	-	-	
Read Mode (refer to Figure-7)	E Cycle Time	tc	500	-	-	ns
	E Rise / Fall Time	t_R, t_F	-	-	20	
	E Pulse Width (High, Low)	tw	230	-	-	
	R/W and RS Setup Time	tsu	40	-	-	
	R/W and RS Hold Time	t_H	10	-	-	
	Data Output Delay Time	tD	-	-	120	
	Data Hold Time	tDH	5	-	-	

그림 6.3에 도시한 쓰기 모드에서의 타이밍을 보면, RS는 현재 쓰고자 하는 데이터가 제어 명령어인지 아니면 데이터인지를 표시하는 신호이며, RS가 '0'일 때 8비트 데이터버스인 DB0-DB7에 실린 데이터가 제어 명령어라는 의미이며, RS가 '1'일 때는 DB0-DB7에 실린 데이터가 실제 문자를 표시하는 데이터라는 의미이다.

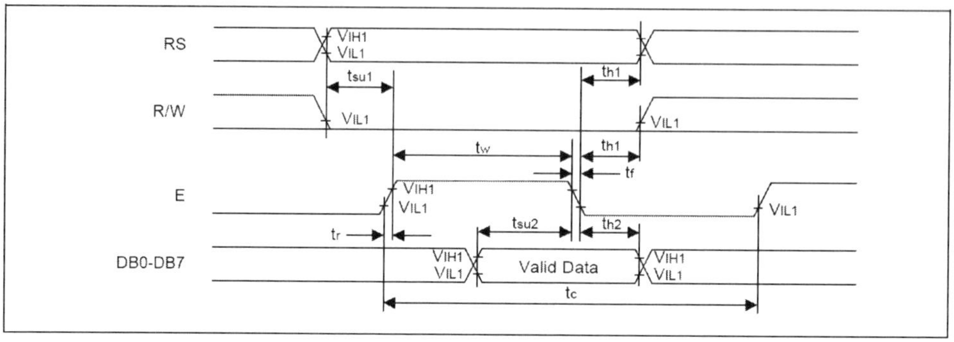

그림 6.3 Write Mode Timing Diagram

그리고 R/W는 LCD에 데이터를 써넣을 것인지 LCD로부터 상태를 파악하기위해 데이터를 읽을 것인지를 결정하는 신호이며 값이 '0'일 때 데이터 쓰기를 의미한다. 마지막으로 E는 LCD를 동작시키기 위한 데이터를 보내는 기준신호가 된다. 그림 6.4의 읽기모드 타이밍도에서는 R/W신호가 읽기를 나타내는 값인 1이라는 것만을 고려하면 쉽게 이해가 될 것이다.

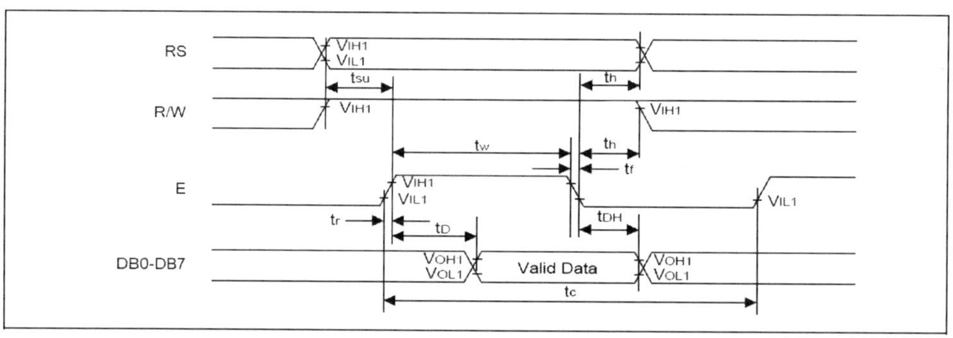

그림 6.4 Read Mode Timing Diagram

6.1.3 LCD 모듈의 레지스터 및 메모리

LCD 모듈에는 동작을 제어하기 위하여 아래와 같은 레지스터(register)와 플래그(flag) 그리고 RAM 또는 ROM 등이 있다.

- Busy Flag (BF) : BF='1'인 경우 LCD 모듈이 내부 동작을 수행중임을 나타낸다. 따라서, 어떤 동작을 수행하기 이전에 BF가 '1'이면 대기하였다가 '0'로 천이한 이후에 다음 명령을 주어야 정상적으로 동작한다.
- Address Counter (AC) : DDRAM 또는 CGROM/RAM의 어드레스를 가지고 있다.
- Display Data RAM (DDRAM) : 본 보드에 사용된 LCD 모듈은 총 80개의 8비트 DDRAM 어드레스를 가지고 있다. 즉 모듈에 내장된 LCD 컨트롤러는 80 문자를 표현할 수 있도록 설계되어 있다. 그러나, 본 보드의 LCD 모듈은 16문자 2라인의 문자만을 표시할 수 있도록 설계되어 있고, 그 이외의 문자는 실제 LCD 화면에 나타나지 않는다. 사용자는 이러한 DDRAM 영역에 CGROM(실제 문자의 폰트정보를 가지고 있는 ROM)의 어드레스를 적어주면 해당되는 LCD의 위치에 문자를 표시하게 되어 있다. 본 보드에 사용된 LCD의 DDRAM과 실제 LCD 문자 위치를 아래 그림 6.5에 나타내었다. 따라서, LCD의 좌측 상단 위치에 대문자 'A'를 표시하고자 하면 DDRAM의 "0x00"(16진수)번지에 CGROM의 'A' 위치 값인 "0x41"(표 6.2 참고, 16진수)을 써넣으면 된다
- Character Generator ROM (CGROM) : 표시할 문자의 폰트를 저장하고 있는 메모리이다. 본 모듈에 내장된 CGROM의 문자세트(Character set)는 표 6.2와 같다.
- Character Generator RAM (CGRAM) : CGROM과 동일하게 사용되지만 CGROM에 없는 사용자 정의 문자를 사용하고자 할 때 사용한다. 자세한 사항은 S6A0069 데이터시트를 참고하기 바란다.

00	01	02	03	04	05	06	07	08	09	0A	0B	0C	0D	0E	0F
40	41	42	43	44	45	46	47	48	49	4A	4B	4C	4D	4E	4F

그림 6.5 LCD 모듈의 문자위치와 이에 해당하는 DDRAM 어드레스

[표 6.2] LCD 모듈의 CGROM 문자 세트

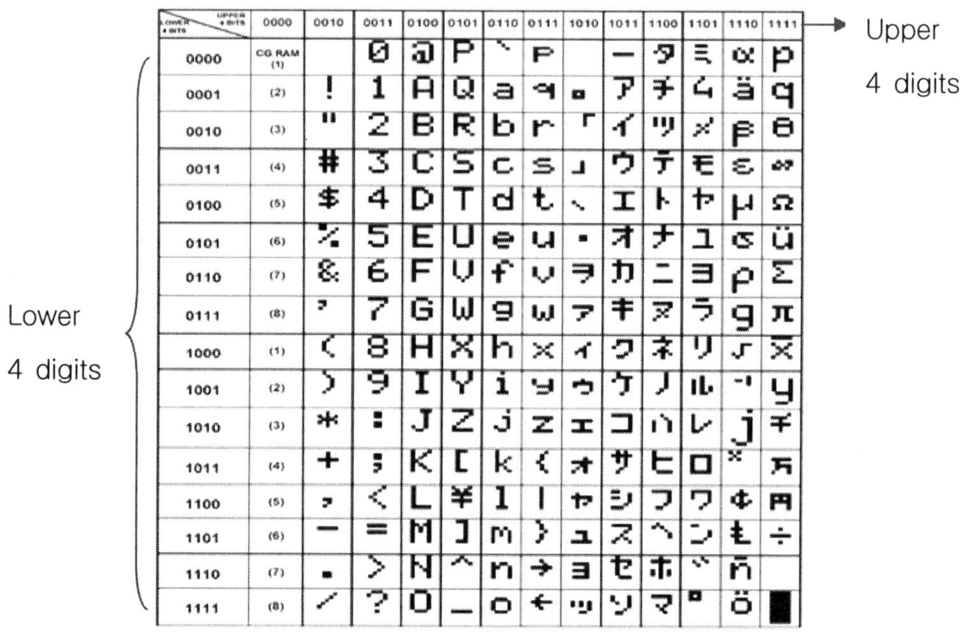

6.1.4 LCD 모듈의 제어

장착된 LCD 모듈의 제어 명령은 다음의 표 6.3에 정리되어 있다. 사용자는 이것들을 사용하여 LCD 모듈을 제어하는 데이터는 명령 어드레스("0x1000", 16진수)로 DB7~DB0을 통하여 전송된다. 또한, 문자 폰트 데이터는 문자 폰트 어드레스("0x1002", 16진

수)로 DB7~DB0를 통하여 전송된다. 앞서 말한 바와 같이 하나의 제어명령이 수행되고 그 다음 명령을 수행하기 이전에 Busy Flag를 확인한 후 BF가 '0'이 되면 명령을 실행하거나 일정한 시간 지연을 준 후 명령을 실행한다.

[표 6.3] LCD 모듈의 명령 세트

Instruction	Control Signal		Instruction Code							
	RS(A1)	R/W(A0)	DB7	DB6	DB5	DB4	DB3	DB2	DB1	DB0
Clear Display	0	0	0	0	0	0	0	0	0	1
Return Home	0	0	0	0	0	0	0	0	1	x
Entry Mode Set	0	0	0	0	0	0	0	1	I/D	S
Display On/Off control	0	0	0	0	0	0	1	D	C	B
Cursor or Display Shift	0	0	0	0	0	1	S/C	R/L	x	x
Function Set	0	0	0	0	1	DL	N	F	x	x
Set CGRAM address	0	0	0	1	CGRAM Address					
Set DDRAM address	0	0	1	DDRAM Address						
Read BF & Address	0	1	BF	Address Counter						
Data write to DDRAM or CGRAM	1	0	Write Data							
Data real from DDRAM or CGRAM	1	1	Read Data							

- Clear Display : 전체화면을 지우고 DDRAM 어드레스를 "0x00"으로 clear한 후 커서를 home 위치로 옮긴다.
- Return Home : 커서를 home 위치로 옮긴다.
- Entry Mode Set : 데이터를 read/write시 커서의 위치를 오른쪽으로 증가시킬 것인지(I/D=1), 왼쪽으로 감소 시킬 것인지(I/D=0)를 결정하며, 또 이때 화면을 쉬프트 할 것인지(S=1)를 설정한다.
- Display On/Off Control : 화면(D), 커서(C), 커서를 깜빡이는 기능(B)을 제어한다. 각 해당 비트가 '1'이면 ON 또는 enable 된다.
- Cursor or Display Shift : 화면(S/C=1) 또는 커서(S/C=0)를 오른쪽(R/L=1) 또는 왼쪽(R/L=0)으로 쉬프트 하도록 한다.
- Function Set : 인터페이스를 8비트로 할 것인지(DL=1) 4비트로 할 것인지(DL=0), 화면 표시행수를 2행(N=1) 또는 1행(N=0)으로 할 것인지, 그리고 문자의 폰트를 5x11(F=1) 또는 5x8(F=0)로 할 것인지를 설정한다. 본 모듈을 사용하기 위해서는 DL=1, N=1, F=0로 setting하는 것이 바람직하다.
- Set CGRAM address : CGRAM의 어드레스를 지정한다. 이후에 송신되는 데이터는

CGRAM에 저장된다.

- Set DDRAM address : DDRAM의 어드레스를 지정한다. 이후에 송신되는 데이터는 DDRAM에 저장된다.
- Read BF & address : Busy Flag(BF)와 address counter를 읽어드린다. 앞서 말한 바와 같이 다른 명령을 수행하기 전에 BF를 검사하여 ''0' 경우에만 다음 명령을 수행한다.

6.1.5 LCD 모듈 초기화 및 문자 표시 순서

- 전원스위치를 켠다.(또는 Reset)
- LCD Module이 초기화 될 때까지 대기한다.(> 30msec)
- Function set 명령을 수행한다.
- Display On/Off Control 명령을 수행한다.
- Entry mode set 명령을 수행한다.
- DDRAM 어드레스를 설정한다.(1st line)
- 표시할 문자데이터를 연속으로 보낸다.(1st Line)
- DDRAM 어드레스를 설정한다. (2nd Line)
- 표시할 문자데이터를 연속으로 보낸다. (2nd Line)
- 상기 DDRAM 어드레스 설정과 데이터 전송의 과정을 반복하거나(필요한 경우) 다른 명령을 수행한다.

이제 LCD를 구동하기위한 기본지식을 알았으므로 실제 소스 코드를 작성하여 보자.

6.2 Bus LCD 제어 프로그램 작성

6.2.1 Bus LCD 제어 C 소스 코드 작성

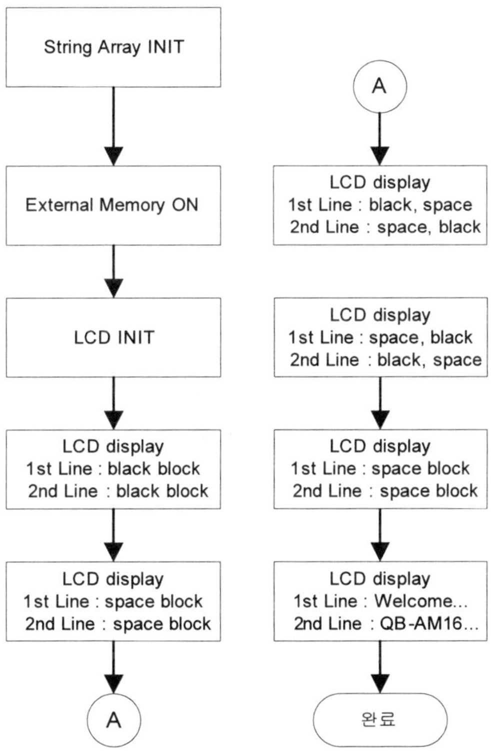

그림 6.6 Bus LCD 프로그램 흐름도

그림 6.6에 AVR MCU에서 Bus LCD을 제어하는 프로그램의 흐름도를 나타내었다. 이 프로그램에서는 AVR MCU의 외부 메모리 버스에 연결된 LCD에 숫자 및 문자를 표시하고 있다. 우선, LCD에 표시하고자 하는 문자 패턴(검은색 사각형 도형 문자, 빈 문자)을 문자열 배열 변수에 지정하고 AVR MCU의 외부 메모리 버스에 접근하는 기

능을 동작시킨다. 그 다음으로, LCD를 초기화하는 명령을 외부 메모리 버스를 통해 LCD로 보낸다. 이제, LCD의 상위 및 하위 2개 라인에 검은색 사각형 도형 문자로 전부 채운 후에 빈 문자로 LCD의 상위 및 하위 2개 라인을 지우고 다시, LCD의 상위 1개 라인은 검은색 사각형 도형 문자, 빈 문자 패턴으로 채우고 LCD의 하위 1개 라인은 빈 문자, 검은색 사각형 도형 문자 패턴으로 채운다. 그 다음에 다시 빈 문자로 LCD 전체를 지운 후에 앞에서와 반대로 LCD의 상위 1개 라인은 빈 문자, 검은색 사각형 도형 문자 패턴으로 채우고 LCD의 하위 1개 라인은 검은색 사각형 도형 문자, 빈 문자 패턴으로 채운다. 마지막으로 다시 LCD 전체를 지운 후에 LCD의 상위 1개 라인은 "Welcome to AVR" 문자열을 표시하고 LCD의 하위 1개 라인은 "QB-AM162-TK" 문자열을 표시하는 것으로 수행을 종료하게 된다. 이 예제는 시스템의 상태를 표시하기 위하여 LCD에 숫자 및 문자를 표시하는 방법을 보여주고 있는 프로그램이다.

Bus LCD 제어 C 소스 코드를 살펴보면 기존 다른 소스 코드와 마찬가지로 #include <avr/io.h>라는 입출력 관련 헤더 파일을 C 소스 코드의 맨 앞부분에 포함시키는 전처리기 구문이 있으며, 다음에는 프로그래밍 편의를 위하여 LCD제어명령을 정의 하는 #define 선언문이 있다. #define 선언문을 사용하여 프로그래밍시에 편의성을 증가시키고, 프로그램의 가독성을 극대화 할 수 있으므로 잘 활용하도록 한다. 예를 들어 LCD 화면을 클리어시키는 명령이 2진수로 "00000001"인 경우 프로그램 내에서 "0b00000001"을 직접 쓸 수도 있지만 #define문으로 LCD_CMD_ CLR_DISPLAY를 "0b00000001"라고 미리 정의하여 놓으면 눈으로 보아서도 의미 있는 글자를 사용하여 프로그래밍 할 수 있는 것이다.

프로그램 6.1 〉〉 Bus LCD 제어 C 소스 코드

```
#include <avr/io.h>

/* LCD command (BUS_LCD_WR_COMMAND) */
#define LCD_CMD_CLR_DISPLAY              0b00000001 // clear display
#define LCD_CMD_RETURN_HOME              0b00000010 // return home
#define LCD_CMD_ENTRY_MODE_LS_NSS        0b00000100 // Entry mode
#define LCD_CMD_ENTRY_MODE_RS_NSS        0b00000110 // Entry mode
#define LCD_CMD_DISPLAY_DOFF_COFF_CNB    0b00001000 // Display
```

```
#define LCD_CMD_DISPLAY_DON_COFF_CNB       0b00001100 // Display
#define LCD_CMD_DISPLAY_DON_CON_CNB        0b00001110 // Display
#define LCD_CMD_DISPLAY_DON_CON_CB         0b00001111 // Display
#define LCD_CMD_SHIFT_CUR_LEFT             0b00010000 // Display
#define LCD_CMD_SHIFT_CUR_RIGHT            0b00010100 // Display
#define LCD_CMD_SHIFT_SCR_LEFT             0b00011000 // Display
#define LCD_CMD_SHIFT_SCR_RIGHT            0b00011100 // Display
#define LCD_CMD_FUNC_8BIT_2ROW_FNT8        0b00111000 // Function
#define LCD_CMD_FUNC_8BIT_2ROW_FNT11       0b00111100 // Function
#define LCD_CMD_CG_RAM_START_ADDRESS       0b01000000 // CG RAM
#define LCD_CMD_DD_RAM_1ROW_START_ADD      0b10000000 // DD RAM
#define LCD_CMD_DD_RAM_2ROW_START_ADD      0b11000000 // DD RAM

/* LCD command (BUS_LCD_RD_STATE) */
// LCD state : busy flag(7)
#define LCD_STATE_BUSY_FLAG         0b10000000
/* LCD */
//write command
#define BUS_LCD_WR_COMMAND          *((unsigned char *)0x1000)
// read state
#define BUS_LCD_RD_STATE            *((unsigned char *)0x1001)
// write data(CG RAM or DD RAM)
#define BUS_LCD_WR_DATA             *((unsigned char *)0x1002)
//read data(CG RAM or DD RAM)
#define BUS_LCD_RD_DATA             *((unsigned char *)0x1003)
```

위의 소스 코드에서 보이는 문자열 정수들은 LCD의 명령 세트에 정의되어 있는 명령 값들을 정의한 것으로, 표 6.3의 LCD 모듈 명령어 세트를 참조하도록 한다. 예를 들어 #define LCD_CMD_FUNC_8BIT_2ROW_FNT8 0b00111000는 "0b00111000"을 "LCD_CMD_FUNC_8BIT_2ROW_FNT8"이라는 문자열 정수로 정의하는 부분이다. 표 6.3에서 명령어 종류 중 "Function Set"의 명령어 코드(Instruction code)를 보면 2진수로 "0 0 1 DL N F x x"라고 쓰여 있다. 이를 "LCD_CMD_FUNC_8BIT_2ROW_FNT8"로 정의한 "0b00111000"와 비교하여 보자. 먼저 "0b"는 뒤의 숫자가 2진수임을 뜻하는 것이며 이를 명령어 코드와 비교하여 본다. 상위 3비트는 "0 0 1"로 동일한 것을 확인할 수 있으므로 본 명령어가 "Function set"임을 알 수 있다. 다음으로 "DL"의 값이 "1"이므로 LCD

데이터 인터페이스를 8비트로 사용한다는 것을 알 수 있는데, 이는 QB-AM162-TK 보드에서 LCD인터페이스를 8비트 데이터 버스를 사용하기 때문이다. 다음으로 "N"은 "1"로 정의되어 있음을 알 수 있고 이는 2번째 행을 나타낸다. 이제 폰트형태를 나타내는 "F"가 "0"으로 정의 되어 있으므로 5X8 도트의 캐릭터로 정의되었음을 확인할 수 있다. 그리고 마지막 하위 2비트 "x x"는 그 값이 "0" 또는 "1"에 전혀 상관없는 무의미한 비트를 의미하므로 그냥 "0 0"으로 매핑하여 놓은 것 이다.

이와 같이 정의하여 놓으면, 프로그램 내에서 "LCD_CMD_FUNC_8BIT_2ROW_FNT8"이라는 문자열 정수가 쓰여진 부분은 C 소스 코드 컴파일시, C 소스 코드 컴파일러의 전처리기에 의해 "0b00111000" 문자열로 치환된 후에 컴파일 된다. 따라서 자주 사용되는 부분을 미리 문자열 정수로 정의해두면 나중에 문자열 정수와 치환되는 문자열 수정시, 한번의 수정으로 간단히 수정할 수 있을 뿐 아니라 C 소스 코드 가독성을 높일 수 있기 때문에 자주 사용되는 것이다. 더 자세한 내용은 C 언어 관련 자료를 참고하기 바란다.

이어서, #define BUS_LCD_WR_COMMAND *((unsigned char *)0x1000)는 LCD에 명령을 보내는 어드레스 값인 "0x1000"을 "BUS_LCD_WR_ COMMAND"이라는 문자열 정수로 정의하는 부분이다. 여기서, "0x1000" 부분의 "0x"는 16진수로 숫자를 표시한다는 의미이다. 참고로, "0b"는 2진수로 숫자를 표시한다는 의미이고 숫자 앞에 아무런 표시가 없다면 10진수로 표시한다는 의미가 된다.

프로그램 6.1 〉〉 Bus LCD 제어 C 소스 코드(계속)

```
/* — time delay functions - 1 clock : 1/11.0592MHz = 90.42 ns — */
void delay_us(unsigned char time_us)      // time delay(us)
{
  register unsigned char i;
  for(i = 0; i < time_us; i++)            // 4 cycle +
  {
    asm volatile(" PUSH  R0 ");           // 2 cycle +
    asm volatile(" POP   R0 ");           // 2 cycle +
    asm volatile(" PUSH  R0 ");           // 2 cycle +
    asm volatile(" POP   R0 ");           // 2 cycle
  }
```

```
}
void delay_ms(unsigned int time_ms)            // time delay(ms)
{
  register unsigned int i;
  for(i = 0; i < time_ms; i++)
  {
    delay_us(250);
    delay_us(250);
    delay_us(250);
    delay_us(250);
  }
}

void lcd_command_write(unsigned char command)  // LCD command write
{
  BUS_LCD_WR_COMMAND = command;                // LCD command write
  delay_ms(1);                                 // time delay(ms) - 1 ms
}

void lcd_char_display(unsigned char character) // LCD character display
{
  // data write to CG RAM or DD  RAM
  BUS_LCD_WR_DATA = character;
  delay_ms(1);                                 // time delay(ms) - 1 ms
}

/* LCD string display*/
void lcd_str_display(unsigned char command, unsigned char* string)
{
  unsigned char index;
  unsigned char character;

  lcd_command_write(command);                  // LCD command : cursor position

  index = 0;
  character = string[ index] ;
  while(character != '\0')
  {
    lcd_char_display(character);               // LCD character display
```

```
        index++;
        character = string[ index] ;
    }
}
```

그 다음으로 보이는 시간지연 함수에 대한 설명은 생략하고, 시간 지연 함수 아래에 정의한 void lcd_command_write(unsigned char command) 함수를 보자. 이 함수는 void 형태로 리턴값이 없는 함수로 정의되었으며, LCD에 명령을 보내기 위해 "command" 변수에 있는 명령 데이터를 LCD의 명령 어드레스로 보내는 역할을 수행하도록 코딩되었다. 이와 같이 프로그램을 작성할 때 자주 사용되는 부분을 함수로 정의하게 되면 실행코드의 크기를 줄일 수 있을 뿐만 아니라 소스 코드의 가독성도 높일 수 있다. 하지만, 함수를 불러와서 실행한 후에 함수를 호출한 원래의 실행코드 주소로 돌아가야 하는 실행시간의 증가로 인해 실행속도가 느려지게 되므로 실행 속도에 민감한 프로그램을 개발할 때는 함수 대신에 직접 같은 소스 코드를 작성하기도 한다. LCD 명령을 LCD로 보내는 함수에서 명령 어드레스는 앞에서 정의한 "BUS_LCD_WR_COMMAND" 문자열 정수로 대치되어 BUS_LCD_WR_COMMAND=command;와 같은 방식으로 일반 변수에 값을 지정하는 형태로 하여 LCD에 명령 데이터를 보내주게 된다. 그 다음에 나오는 delay_ms(1);는 AVR MCU에 비해 LCD의 처리속도가 느리므로 일정한 시간 지연을 주기 위한 것이다.

그 다음으로 void lcd_char_display(unsigned char character)는 LCD에 표시하기 위한 문자 폰트 데이터를 LCD에 전송하기 위해 "character" 변수에 있는 문자 폰트 데이터를 LCD의 DDRAM 어드레스로 보내는 역할을 수행하는 함수이다. 여기서도 DDRAM 어드레스는 앞에서 정의한 "BUS_LCD_WR_DATA 문자열 정수로 대치되어 BUS_LCD_WR_DATA=character;와 같은 형태로 하여 LCD에 문자 폰트 데이터를 보내주게 된다. 마찬가지로, LCD의 처리시간을 주기 위하여 시간 지연 함수를 사용한다.

또한, void lcd_str_display(unsigned char command, unsigned char* string)는 LCD의 특정한 위치에 문자열을 표시하기 위한 함수로서 "command" 변수에 문자열의 처음 문자를 표시하기 시작하는 위치의 명령 데이터를 지정하고 "string" 포인터 변수에 표시하고자 하는 문자열의 시작주소를 지정하면 LCD의 해당 위치에 문자열이 표시되게 된다. 이때, 포인터 변수에 지정된 문자열의 끝에는 "\0"인 Null 문자가 있어야 정상적으로 함수가 종료된다. 이것은 문자열의 끝을 Null 문자로 판단하기 때문이다. 함수 내에서 "index" 변수는 문자열의 위치를 참조하고 "character" 변수는 문자열의 각 문자를 지정하는데 사용한다. 우선, lcd_command_write(command); 부분에서 "command" 변수에 지정된 문자열 표시 시작 위치 데이터를 LCD의 명령 어드레스로 전송하고 lcd_char_display(character); 부분에서 "character" 변수에 지정된 문자 폰트 데이터를 LCD의 DDRAM 어드레스로 보내어 LCD의 특정 위치에 문자를 표시하게 된다. 이때, 1개의 문자가 아닌 문자열을 표시하기 위해 "string" 포인터 변수를 문자열 배열 형태로 처리하여 문자열 배열에 있는 각 문자들을 "index" 변수를 이용하여 1개씩 문자를 가져와서 "character" 변수에 지정한 후 앞에서 설명한 LCD 문자표시 함수를 호출하여 LCD에 각각의 문자들을 표시하게 된다.

프로그램 6.1 〉〉 Bus LCD 제어 C 소스 코드(계속)

```
int main(void)                                  // Main function
{
  unsigned char string_all_black[ 17] = {  0xFF, 0xFF, 0xFF, 0xFF, 0xFF,
          0xFF, 0xFF, 0xFF, 0xFF, 0xFF, 0xFF, 0xFF, 0xFF, 0xFF, 0xFF,
          0xFF, 0x00 } ;
  unsigned char string_left_black[ 17] = {  0xFF, 0x20, 0xFF, 0x20, 0xFF,
          0x20, 0xFF, 0x20, 0xFF, 0x20, 0xFF, 0x20, 0xFF, 0x20, 0xFF,
          0x20, 0x00 } ;
  unsigned char string_right_black[ 17] = { 0x20, 0xFF, 0x20, 0xFF, 0x20,
          0xFF, 0x20, 0xFF, 0x20, 0xFF, 0x20, 0xFF, 0x20, 0xFF, 0x20,
          0xFF, 0x00 } ;
  unsigned char string_all_space[ 17] = {  0x20, 0x20, 0x20, 0x20, 0x20,
          0x20, 0x20, 0x20, 0x20, 0x20, 0x20, 0x20, 0x20, 0x20, 0x20,
      0x20, 0x00 } ;

  /* — MCUCR(MCU control register) — */
  // SRE(7) : External SRAM/XMEM Enable
  MCUCR |= 0b10000000;

  // Function(7-5) - 8bit data(4), 2 row(3), font 5x8(2)
  lcd_command_write(LCD_CMD_FUNC_8BIT_2ROW_FNT8);
```

```
    //Display(7-3) - Display on(2), cursor off(1), cursor no blink(0)
    lcd_command_write(LCD_CMD_DISPLAY_DON_COFF_CNB);
    // Entry mode(7-2) - right shift(1), no screen scroll(0)
    lcd_command_write(LCD_CMD_ENTRY_MODE_RS_NSS);

    lcd_str_display(LCD_CMD_DD_RAM_1ROW_START_ADD, string_all_black);
    lcd_str_display(LCD_CMD_DD_RAM_2ROW_START_ADD, string_all_black);
    delay_ms(500);                              // time delay(ms) - 500 ms

    lcd_str_display(LCD_CMD_DD_RAM_1ROW_START_ADD, string_all_space);
    lcd_str_display(LCD_CMD_DD_RAM_2ROW_START_ADD, string_all_space);
    delay_ms(500);                              // time delay(ms) - 500 ms

    lcd_str_display(LCD_CMD_DD_RAM_1ROW_START_ADD, string_left_black);
    lcd_str_display(LCD_CMD_DD_RAM_2ROW_START_ADD, string_right_black);
    delay_ms(500);                              // time delay(ms) - 500 ms

    lcd_str_display(LCD_CMD_DD_RAM_1ROW_START_ADD, string_right_black);
    lcd_str_display(LCD_CMD_DD_RAM_2ROW_START_ADD, string_left_black);
    delay_ms(500);                              // time delay(ms) - 500 ms

    lcd_str_display(LCD_CMD_DD_RAM_1ROW_START_ADD, string_all_space);
    lcd_str_display(LCD_CMD_DD_RAM_2ROW_START_ADD, string_all_space);
    delay_ms(500);                              // time delay(ms) - 500 ms

    lcd_str_display(LCD_CMD_DD_RAM_1ROW_START_ADD,
                    " Welcome to AVR ");
    lcd_str_display(LCD_CMD_DD_RAM_2ROW_START_ADD,
                    "  QB-AM162-TK  ");
}
```

이제 본 프로그램인 main 함수에 대한 설명으로 넘어간다. main 함수의 맨 앞부분에 문자열 배열을 정의하는 부분이 있는데 string_all_black[17]는 16개의 검은색 사각형 도형 문자, string_left_black[17]는 검은색 사각형 도형문자와 빈 문자(white space)가 교차하면서 총 16개의 문자, string_right_black[17]는 빈 문자(white space)와 검은색 사각형 도형문자가 교차하면서 총 16개의 문자, string_all_space[17]는 16개의 빈 문자(white space)로 구성되는 문자열 배열들이다.

그 다음으로 Bus LED 예제에서도 설명한 MCUCR |= 0b10000000; 라는 부분이 있는데 이것은 MCUCR(MCU Control Register) 레지스터의 7비트에 "1"을 지정하여 외부 메모리 버스 기능(External SRAM/XMEM)을 활성화 시키는 역할을 한다.

외부 메모리 버스를 활성화 시키고 난 다음에는 LCD를 초기화해야 정상적으로 LCD에 문자를 표시할 수가 있다. LCD 초기화는 앞 절에서 말한 LCD 초기화 과정을 수행하면 되는데 lcd_command_write(LCD_CMD_ FUNC_8BIT_2ROW_FNT8); 부분이 Function set 명령 데이터를 LCD에 전송하는 부분으로 LCD를 8비트 단위 데이터 전송, 2라인 사용, 폰트는 5x8로 설정하게 되는데 "LCD_CMD_FUNC_8BIT_2ROW_FNT8"라는 LCD 명령 세트의 문자열 정수를 매개변수를 통해 전달해준다. 즉, LCD의 기본적인 기능 설정을 하는 것이다.

두 번째로 설정하는 것이 lcd_command_write(LCD_CMD_DISPLAY_DON_ COFF_CNB); 부분으로 문자표시 기능 ON, 커서 기능 OFF, 커서 점멸 기능 OFF를 설정하는데 LCD의 표시 기능을 설정하게 된다. 마지막으로 문자를 표시한 후에 오른쪽으로 커서 이동, 화면 스크롤 OFF 설정을 lcd_command_write(LCD_CMD_ENTRY_MODE_RS_NSS); 부분에서 수행한다. 이와 같은 LCD 동작 기능 설정을 통해 LCD의 초기화가 이루어지게 된다.

이제, LCD에 문자를 표시하는 부분들이 남았는데 처음에는 LCD의 상위 1개 라인에 검은색 사각형 도형 문자 표시를 위해 lcd_str_display(LCD_CMD_DD_RAM_1ROW_START_ADD, string_all_black);를 수행하고 하위 1개 라인에도 검은색 사각형 도형 문자 표시를 위해 lcd_str_display(LCD_CMD_DD_RAM_2ROW_START_ADD,string_all_black);를 수행한다. 여기서 "LCD_CMD_DD_RAM_1ROW_START_ADD" 문자열 정수는 LCD의 문자 표시 위치를 상위 1개 라인의 첫 번째로 하고, "LCD_CMD_DD_RAM_2ROW_START_ADD" 문자열 정수는 LCD의 문자 표시 위치를 하위 1개 라인의 첫 번째로 하게 한다. 그리고, "string_all_black" 문자열 배열 변수에는 검은색 사각형 도형 문자 폰트 데이터가 16개가 저장되어 있어서 각각의 라인에 문자를 표시해주게 된다. 이와 같이, LCD 문자열 표시 함수에 문자의 표시 위치와 문자 폰트 데이터 배열을 매개변수를 통해 전달하면 LCD에 원하는 위치에 문자열을 표시할 수 있게 된다. 이어서, delay_ms

(500); 부분은 사용자가 LCD의 문자 표시를 구분하기 위한 500 ms 시간 지연을 주게 된다.

그 다음은 "string_all_space" 문자열 배열 변수에 빈 문자(White space) 폰트 데이터가 16개가 저장되어 있어서 LCD의 상위 및 하위 2개 라인에 빈 문자가 표시되는데 다시 말해서, 이전에 표시된 검은색 사각형 도형문자가 지워지는 형태가 된다.

다시, "string_left_black" 문자열 배열 변수에 검은색 사각형 도형문자 및 빈 문자(White space) 폰트 데이터가 교차적으로 16개가 저장되어 있어서 LCD의 상위 1개 라인에 문자를 표시하는데 검은색 사각형 도형문자, 빈 문자, 검은색 사각형 도형문자, 빈 문자, … , 검은색 사각형 도형문자, 빈 문자의 형태로 LCD에 나타나게 된다. 그와는 반대로 "string_right _black" 문자열 배열 변수에 빈 문자(White space) 및 검은색 사각형 도형문자 폰트 데이터가 교차적으로 16개가 저장되어 있어서 LCD의 하위 1개 라인에 문자를 표시하는데 빈 문자, 검은색 사각형 도형문자, 빈 문자, 검은색 사각형 도형문자, … , 빈 문자, 검은색 사각형 도형문자의 형태로 LCD에 나타나게 된다.

그리고 다시, "string_all_space" 문자열 배열 변수를 통해 LCD의 상위 및 하위 2개 라인에 빈 문자들을 표시하여 앞에서 표시한 문자들을 지우게 된다.

이번에는, "string_right_black" 문자열 배열 변수로 LCD의 상위 1개 라인에 빈 문자, 검은색 사각형 도형문자, 빈 문자, 검은색 사각형 도형문자, … , 빈 문자, 검은색 사각형 도형문자의 형태로 문자를 표시하고 그 다음에는 "string_left_black" 문자열 배열 변수로 LCD의 하위 1개 라인에 검은색 사각형 도형문자, 빈 문자, 검은색 사각형 도형문자, 빈 문자, … , 검은색 사각형 도형문자, 빈 문자의 형태로 문자를 표시하게 된다. 이렇게 함으로써 검은색 사각형 도형 문자가 움직이는 애니메이션 효과를 나타낼 수가 있다. 여기서는 문자 표시간의 시간 지연을 500 ms로 주어서 느리게 보이지만 시간 지연 간격을 줄이면 확실한 애니메이션 효과를 볼 수 있을 것이다.

그리고 또 다시, "string_all_space" 문자열 배열 변수를 통해 LCD의 상위 및 하위 2개 라인에 빈 문자들을 표시하여 앞에서 표시한 문자들을 지우게 된다.

마지막으로, lcd_str_display(LCD_CMD_DD_RAM_1ROW_START_ADD, "Welcome to AVR"); 부분에서는 "Welcome to AVR"라는 문자열 정수를 통해 LCD의 상위 1개 라인에 문자열 정수에 있는 문자들이 표시되고 그 다음으로 LCD 하위 1개 라인에 "QB-

AM162-TK" 문자열을 표시하기 위해 lcd_str_display(LCD_CMD_DD_RAM_2ROW_START_ADD, "QB-AM162-TK"); 부분을 수행하게 된다. 다시 말해서, LCD 문자열 표시 함수의 2번째 매개변수에 LCD에서 표시하고자 하는 문자열을 설정함으로써 LCD에 원하는 문자열을 표시할 수 있게 된다.

이제 WinAVR의 소스 코드 편집기인 Programmers Notepad를 실행하여 소스 코드를 입력하여 보자. 입력이 끝나고 "bus_lcd_test.c"라는 이름으로 저장한다. 저장한 후에는 앞장의 Port LED 제어 예제에서 사용한 makefile을 복사하여 현재 소스 코드를 저장한 폴더에 넣고, Programmers Notepad의 File메뉴의 "File→Open.." 메뉴를 선택하여 복사한 makefile을 불러온다. 다음으로, 아래에 보인바와 같이 "TARGET=(파일이름)"이 있는 부분을 찾아 파일이름 부분을 "bus_lcd_test"로 수정한 후 Programmers Notepad의 "File→Save"를 선택하여 저장한다.

```
# Target file name (without extension).
TARGET = bus_lcd_test

# List C source files here. (C dependencies are automatically generated.)
SRC = $(TARGET).c
```

이제 모든 준비가 완료되었다. Programmers Notepad의 "Tools→[WinAVR] Make All" 메뉴를 선택하여 컴파일을 수행하자. 오류가 있다면 수정하고, 오류가 없다면 "Tools→[WinAVR] Program"을 선택하여 QB-AM162-TK 보드에 컴파일된 결과를 다운로드 한다. 여러분 모두는 원하는 결과를 볼 수 있을 것이다.

이상 4장에서 6장까지 보인바와 같이, 서로 다른 장치이지만 어드레스 버스와 데이터 버스를 사용하여 확장된 주변장치는 마이크로컨트롤러(또는 마이크로프로세서)입장에서는 메모리와 동일한 것이며, 연계된 주변장치자체가 하나의 메모리에 불과한 것임을 알 수 있다. 이와 같이 어드레스 맵을 이용한 하드웨어 설계 및 제어는 임베디드 시스템 설계에 있어서 가장 기본적이면서도 가장 중요한 구성중의 하나이므로 반드시 숙지하여야 한다.

7. SPI 직렬통신 기반 EEPROM 제어

7.1 SPI 직렬통신 기반 EEPROM 하드웨어 구성

7.1.1 AVR MCU와 SPI 직렬통신 기반 EEPROM 연결

본 장에서는 MCU 기반의 임베디드 시스템을 설계할 때 다른 칩의 제어에 가장 많이 사용되는 인터페이스 중의 하나인 SPI(serial peripheral interface)의 동작과 이를 이용하는 방법에 대하여 설명하고자 한다. 특별히 본 장에서는 AVR MCU의 Port B 중에 SPI(Serial Peripheral Interface) 직렬통신과 관련된 4개의 포트로 연결된 Serial EEPROM에 데이터를 저장하거나 읽는 방법에 대해서 설명하고자 한다.

그림 7.1에 보이는 바와 같이 QB-AM162-TK 보드에는 MCU의 SPI 직렬통신을 실습할수 있도록 Serial EEPROM인 Atmel사의 AT93C46이 장착되어 있다. 여기서, SPI 직렬통신을 사용하려면 Port B 관련 레지스터(DDRB, PORTB)를 사용하여 통신선의 입출력 모드를 설정하고 SPI 관련 레지스터(SPCR, SPSR, SPDR)를 사용하여 직렬통신을 수행하면 된다. 그림 7.1에 보인 바와 같이 EEPROM의 CS, DI, DO, SK 포트와 AVR MCU의 N_SS, MOSI, MISO, SCK 포트가 연결되어 있으므로 SPI 직렬통신을 사용하여 AVR MCU로부터 Serial EERPOM으로 데이터를 전송하여 저장하거나 읽을 수 있게 된다.

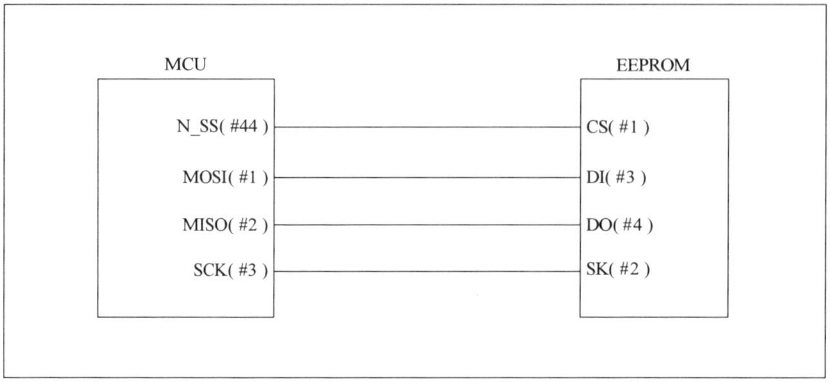

그림 7.1 AVR MCU와 Serial EEPROM 연결도

이와 같은 하드웨어적인 연결은 비단 EEPROM뿐만 아니라, Zigbee RF칩셋, 전자 튜닝용 FM 디모듈레이터 칩셋 등, SPI를 사용한 모든 인터페이스에 있어 동일함을 생각하면, 그 활용도가 매우 큼을 알 수 있다.

이제 SPI 인터페이스로 연결된 AT93C46 Serial EEPROM을 살펴본다. 이 EEPROM은 128x8비트 및 64x16비트 구조를 가질 수 있는데, QB-AM162 키트에서는 128x8비트 구조로 동작하도록 하드웨어적으로 세팅되어 있다. 따라서 128x8비트 구조로 SPI 직렬통신을 수행한다. 표 7.1에 보이는 바와 같이 어드레스와 데이터가 x8인 경우에 해당하는 Instruction을 사용하면 되는데 여기서 address에 나타나는 X로 표시된 비트는 don't care(값이 '0'이거나 '1'이거나 아무 상관없음)를 의미하는 것이며, 이러한 A4~A0의 don't care 비트들도 프로그래밍 시에는 '0' 또는 '1'로 세팅하여 반드시 출력이 되어야 한다는 점도 함께 기억한다. 예를 들어 EWEN 명령을 출력하는 경우 스타트비트(SB), OP Code, 어드레스를 연속하여 "1001100000"을 보낼 수 있는데, 뒤의 5비트의 0은 Don't care를 0으로 채운 것이다.

그림 7.2, 7.3, 7.4 및 7.5에 READ, WRITE, EWEN, EWDS에 대한 동작 타이밍을 보여주고 있다. 이외의 자세한 사항은 AT93C46 EEPROM의 데이터시트를 참고하기 바란다.

[표 7.1] AT93C46(Serial EEPROM) Instruction

Instruction	SB	Op Code	Address		Data		Comments
			x 8	x 16	x 8	x 16	
READ	1	10	A_6 - A_0	A_5 - A_0			Reads data stored in memory, at specified address
EWEN	1	00	11XXXXX	11XXXX			Write enable must precede all programming modes
ERASE	1	11	A_6 - A_0	A_5 - A_0			Erase memory location A_n - A_0
WRITE	1	01	A_6 - A_0	A_5 - A_0	D_7 - D_0	D_{15} - D_0	Writes memory location A_n - A_0
ERAL	1	00	10XXXXX	10XXXX			Erases all memory locations. Valid only at V_{CC} = 4.5V to 5.5V
WRAL	1	00	01XXXXX	01XXXX	D_7 - D_0	D_{15} - D_0	Writes all memory locations. Valid only at V_{CC} = 4.5V to 5.5V
EWDS	1	00	00XXXXX	00XXXX			Disables all programming instructions

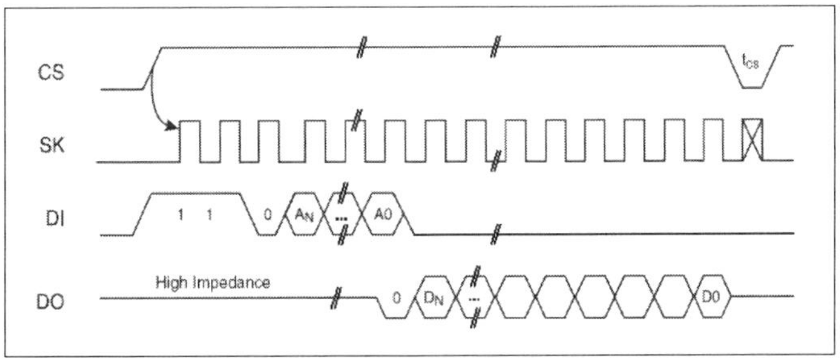

그림 7.2
AT93C46 READ Timing

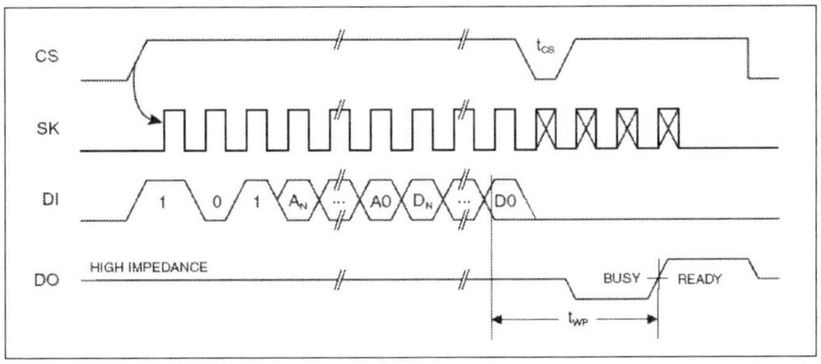

그림 7.3
AT93C46 WRITE Timing

그림 7.2에 보인 바와 같이 읽기동작(READ)의 경우를 보면, DI 신호의 클럭신호 SK의 하강에지에 동기된 값의 첫 번째는 '1'이며, 연이은 "10"은 읽기 명령이며 "AN … A0"는 읽고자하는 어드레스 A6~A0까지의 값이다. 여기서 A0 비트가 전송된 다음에는, 바로 DO에 EEPROM으로부터 읽을 데이터가 차례로 송출되어 온다. 다음 그림 7.3의 쓰기 모드에서는 SB비트 1, 쓰기명령 "01"에 이어 쓸 곳의 어드레스와 데이터를 연이어 보내면 되는 것임을 보여준다. 이제 아래 그림 7.4와 7.5의 타이밍도를 보면 EWEN이나 EWDS가 명령어를 EEPROM에 하달하는 방식이므로 쓰기타이밍과 유사하므로 쉽게 이해할 수 있을 것이다.

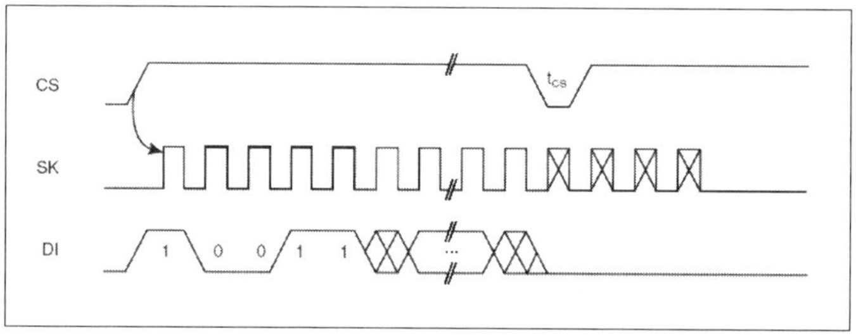

그림 7.4 AT93C46 EWEN Timing

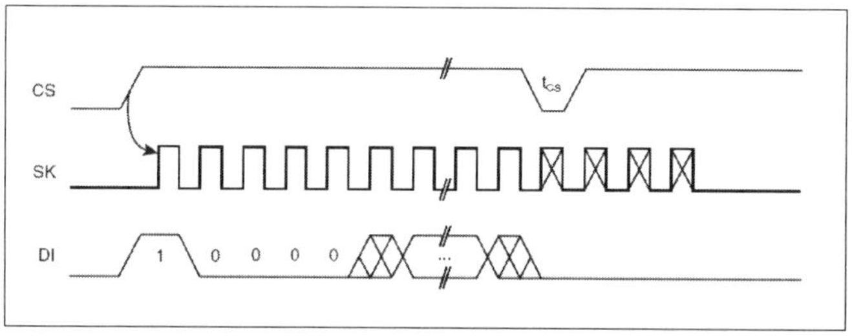

그림 7.5 AT93C46 EWDS Timing

7.1.2 AVR MCU의 SPI 직렬통신 기능

앞서 SPI를 사용하는 EEPROM에 대하여 알아보았고, 이제 AVR MCU에서 SPI 인터페이스를 사용하는 방법을 설명하고자 한다. AVR MCU에서는 SPI(Serial Peripheral Interface) 직렬 통신을 하고자 하면 SPCR(SPI Control Register), SPSR(SPI Status Register), SPDR(SPI Data Register) 등의 레지스터를 사용하여야 한다.

Bit	7	6	5	4	3	2	1	0	
	SPIE	SPE	DORD	MSTR	CPOL	CPHA	SPR1	SPR0	SPCR
Read/Write	R/W	R/W	R/W	R/W	R/W	R/W	R/W	R/W	
Initial Value	0	0	0	0	0	0	0	0	

그림 7.6 SPCR (SPI Control Register)

그림 7.6에는 SPCR 레지스터의 구조를 보여주고 있는데 SPIE(SPI Interrupt Enable) 비트는 SPI 직렬통신을 통해 데이터가 전송 완료될 때 인터럽트 여부를 설정하는 것인데 "1"이면 인터럽트가 발생한다. SPE(SPI Enable) 비트는 SPI 직렬통신을 활성화시키는 것으로 "1"로 세팅하면 SPI 직렬통신이 가능하게 된다. DORD(Data Order) 비트는 전송 데이터의 방향을 설정하는 것으로 "1"이면 데이터의 최하위(LSB) 비트를 먼저 전송하고 "0"이면 데이터의 최상위(MSB) 비트를 먼저 전송한다. MSTR(Master/Slave Select) 비트는 "1"이면 Master 모드이고 "0"이면 Slave 모드이다. CPOL(Clock Polarity) 비트와 CPHA(Clock Phase) 비트는 클럭의 극성과 위상을 설정하는데 뒤에서 설명하겠다. SPR1, SPR0(SPI Clock Rate Select) 비트는 SPI 직렬통신의 클럭 속도를 설정하는데, 뒤에서 설명하겠다.

Bit	7	6	5	4	3	2	1	0	
	SPIF	WCOL	–	–	–	–	–	SPI2X	SPSR
Read/Write	R	R	R	R	R	R	R	R/W	
Initial Value	0	0	0	0	0	0	0	0	

그림 7.7 SPSR (SPI Status Register)

그림 7.7에는 SPSR 레지스터의 구조를 보여주고 있는데 SPIF(SPI Interrupt Flag) 비트는 SPI 직렬통신을 통해 데이터가 전송완료될 때 인터럽트 플래그로서 "1"이 설정된다. WCOL(Write Collision Flag) 비트는 SPDR(SPI Data Register)에 있는 데이터를 전송하고 있을 때 SPDR 레지스터에 새로운 데이터를 쓰려고 하면 "1"이 설정된다. SPI2X(Double SPI Speed Bit) 비트는 SPI 직렬통신의 클럭 속도를 설정하는데 뒤에서 설명하겠다.

그림 7.8에는 CPHA 비트가 "0"인 경우에 클럭 전단 에지(Leading Edge)와 데이터 샘플을 구하는 것을 보여주고 있는데 CPHA=0, CPOL=0일 경우에는 클럭 전단 상승 에지에서 데이터 샘플을 구하고 CPHA=0, CPOL=1일 경우에는 클럭 전단 하강 에지에서 데이터 샘플을 구하게 된다.

그림 7.9에는 CPHA 비트가 "1"인 경우에 클럭 후단 에지(Trailing Edge)와 데이터 샘플을 구하는 것을 보여주고 있는데 CPHA=1, CPOL=0일 경우에는 클럭 후단 하강 에지에서 데이터 샘플을 구하고 CPHA=1, CPOL=1일 경우에는 클럭 후단 상승 에지에서 데이터 샘플을 구하게 된다.

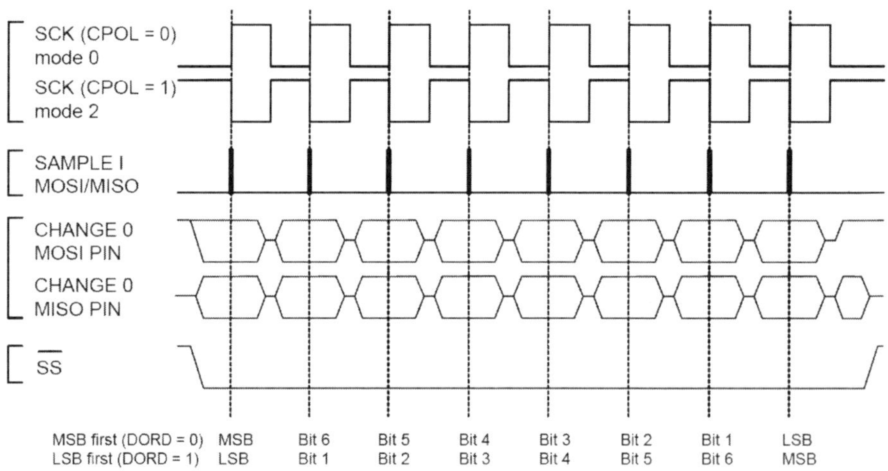

그림 7.8 SPI Transfer Format with CPHA = 0

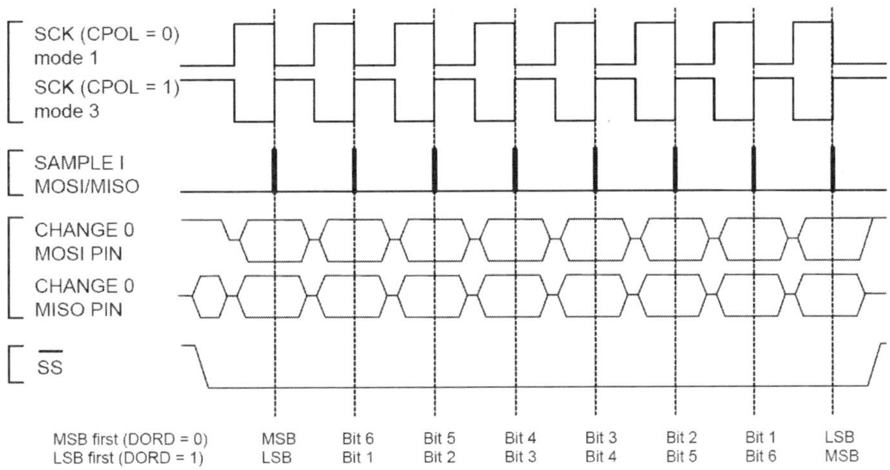

그림 7.9 SPI Transfer Format with CPHA = 1

표 7.2에는 SPI2X, SPR1, SPR0 비트를 통해 SPI 직렬통신 클럭과 오실레이터 클럭의 비율을 설정하는 것을 보여주고 있는데 다시 말해서, SPI 직렬통신의 클럭 속도를 설정하게 된다. 여기서 SPI2X 비트는 SPR1, SPR0 비트에 의해 설정된 SPI 직렬통신 클럭 속도를 2배로 올려주고 있는 것을 볼 수가 있다.

[표 7.2] SPI 직렬통신 클럭과 오실레이터 클럭의 관계

SPI2X	SPR1	SPR0	SCK Frequency
0	0	0	$f_{osc}/4$
0	0	1	$f_{osc}/16$
0	1	0	$f_{osc}/64$
0	1	1	$f_{osc}/128$
1	0	0	$f_{osc}/2$
1	0	1	$f_{osc}/8$
1	1	0	$f_{osc}/32$
1	1	1	$f_{osc}/64$

이와 같이 AVR MCU의 SPCR, SPSR, SPDR 레지스터를 사용하면 쉽게 SPI 직렬통신 기능을 이용할 수가 있는데 뒤에서 이러한 SPI 직렬통신을 이용하여 Serial EEPROM에 데이터를 저장하거나 읽는 방법을 설명할 것이다.

그림 7.10에 QB-AM162-TK 보드에서 EEPORM의 위치를 표시하고 있다. QB-AM162-TK 보드에 장착된 Serial EEPROM은 Atmel사의 93C46으로 1 k Bit의 저장용량을 가지고 있고 AVR MCU의 SPI 직렬통신을 통해 데이터를 저장하거나 읽을 수 있다.

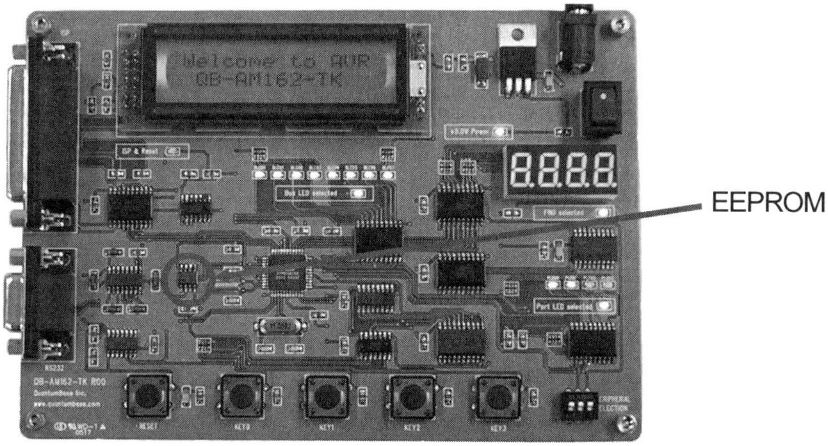

그림 7.10 QB-AM162-TK 보드의 EEPROM 부분

7.2 SPI 직렬통신 기반 EEPROM 제어 프로그램 작성

7.2.1 SPI 직렬통신 기반 EEPROM 제어 C 소스 코드 작성

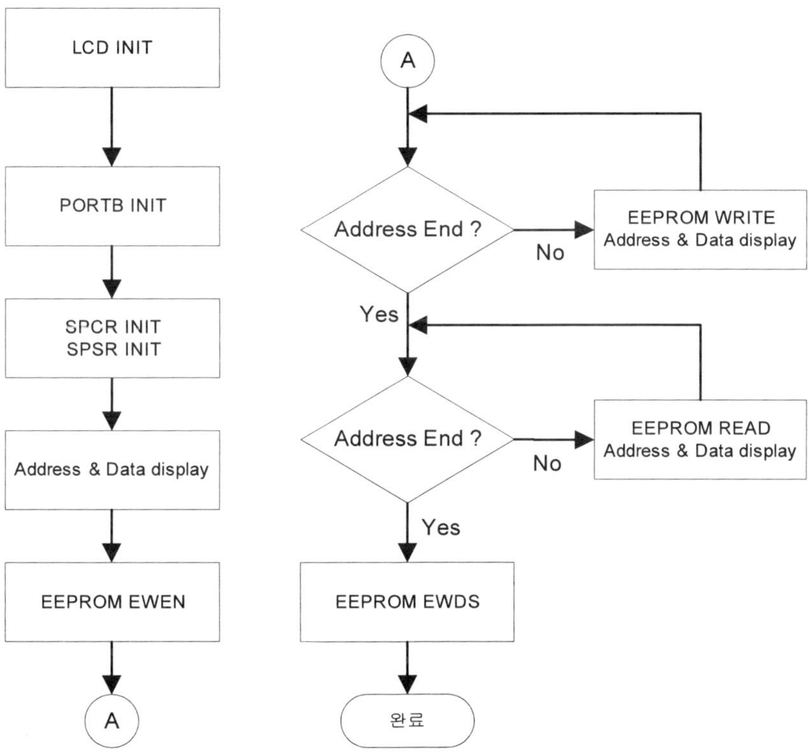

그림 7.11 SPI 직렬통신 기반 EEPROM 제어 프로그램 흐름도

그림 7.11에서는 SPI 직렬통신를 이용하여 EEPROM을 제어하는 프로그램의 흐름도를 보여주고 있다. 이 프로그램에서는 EEPROM에 저장되거나 읽혀지는 데이터를 사용자에게 보여주기 위해 LCD를 사용하였다. 따라서, 처음에 이전 LCD 예제에서 설명한 것 같이 LCD를 초기화 하는 부분이 있다. 그 다음으로 SPI 직렬통신에 사용되는 Port

B의 입출력 모드를 설정하고 SPI 직렬통신에 사용되는 SPCR, SPSR 레지스터를 설정한다. 그리고, LCD에 EEPROM에 저장되거나 읽혀지는 데이터와 해당되는 어드레스를 표시하기 위한 초기 화면 표시를 한다. 이제, SPI 직렬통신을 통해 EEPROM에 쓰기가능 명령을 전송하여 쓰기가능 상태를 만든다. 그리고, 0x00~0x7F(16진수) 사이에 있는 EEPROM 메모리에 데이터를 쓰면서 LCD에 해당 어드레스와 데이터를 표시한다. 다시, 0x00~0x7F(16진수) 사이에 있는 EEPROM 메모리에 있는 데이터를 읽으면서 LCD에 해당 어드레스와 데이터를 표시한다. 마지막으로, 직렬통신을 통해 EEPROM에 쓰기금지 명령을 전송하여 쓰기금지 상태를 만든다. 이 예제는 SPI 직렬통신을 이용하여 EEPROM에 데이터를 저장하고 저장된 데이터가 정확한지 데이터를 읽어서 확인하는 프로그램이다.

프로그램 7.1에 보인 C 소스 코드를 보자. 이전 예제들과 마찬가지로 #include <avr/io.h>를 볼수 있다. 이쯤되면 “아하! 소스 코드 맨앞에 무조건 들어가면 되겠네!” 하는 생각이 드는가? 다음에 이어지는 #define문은 LCD를 제어하는 코딩을 가독성 높고 편리하게 각 명령어, 어드레스 등을 정의한 부분으로 이미 6장에서 설명한 바 있으므로 더 이상의 설명은 생략하고자 한다.

이어서, 시간단위의 시간지연 함수인 void delay_us(unsigned char time_us)와 void delay_ms(unsigned int time_ms)가 있고 LCD 관련 함수로 LCD 명령 전송 함수 void lcd_command_write(unsigned char command), LCD 문자 전송 함수 void lcd_char_display (unsigned char character), LCD 명령 및 문자열 전송 함수 void lcd_str_display(unsigned char command, unsigned char* string) 등이 보이는데 이 부분에 대한 설명 역시 6장의 “Bus LCD 제어”에서 설명하였으므로 더 이상의 설명은 생략한다. 그리고 void lcd_Initialize(void) 함수는 6장 예제의 main 함수에서, 외부 메모리버스기능을 활성화 시키는 부분과 LCD활성화 시키는 부분을 별도로 분리하여, LCD를 초기화 하는 함수로 만든 것이다. 세부내용은 6장에서 이미 설명한 “Bus LCD 제어” C 소스 코드의 메인 함수 초기 부분에 있으니 참고하기 바란다.

프로그램 7.1 〉〉 SPI 직렬통신 기반 EEPROM 제어 C 소스 코드

```
#include <avr/io.h>

/* LCD command (BUS_LCD_WR_COMMAND) */
#define LCD_CMD_CLR_DISPLAY                  0b00000001 // clear display
#define LCD_CMD_RETURN_HOME                  0b00000010 // return home
#define LCD_CMD_ENTRY_MODE_LS_NSS            0b00000100 //Entry mode
#define LCD_CMD_ENTRY_MODE_RS_NSS            0b00000110 // Entry mode
#define LCD_CMD_DISPLAY_DOFF_COFF_CNB        0b00001000 // Display
#define LCD_CMD_DISPLAY_DON_COFF_CNB         0b00001100 // Display
#define LCD_CMD_DISPLAY_DON_CON_CNB          0b00001110 // Display
#define LCD_CMD_DISPLAY_DON_CON_CB           0b00001111 // Display
#define LCD_CMD_SHIFT_CUR_LEFT               0b00010000 // Display
#define LCD_CMD_SHIFT_CUR_RIGHT              0b00010100 // Display
#define LCD_CMD_SHIFT_SCR_LEFT               0b00011000 // Display
#define LCD_CMD_SHIFT_SCR_RIGHT              0b00011100 // Display
#define LCD_CMD_FUNC_8BIT_2ROW_FNT8          0b00111000 // Function
#define LCD_CMD_FUNC_8BIT_2ROW_FNT11         0b00111100 // Function
#define LCD_CMD_CG_RAM_START_ADDRESS         0b01000000 // CG RAM
#define LCD_CMD_DD_RAM_1ROW_START_ADD        0b10000000 // DD RAM
#define LCD_CMD_DD_RAM_2ROW_START_ADD        0b11000000 // DD RAM

/* LCD command (BUS_LCD_RD_STATE) */
// LCD state : busy flag(7)
#define LCD_STATE_BUSY_FLAG                  0b10000000

/* LCD */
//write command
#define BUS_LCD_WR_COMMAND            *((unsigned char *)0x1000)
// read state
#define BUS_LCD_RD_STATE              *((unsigned char *)0x1001)
// write data(CG RAM or DD RAM)
#define BUS_LCD_WR_DATA               *((unsigned char *)0x1002)
//read data(CG RAM or DD RAM)
#define BUS_LCD_RD_DATA               *((unsigned char *)0x1003)

/* — time delay functions - 1 clock : 1/11.0592MHz = 90.42 ns — */
void delay_us(unsigned char time_us)      // time delay(us)
{
```

```
   register unsigned char i;
   for(i = 0; i < time_us; i++)              // 4 cycle +
   {
      asm volatile(" PUSH  R0 ");            // 2 cycle +
      asm volatile(" POP   R0 ");            // 2 cycle +
      asm volatile(" PUSH  R0 ");            // 2 cycle +
      asm volatile(" POP   R0 ");            // 2 cycle
   }
}

void delay_ms(unsigned int time_ms)         // time delay(ms)
{
   register unsigned int i;
   for(i = 0; i < time_ms; i++)
   {
      delay_us(250);
      delay_us(250);
      delay_us(250);
      delay_us(250);
   }
}

/* — Bus LCD part — */
// LCD command write
void lcd_command_write(unsigned char command)
{
   BUS_LCD_WR_COMMAND = command;            // LCD command write
   delay_ms(1);                             // time delay(ms) - 1 ms
}

// LCD character display
void lcd_char_display(unsigned char character)
{
   BUS_LCD_WR_DATA = character;             // LCD data (7-0)
   delay_ms(1);                             // time delay(ms) - 1 ms
}

// string display
void lcd_str_display(unsigned char command, unsigned char* string)
```

```
{
  unsigned char index;
  unsigned char character;

  // LCD command : cursor position
  lcd_command_write(command);

  index = 0;
  character = string[ index] ;
  while(character != '\0')
  {
    lcd_char_display(character);               // LCD character display
    index++;
    character = string[ index] ;
  }
}

void lcd_Initialize(void)                      // Initialize LCD
{
  /* — MCUCR(MCU control register) — */
  // SRE(7) : External SRAM/XMEM Enable
  MCUCR = MCUCR | 0b10000000;

  lcd_command_write(LCD_CMD_FUNC_8BIT_2ROW_FNT8);
  lcd_command_write(LCD_CMD_DISPLAY_DON_COFF_CNB);
  lcd_command_write(LCD_CMD_ENTRY_MODE_RS_NSS);
}
```

그 다음으로 unsigned char number_to_ASCII(unsigned char number) 부분은 숫자 데이터를 16진수 ASCII 문자코드로 변경하는 함수로서 "0~9, A~F" 문자로 16진수를 표현한다. 여기서 "0~9"는 숫자 ASCII 문자코드로 변경하고 "10~15"는 "A~F"의 ASCII 문자코드로 변경한다. 그 외의 값은 "0xFF"의 16진수로 변경한다. 변경된 ASCII 문자코드를 함수의 리턴값으로 돌려준다. 여기서 "ASCII_code=number+0x30;"를 설명하면 number의 값이 숫자로 0~9구간에 있는 경우 적용되는 것이며, 이때에는 number의 값에 16진수로 "30"을 더하여 ASCII 문자코드로 만든다는 것이다.

여기서 16진수로 "30"이라는 숫자는 어디에서 나온 것일까? 본 서의 6장에 보면 "LCD 모듈의 CGROM 문자세트"를 본 기억이 있을 것인데, 그 문자셋은 ASCII 문자코드에 기반하여 만들어진 것이고, 그중 숫자 '0'의 코드를 살펴보면 upper "0011", lower "0000"임을 알 수 있다. 이를 16진수로 바꾸면 바로 "30"인 것이다. 동일한 방식으로 숫자가 10~15까지의 16진수 표시에는 A~F까지의 알파벳을 사용하므로 이러한 경우에는 "ASCII_code=number-0x0A+0x41;"와 같이 하여 LCD로 표시 할 문자세트와 맞출 수 있게 되는 것임을 확인한다.

void BIN_to_HEX(unsigned char number, unsigned char* HEX_string) 부분은 2진수 숫자 데이터를 16진수 ASCII 문자코드로 변경하는 함수로서 앞서 설명한 unsigned char number_to_ASCII(unsigned char number) 함수를 이용하는데 "0~255" 사이의 2진수 숫자 데이터를 2자리의 16진수 ASCII 문자코드로 변경한 후 매개변수 포인터로 넘어온 "HEX_string" 변수에 2자리 16진수 ASCII 문자코드와 널(Null) 문자를 붙여서 저장한다. 여기서 널 문자는 문자열의 끝을 구별하기 위해 사용된다. 소스 코드에서 "byte=(number >> 4) & 0x0F"는 8비트 unsigned char 형의 변수인 "number"에 저장된 데이터를 오른쪽으로 4비트 쉬프트 한 후 16진수 "0F"와 비트 AND연산을 하여 unsigned char형의 "byte"라는 변수에 저장한다는 의미이다. 이를 도식화 하여 예를 들어 보자.

만일 number의 값이 2진수로 "01101011"로 가정하면, "number>>4" 연산 후에는 number 값은 "00000110"과 같이 원래 값의 상위 4비트가 오른쪽으로 쉬프트된 결과를 갖게 될 것이다. 이렇게 새롭게 생성된 값과 16진수 "0F", 즉 2진수 "00001111"과 비트 AND연산을 수행하면 그 결과는 "00000110"이 될 것이다.

여기서 마지막의 AND연산은 전체 비트 중 원하는 비트만을 추출해내는 방식으로, 마스킹(masking)이라고도 부른다. 이 소스 코드에서는 이러한 마스킹을 사용하지 않아도 무방하나, 바로 다음 소스 코드와 같이 데이터를 추출하는 기본 방식으로 꼭 알아두어야 할 내용이므로 삽입하였으며, 바로 다음 소스 코드에서 하위 4비트 추출시에도 사용되므로 가독성을 높일 수 있다. 그렇다면, 하위 4비트를 추출할 때는 앞서 연산한 쉬프트를 하지않고 마스킹만으로 추출하게 될 것이다. 이제, 원래 number의 값은 2진수로 "01101011"로 다시 가정하자. 이를 "00001111"로 마스킹, 즉 비트 AND 연산를 수행하면, 마스크의 비트가 1인 부분은 그대로 유지되나, 마스크 비트가 0인 부분은 모두 '0'으로 됨으로써, 그 결과는 "00001011"로 될 것이므로 간단히 하위 4비트만을 추출할 수 있게 되는 것이다. 이상의 소스 코드는 EEPROM 예제를 수행하면서 그 결과를 관찰하는데 주로 필요한 함수들이었다. 아래 소스 코드를 설명과 함께 숙지한 후 메인 소스 코드로 넘어가 보자.

프로그램 7.1 〉〉 SPI 직렬통신 기반 EEPROM 제어 C 소스 코드(계속)

```
/* — numeric and character function — */
// number to ASCII code
unsigned char number_to_ASCII(unsigned char number)
{
  unsigned char ASCII_code;

  if((number >= 0x00) && (number <= 0x09))
  {
    ASCII_code = number + 0x30;              // ASCII code : 0 ~ 9
  }
  else if((number >= 0x0A) && (number <= 0x0F))
  {
    ASCII_code = number - 0x0A + 0x41;       // ASCII code : A ~ F
  }
  else
  {
    ASCII_code = 0xFF;                       // ASCII code : error
  }

  return ASCII_code;
}

void BIN_to_HEX(unsigned char number, unsigned char* HEX_string)
{
  unsigned char byte;
  // Extract upper 4bits
  byte = (number >> 4) & 0x0F;
  // Change the upper 4bits into ASCII code
  HEX_string[0] = number_to_ASCII(byte);

  // Extract Lower 4bits
```

```
    byte = number & 0x0F;
    // Change the lower 4bits into ASCII code
    HEX_string[ 1] = number_to_ASCII(byte);
    // set null string
    HEX_string[ 2] = '\0';
}
```

main 함수의 맨 앞부분에 변수들을 정의하는 부분이 있는데, unsigned char address;는 EEPROM의 어드레스 변수이고 unsigned char HEX_string[3];는 2자리 16진수 ASCII 문자 코드와 널문자가 저장되는 문자열 배열이다. unsigned char write_data;는 EEPROM에 쓰여질 데이터 변수이고 unsigned char read_data;는 EEPROM으로부터 읽혀진 데이터를 저장할 변수이다. 마지막으로, unsigned char high_data;와 unsigned char low_data; 부분은 EEPROM으로부터 데이터를 읽어올 때 한번에 읽어올 수 없기 때문에 2번에 걸쳐서 읽을 때 각각 저장되는 변수들이다.

그 다음으로 lcd_Initialize(); 부분은 LCD를 초기화하는 함수를 호출하는 것으로 LCD를 사용하기 위해서 반드시 초기에 수행해야 한다.

이제, SPI 직렬통신에 사용되는 Port B의 입출력 모드를 설정하는 DDRB=0b10110000; 부분이 있다. 여기서 AVR MCU의 SPI 통신에 사용되는 클럭(SCK), 데이터 출력(MOSI), 칩 선택(N_SS) 포트는 출력으로 설정하고 데이터 입력(MISO) 포트는 입력으로 설정한다. 그리고, PORTB=PORTB & 0b11101111; 부분을 통해 칩 선택(N_SS) 포트를 "0"으로 설정하여 칩 선택을 해제함으로써 EEPROM과의 SPI 직렬통신 중지 상태를 만든다.

그 다음으로 SPI 직렬통신 초기화를 위해 SPI 관련 레지스터를 설정하는데 SPCR=0b01010001; 부분을 통해 SPI 직렬통신 기능 활성화(SPE, bit 6), 데이터를 최상위(MSB) 비트부터 전송(DORD, bit 5), Master 모드 설정(MSTR, bit 4), 클럭 극성은 상승/하강 형태(CPOL, bit 3), 클럭 위상은 데이터 샘플/설정 형태(CPHA, bit 2), 클럭 속도는 fosc/16(SPR1, SPR0, bit1-0)으로 설정한다. 설정값을 보면 SPCR의 최상위 비트는 "0"이며, 이는 데이터 전송이 완료된 후에 인터럽트 서비스 루틴을 사용하지 않는 다는 의미이다. 또한 그 다음 비트는 '1'로 설정되어 있으므로 SPI 직렬통신기능이 활성화 되었다는 의미이다. 이와 같이 나머지 비트 설정의 의미를 각자 확인하도록 하고, SPSR 레지스터 세팅부분을 보자. SPSR=0b00000001; 부분으로 SPI 인터럽트 플래그(SPIF, bit 7)와 데이터 쓰기 충돌 플래그(WCOL, bit 6)를 초기화('0')시키고 2배 클럭 속도 비트(SPI2X, bit 0)로 클럭 속도를 2배로 증가시킨다.

상기 SPI 직렬통신 설정을 통해 데이터는 최상위(MSB) 비트부터 전송되고, SPI 통신 기능은 Master 모드로 활성화 되며, 클럭은 상승/하강의 순으로 이루어지며 데이터 샘플은 클럭 전단 상승에지, 데이터 설정은 클럭 하강에지에서 수행된다. 그리고, 클럭 속도는 fosc/16의 2배인 fosc/8로 설정된다. 따라서, 클럭 속도는 11.0592 MHz/8=1.3824 MHz가 된다.

lcd_str_display(LCD_CMD_DD_RAM_1ROW_START_ADD, "WA:0x00, RA:0x00"); 부분과 lcd_str_display(LCD_CMD_DD_RAM_2ROW_START_ADD, "WD:0x00, RD:0x00"); 부분을 통해 LCD에 쓰기 어드레스와 데이터, 읽기 어드레스와 데이터의 초기값이 표시된다. LCD 문자열 표시 함수의 2번째 매개변수의 값들에 의해 각각 1번쌔 라인에 "WA:0x00, RA:0x00", 2번째 라인에 "WD:0x00, RD:0x00"로 표시된다. 즉, 앞쪽은 쓰기 어드레스와 데이터가 뒤쪽은 읽기 어드레스와 데이터가 표시된다.

이제, 실제로 EEPROM을 제어해보도록 하자. 우선, EEPROM에 데이터를 저장하기 위해서는 EEPROM에 데이터 쓰기가능 명령을 전송해야 한다. PORTB=PORTB | 0b00010000; 부분을 통해 EEPROM의 CS 포트에 "1"을 설정함으로써 SPI 직렬통신의 시작을 알려주고 SPDR=(unsigned char)(0b00010011>>3); 부분과 SPDR=(unsigned char)(0b00010011<<5); 부분을 통해 데이터 쓰기가능(EWEN) 명령을 EEPROM에 전송한다. 실제 데이터 쓰기가능 명령값은 "10011XXXXX"인데 스타트 비트(start bit, 1 bit), 명령 코드(operation code, 2 bit), 어드레스(address, 2 bit), Don't care 값을 채워 넣는 더미 데이터(dummy data, 5 bit)의 10비트 데이터로 구성되어 있다. 여기서 전체 명령어 코드는 10비트이며, 데이터 처리는 8비트 단위로 이루어지므로 두 번에 나누어 전송하여야 하는데, 8비트의 배수인 16비트가 되려면 6비트의 데이터가 더 필요하다. 따라서 상기 코드인 "10011XXXXX" 앞에 비트수를 맞추기 위한 6개의 더미 비트 "000000"를 추가한다. 실제로 EEPROM에서는 스타트 비트를 기준으로 실제 명령을 읽어 들이기 때문에, 이와 같이 스타트 비트 이전에 "0"으로 채워진 더미 데이터는 그야말로 아무 역할을

하지 않는 더미 데이터 이다. 이는 AVR MCU의 직렬통신부가 한번에 8비트씩 데이터를 전송하게 되어있기 때문에 이러한 방법을 적용하는 것임을 기억한다.

이와 같이 SPDR 데이터 레지스터에 전송할 데이터를 저장하면, 직렬통신부는 데이터 전송을 자동으로 시작한다. 따라서, 8비트 데이터를 전송할 때마다 SPSR 상태레지스터의 값을 통하여 전송완료여부를 확인하여야 한다. while((SPSR & 0b10000000)==0b00000000); 부분을 통해 데이터 전송완료를 검사하게 되며, SPI 상태 레지스터(SPSR)의 SPI 인터럽트 플래그(SPIF) 비트가 '1'이 되는지를 확인하면 된다.

상기와 같은 방법으로 EEPROM에 데이터 쓰기가능 명령 전송 완료 후에는 PORTB=PORTB & 0b11101111; 부분을 통해 EEPROM의 CS 포트에 "0"을 설정함으로써 SPI 직렬통신의 끝을 알려주어 SPI 직렬통신을 종료한다. 그리고, delay_ms(200); 부분으로 200 ms의 시간지연을 준다. 이것은 사용자가 EEPROM에 쓰여진 데이터와 해당 어드레스의 정보를 LCD에서 확인하기 위해 삽입되었다.

이제, EEPROM이 쓰기가능 상태가 되었으므로 EEPROM 데이터를 쓰는 명령을 전송하고자 한다. 우선, for(address=0x00; address <= 0x7F; address++) 부분으로 "0x00~0x7F" 사이에 있는 EEPROM의 모든 어드레스 영역에 대한 쓰기 작업을 수행하기 위한 반복문을 시작한다. 처음에는 EEPROM에 데이터를 쓰려고 하는 어드레스 값을 LCD에 표시하기 위해 BIN_to_HEX(address, HEX_string); 부분으로 "address" 변수에 있는 어드레스 값을 2자리의 16진수 ASCII 문자코드와 널 문자로 구성된 문자열을 "HEX_string" 문자열 배열 변수에 지정한다. 그리고, LCD 문자열 표시 함수로 16진수 형태의 쓰기 어드레스를 LCD에 표시하기 위해 lcd_str_display(LCD_CMD_DD_RAM_1ROW_START_ADD + 5, HEX_string); 부분을 수행한다.

다시, write_data=address; 부분에서 쓰기 어드레스 값을 쓰기 데이터 변수 "write_data"에 지정한다. 즉, EEPROM의 해당 어드레스에 어드레스와 같은 데이터 값을 저장하게 된다.

우선, EEPROM에 SPI 직렬통신 시작을 알리기 위해 PORTB=PORTB | 0b00010000; 부분을 수행한 후, SPDR=(unsigned char)(0b00010100>>3); 부분, SPDR=(unsigned char)((0b00010100 << 5) | address); 부분과 SPDR=write_data; 부분을 통해 데이터 쓰기 명령 및 데이터가 EEPROM에 전송된다. 데이터 쓰기 전송 데이터의 구조는 다음과 같

다. 실제 데이터 쓰기 명령값은 "$101A_6A_5A_4A_3A_2A_1A_0D_7D_6D_5D_4D_3D_2D_1D_0$"인데 스타트 비트(start bit, 1 bit), 명령 코드(operation code, 2 bit), 어드레스(address, 7 bit), 데이터(data, 8 bit)의 18비트 데이터로 구성되어 있지만 여기서는 "00000010", "$1A_6A_5A_4A_3A_2A_1A_0$", "$D_7D_6D_5D_4D_3D_2D_1D_0$"의 24비트 데이터를 3번에 걸쳐서 전송한다. 그리고, 8비트 데이터를 전송할 때마다 while((SPSR & 0b10000000)==0b00000000); 부분을 통해 데이터 전송완료를 검사한다. 마지막으로, PORTB=PORTB & 0b11101111; 부분을 통해 EEPROM의 CS 포트에 "0"을 설정함으로써 SPI 직렬통신의 끝을 알려주어 SPI 직렬통신을 종료하고 5ms의 시간지연을 주기 위해 delay_ms(5); 부분을 수행한다.

EEPROM의 해당 어드레스에 데이터를 저장한 후에 BIN_to_HEX(write_data, HEX_string); 부분과 lcd_str_display(LCD_CMD_ DD_RAM_2ROW_START_ADD + 5, HEX_string); 부분을 통해 EEPROM의 해당 어드레스에 저장된 데이터를 2자리의 16진수 ASCII 문자코드로 LCD에 표시한다. 그리고, delay_ms(200); 부분을 통해 사용자가 데이터를 확인하기 위한 200 ms의 시간지연을 준다.

다시, "for" 반복문의 처음으로 가서 어드레스 값을 1만큼 증가시킨 후에 앞에서 수행한 EEPROM의 해당 어드레스에 데이터를 저장하기 위한 SPI 직렬통신과 LCD에 해당 어드레스와 데이터를 표시하는 작업을 수행하는데 이 작업은 "0x00~0x7F"의 어드레스 영역, 즉 EEPROM의 모든 어드레스 영역에 데이터를 쓰게 된다.

이제, EEPROM에 쓰여진 데이터가 정확한지를 확인하기 위해 EEPROM로부터 쓰여진 데이터를 읽기 위한 SPI 직렬통신을 수행하고자 한다. 우선, for(address = 0x00; address <= 0x7F; address++) 부분을 통해 "0x00~0x7F" 사이에 있는 EEPROM의 모든 어드레스 영역에 대한 읽기 작업을 수행하기 위한 반복문을 시작한다. 처음에는 BIN_to_HEX(address, HEX_string); 부분과 lcd_str_display(LCD_CMD_DD_RAM_1ROW_START_ADD + 14, HEX_string); 부분을 통해 데이터를 읽으려고 하는 EEPROM의 해당 어드레스를 LCD에 2자리의 16진수 ASCII 문자로 표시한다.

그리고, EEPROM에 SPI 직렬통신 시작을 알리기 위해 PORTB=PORTB | 0b00010000; 부분을 수행한 후, SPDR=(unsigned char)(0b00011000 >> 3); 부분, SPDR=(unsigned char)((0b00011000 << 5) | address); 부분을 통해 데이터 읽기 명령이 EEPROM에 전송된다. 데이터 읽기 전송 데이터의 구조는 다음과 같다. 실제 데이터 쓰기 명령값은

"110$A_6A_5A_4A_3A_2A_1A_0$"인데 스타트 비트(start bit, 1 bit), 명령 코드(operation code, 2 bit), 어드레스(address, 7 bit)의 10비트 데이터로 구성되어 있지만 여기서는 "00000011", "0$A_6A_5A_4A_3A_2A_1A_0$"의 16비트 데이터를 2번에 걸쳐서 전송한다. 그리고, 8비트 데이터를 전송할 때마다 while((SPSR & 0b10000000)==0b00000000); 부분을 통해 데이터 전송완료를 검사한다.

EEPROM에 데이터 읽기 명령을 전송한 후에 EEPROM으로부터 데이터가 오는 것을 받기 위해 SPDR=0b00000000; 부분을 통해 SPI 데이터 레지스터(SPDR)에 더미 데이터인 "00000000"을 지정하고 while((SPSR & 0b10000000)==0b00000000); 부분을 통해 SPI 인터럽트 플래그를 검사하여 데이터 전송완료를 확인한 후에 EEPROM으로부터 전송된 데이터를 SPI 데이터 레지스터(SPDR)로부터 "high_data" 변수로 복사하기 위해 high_data=SPDR; 부분을 수행한다. 이와 같은 방법으로 EEPROM으로부터 전송된 두 번째 데이터를 "low_data" 변수로 복사한다. 그리고, PORTB=PORTB & 0b11101111; 부분을 통해 EEPROM의 CS 포트에 "0"을 설정함으로써 SPI 직렬통신의 끝을 알려주어 SPI 직렬통신을 종료한다.

위와 같이, EEPROM으로부터 8비트 데이터를 받기 위해 2번의 SPI 직렬통신을 수행하는 이유는 AVR MCU로부터 EEPROM에 읽기 명령을 전송한 후에 1 클럭의 대기시간이 지연되기 때문이다. 따라서, read_data=(unsigned char)((high_data << 1) + (low_data >> 7)); 부분을 통해 2개의 8비트 전송 데이터를 1개의 8비트 데이터로 변환하고 "read_data" 변수에 지정한다. 그리고, EEPROM의 해당 어드레스로부터 읽혀진 데이터를 2자리의 16진수 ASCII 문자코드로 LCD에 표시하기 위해 BIN_to_HEX(read_data, HEX_string); 부분과 lcd_str_display(LCD_CMD_DD_RAM_2ROW_START_ADD+14, HEX_string); 부분을 수행한다. 또한, delay_ms(200); 부분을 통해 사용자가 데이터를 확인하기 위한 200 ms의 시간지연을 준다.

다시, "for" 반복문의 처음으로 가서 어드레스 값을 1만큼 증가시킨 후에 앞에서 수행한 EEPROM의 해당 어드레스에 데이터를 읽기 위한 SPI 직렬통신과 LCD에 해당 어드레스와 데이터를 표시하는 작업을 수행하는데 이 작업은 "0x00~0x7F"의 어드레스 영역, 즉 EEPROM의 모든 어드레스 영역에 데이터를 읽게 된다.

최종적으로, EEPROM에 데이터 쓰기금지 명령을 전송하기 위한 SPI 직렬통신을 수

행하고자 한다. PORTB=PORTB | 0b00010000; 부분을 통해 EEPROM의 CS 포트에 "1"을 설정함으로써 SPI 직렬통신의 시작을 알려주고 SPDR=(unsigned char)(0b00010000 >> 3); 부분과 SPDR=(unsigned char)(0b00010000 << 5); 부분을 통해 데이터 쓰기금지(EWDS) 명령을 EEPROM에 전송한다. 실제 데이터 쓰기금지 명령값은 "10000XXXXX"인데 스타트 비트(start bit, 1 bit), 명령 코드(operation code, 2 bit), 어드레스(address, 2 bit), 더미 데이터(dummy data, 5 bit)의 10비트 데이터로 구성되어 있지만 여기서는 "00000010"와 "00000000"의 16비트 데이터를 2번에 걸쳐서 전송한다. 그리고, 8비트 데이터를 전송할 때마다 while((SPSR & 0b10000000)==0b00000000); 부분을 통해 데이터 전송완료를 검사한다. 마지막으로, EEPROM에 데이터 쓰기금지 명령 전송 후에 PORTB=PORTB & 0b11101111; 부분을 통해 EEPROM의 CS 포트에 "0"을 설정함으로써 SPI 직렬통신의 끝을 알려주어 SPI 직렬통신을 종료한다.

프로그램 7.1 〉〉 SPI 직렬통신 기반 EEPROM 제어 C 소스 코드(계속)

```
int main(void)                                    // Main function
{
  unsigned char address;                          // address
  unsigned char HEX_string[ 3] ;                  // hexadecimal string

  unsigned char write_data;                       // write data
  unsigned char read_data;                        // read data
  // high data - dummy(0) + data(7-1)
  unsigned char high_data;
  unsigned char low_data;                         // low data - data(0)

  lcd_Initialize();                               // Initialize LCD

  /* Port B Initialize */
  DDRB = 0b10110000;                              // PORTB I/O mode
  PORTB = PORTB & 0b11101111;                     // CS = 0(AT93C46)

  /* SPI register Initialize */
  SPCR = 0b01010001;                              // SPCR setup
  SPSR = 0b00000001;                              // SPSR setup
```

```
/* display initialize */
lcd_str_display(LCD_CMD_DD_RAM_1ROW_START_ADD,
            "WA:0x00, RA:0x00");
lcd_str_display(LCD_CMD_DD_RAM_2ROW_START_ADD,
            "WD:0x00, RD:0x00");

/* AT93C46 EWEN - Write Enable */
PORTB = PORTB | 0b00010000;                    // CS = 1(AT93C46)
SPDR = (unsigned char)(0b00010011 >> 3);       // EWEN - 00000010
// transmit complete(SPIF)
while((SPSR & 0b10000000) == 0b00000000);
SPDR = (unsigned char)(0b00010011 << 5);       // EWEN - 01100000
// transmit complete(SPIF)
while((SPSR & 0b10000000) == 0b00000000);
PORTB = PORTB & 0b11101111;                    // CS = 0(AT93C46)
delay_ms(200);                                 // time delay(ms) - 200ms

for(address = 0x00; address <= 0x7F; address++)
{
  /* address display */
  // binary to hexadecimal of ASCII code
  BIN_to_HEX(address, HEX_string);
  lcd_str_display(LCD_CMD_DD_RAM_1ROW_START_ADD + 5,
              HEX_string);

  write_data = address;                        // write data setup

  /* AT93C46 WRITE - Write */
  PORTB = PORTB | 0b00010000;                  // CS = 1(AT93C46)
  // WRITE - 00000010
  SPDR = (unsigned char)(0b00010100 >> 3);
  // transmit complete(SPIF)
  while((SPSR & 0b10000000) == 0b00000000);
  // WRITE - 10000000 + address(6-0)
  SPDR = (unsigned char)((0b00010100 << 5) | address);

  // transmit complete(SPIF)
  while((SPSR & 0b10000000) == 0b00000000);
  SPDR = write_data;                           // WRITE - data(7-0)
```

```
        // transmit complete(SPIF)
        while((SPSR & 0b10000000) == 0b00000000);
        PORTB = PORTB & 0b11101111;                        // CS = 0(AT93C46)
        delay_ms(5);                                       // time delay(ms) - 5ms(twp)

        /* write data display */
        // binary to hexadecimal of ASCII code
        BIN_to_HEX(write_data, HEX_string);
        lcd_str_display(LCD_CMD_DD_RAM_2ROW_START_ADD + 5,
                        HEX_string);
        delay_ms(200);                                     // time delay(ms) - 200ms
    }

    for(address = 0x00; address <= 0x7F; address++)
    {
        /* address display */
        // binary to hexadecimal of ASCII code
        BIN_to_HEX(address, HEX_string);
        lcd_str_display(LCD_CMD_DD_RAM_1ROW_START_ADD + 14,
                        HEX_string);

        /* AT93C46 READ - Read */
        PORTB = PORTB | 0b00010000;                        // CS = 1(AT93C46)
        // READ - 00000011
        SPDR = (unsigned char)(0b00011000 >> 3);
        // transmit complete(SPIF)
        while((SPSR & 0b10000000) == 0b00000000);
        // READ - 00000000 + address(6-0)
        SPDR = (unsigned char)((0b00011000 << 5) | address);

        // transmit complete(SPIF)
        while((SPSR & 0b10000000) == 0b00000000);
        SPDR = 0b00000000;                                 // dummy - 00000000
        // transmit complete(SPIF)
        while((SPSR & 0b10000000) == 0b00000000);
        // read high data - dummy(0) + data(7-1)
        high_data = SPDR;
        SPDR = 0b00000000;                                 // dummy - 00000000
        // transmit complete(SPIF)
```

```
    while((SPSR & 0b10000000) == 0b00000000);
    // read low data - data(0)
    low_data = SPDR;
    PORTB = PORTB & 0b11101111;                       // CS = 0(AT93C46)
    read_data = (unsigned char)((high_data << 1) + (low_data >> 7));
    /* read data display */
    // binary to hexadecimal of ASCII code
    BIN_to_HEX(read_data, HEX_string);
    lcd_str_display(LCD_CMD_DD_RAM_2ROW_START_ADD + 14,
                HEX_string);
    delay_ms(200);                                    // time delay(ms) - 200ms
  }

  /* AT93C46 EWDS - Write Disable */
  PORTB = PORTB | 0b00010000;                         // CS = 1(AT93C46)
  SPDR = (unsigned char)(0b00010000 >> 3);            // EWDS - 00000010
  // transmit complete(SPIF)
  while((SPSR & 0b10000000) == 0b00000000);
  SPDR = (unsigned char)(0b00010000 << 5);            // EWDS - 00000000
  // transmit complete(SPIF)
  while((SPSR & 0b10000000) == 0b00000000);
  PORTB = PORTB & 0b11101111;                         // CS = 0(AT93C46)
}
```

지금까지, 작성한 EEPROM 제어 C 소스 코드를 WinAVR의 Programmers Notepad의 "File→Save As…" 메뉴를 통해 "eeprom_test.c" 파일이름으로 저장한다. 저장한 후에는 이전 장에서 사용한 makefile을 복사하여 현재 소스 코드를 저장한 폴더에 넣고, Programmers Notepad의 File 메뉴의 "File→Open.." 메뉴를 선택하여 복사한 makefile을 불러온다. 다음으로, 아래에 보인바와 같이 "TARGET=(파일이름)"이 있는 부분을 찾아 파일이름 부분을 "eeprom_test"로 수정한 후 저장한다.

```
# Target file name (without extension).
TARGET = eeprom_test

# List C source files here. (C dependencies are automatically generated.)
SRC = $(TARGET).c
```

이제 모든 준비가 완료되었다. Programmers Notepad의 "Tools→[WinAVR] Make All" 메뉴를 선택하여 컴파일을 수행하자. 오류가 있다면 수정하고, 오류가 없다면 "Tools→[WinAVR] Program"을 선택하여 QB-AM162-TK 보드에 컴파일된 결과를 다운로드 한다. 이제 QB-MCU100 키트의 보드에 장착된 LCD에 차례로 데이터가 써지고 읽혀지는 상태를 볼 수 있을 것이다.

8. USART 직렬통신 기반 RS-232 제어

8.1 USART 직렬통신 기반 RS-232 하드웨어 구성

8.1.1 AVR MCU와 RS-232 트랜시버 연결

본 장에서는 AVR에 내장된 USART(Universal Synchronous and Asynchronous serial Receiver and Transmitter)를 사용하여 PC와 직렬통신을 수행하는 방법을 설명하고자 한다.

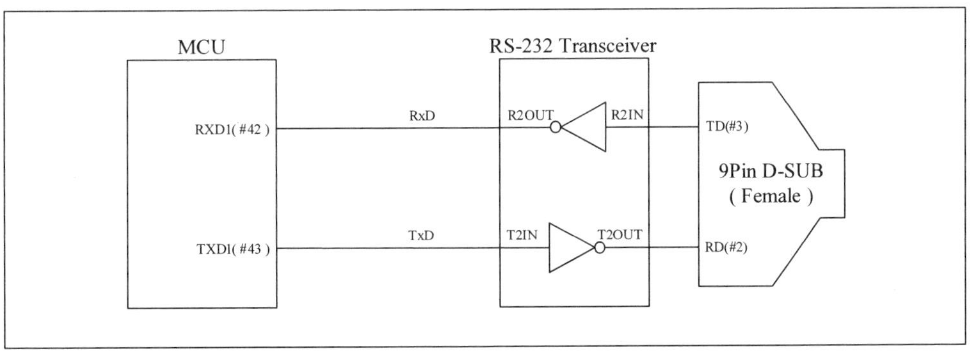

그림 8.1 AVR MCU와 RS-232 Transceiver 연결도

QB-AM162-TK 보드는, 그림 8.1에 보이는 바와 같이 AVR MCU의 USART 기능을 실습하기 위해 RS-232 Transceiver(MAX232)와 연결된 RS-232 Port(9-pin D-SUB connector)가 장착되어 있다. 여기서 AVR MCU의 TXD1(Port B 3)은 RS-232 Transceiver의 T2IN과 T2OUT을 거쳐서 RS-232 Port의 RD(2)와 연결되어 송신(Transmit, Tx) 라인을 구성한다.

또한, 반대로 RS-232 Port의 TD(3)은 RS-232 Transceiver의 R2IN과 R2OUT을 거쳐서 AVR MCU의 RXD1(Port B 2)와 연결되어 수신(Receive, Rx) 라인을 구성한다. 앞서 구성된 RS-232 직렬통신 라인과 AVR MCU의 USART1 관련 레지스터(UBRR1H, UBRR1L, UCSR1A, UCSR1B, UCSR1C, UDR1)를 사용하여 컴퓨터 또는 외부 장비와 RS-232 직렬통신을 수행할 수 있게 된다.

8.1.2 AVR MCU의 USART 직렬통신 기능

이제 AVR에 내장되어 있는 USART에 대하여 자세히 알아보도록 한다. 그림 8.2에 보이는 것은 USART에 사용되는 Frame format으로서 스타트 비트(Start bit, 항상 "0"), 데이터 비트(Data bit, 5~9 비트로 변동 가능), 패리티 비트(Parity bit, odd 또는 even), 스톱 비트(Stop bit, 항상 "1")로 구성된다. 여기서 데이터 비트의 6~9번째 비트는 변동 가능하고 패리티 비트도 생략이 가능하다. 여기서, 1개의 스타트 비트, 8개의 데이터 비트, 1개의 스톱 비트로 구성된 10개의 비트 형태가 일반적으로 사용된다.

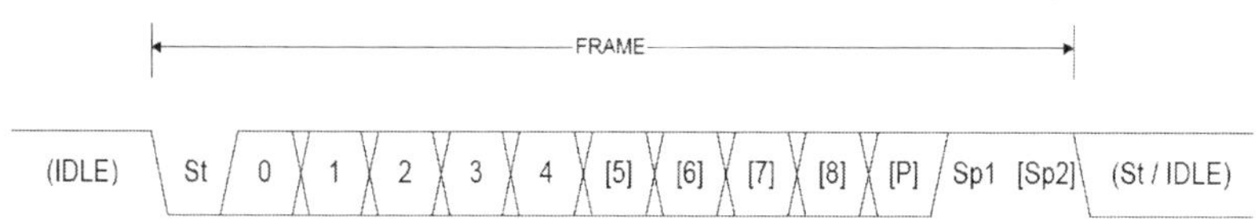

St	Start bit, always low.
(n)	Data bits (0 to 8).
P	Parity bit. Can be odd or even.
Sp	Stop bit, always high.
IDLE	No transfers on the communication line (RxD or TxD). An IDLE line must be high.

그림 8.2 Frame format

상기 프레임 형태에서 보인바와 같이 RS-232 통신라인은 사용하지 않을 시에는 계속 논리 '1'의 상태를 유지하고 있다가, 그 라인이 논리 '0'이 되는 스타트 비트를 전체 프레임의 시작으로 인식하게 되는 것이다.

USART를 사용하기 위한 레지스터는, UDR (USART I/O Data Register), UCSRA (USART Control and Status Register A), UCSRB (USART Control and Status Register B), UCSRC (USART Control and Status Register C), UBRRL 및 UBRRH (USART Baud Rate Registers) 등이 있다.

Bit	7	6	5	4	3	2	1	0	
	RXB[7:0]								UDR (Read)
	TXB[7:0]								UDR (Write)
Read/Write	R/W	R/W	R/W	R/W	R/W	R/W	R/W	R/W	
Initial Value	0	0	0	0	0	0	0	0	

그림 8.3 UDR (USART I/O Data Register)

그림 8.3에는 UDR 레지스터를 보여주고 있는데 UDR 레지스터는 송신(Transmit, Tx) 및 수신(Receive, Rx)을 위한 데이터 레지스터로 사용된다. 여기서 수신 레지스터로서의 UDR은 USART 기능을 통해 RS-232 Port의 TD로부터 AVR MCU의 RXD1으로 데이터를 받을 때 수신 데이터가 저장되는 레지스터로 UCSRA 레지스터의 RXC(7) 비트가 "1"이 될 때 UDR 레지스터를 읽으면 된다. 또한, 송신 레지스터로서의 UDR은 USART 기능을 통해 AVR MCU의 TXD1 포트에서 데이터를 보낼 때 송신 데이터가 저장되는 레지스터로 UCSRA 레지스터의 UDRE(5) 비트가 "1"이 될 때 UDR 레지스터에 데이터를 쓰면 된다. 여기서 UCSRA 레지스터의 UDRE(5) 비트가 "0"일 때 UDR 레지스터에 데이터를 쓰면 데이터는 쓰여지지 않고 무시된다.

Bit	7	6	5	4	3	2	1	0	
	RXC	TXC	UDRE	FE	DOR	UPE	U2X	MPCM	UCSRA
Read/Write	R	R/W	R	R	R	R	R/W	R/W	
Initial Value	0	0	1	0	0	0	0	0	

그림 8.4 UCSRA (USART Control and Status Register A)

그림 8.4에는 UCSRA 레지스터의 구조를 보여주고 있는데 RXC(USART Receive Complete) 비트는 수신이 완료되어 수신 데이터가 UDR 레지스터에 저장될 때 '1'이 설정되는 인터럽트 플래그이다. TXC(USART Transmit Complete) 비트는 UDR 레지스터로부터 데이터가 송신 완료될 때 '1'이 설정되는 인터럽트 플래그이다. UDRE(USART Data Register Empty) 비트는 UDR 레지스터에 데이터가 비어있는 경우에 '1'이 설정되는 인터럽트 플래그로서 UDR 레지스터에 데이터를 송신하기 위한 데이터를 쓰려고 할 때 UDRE 비트가 '1'인지를 확인한 후 UDR 레지스터에 데이터를 써야 한다. FE(Frame Error) 비트는 수신된 데이터에 Frame Error가 발생하면 '1'로 설정되는데 스톱 비트가 '0'인 경우에 해당된다. FE 비트는 UDR 레지스터를 읽기 전까지 '1'로 설정된다. DOR(Data OverRun) 비트는 수신 데이터 버퍼(2 Byte)가 채워지고 다음 수신 데이터가 오게 되면 '1'로 설정되는데 UDR 레지스터를 읽기 전까지 DOR 비트는 '1'로 설정된다. UPE(Parity Error) 비트는 수신 데이터 비트들과 패리티 비트를 검사하여 패리티 에러가 발생하면 '1'로 설정되는데 UDR 레지스터를 읽기 전까지 UPE 비트는 '1'로 설정된다. U2X(Double the USART Transmission Speed) 비트는 비동기(Asynchronous) 방식으로 수행할 때만 유효한 비트로 '1'이 설정되면 직렬통신 속도가 2배로 증가한다. MPCM(Multi-processor Communication Mode) 비트는 여러 개의 MCU들간에 직렬통신을 수행할 때 Master MCU로부터 데이터를 수신 받는 Slave MCU는 초기에 MPCM 비트를 '1'로 설정하고 자기에 해당하는 어드레스 데이터를 받으면 MPCM 비트를 '0'으로 설정한 후 실제 데이터를 수신받는다. 이때, 다른 MCU들은 MPCM 비트를 '1'인 상태로 유지하게 된다.

Bit	7	6	5	4	3	2	1	0	
	RXCIE	TXCIE	UDRIE	RXEN	TXEN	UCSZ2	RXB8	TXB8	UCSRB
Read/Write	R/W	R/W	R/W	R/W	R/W	R/W	R	R/W	
Initial Value	0	0	0	0	0	0	0	0	

그림 8.5 UCSRB (USART Control and Status Register B)

그림 8.5에는 UCSRB 레지스터의 구조를 보여주고 있는데 RXCIE(RX Complete Interrupt Enable) 비트가 '1'이면 RXC 인터럽트를 ON시키는 것으로 수신이 완료되면

수신 완료 인터럽트 서비스 함수의 내용이 수행된다. 이때, SREG 레지스터의 전역 인터럽트 플래그도 '1'로 설정되어 있어야 한다. TXCIE(TX Complete Interrupt Enable) 비트가 '1'이면 TXC 인터럽트를 ON시키는 것으로 송신이 완료되면 송신 완료 인터럽트 서비스 함수의 내용이 수행된다. 이때, SREG 레지스터의 전역 인터럽트 플래그도 '1'로 설정되어 있어야 한다. UDRIE(USART Data Register Empty Interrupt Enable) 비트가 '1'이면 UDRE 인터럽트를 ON시키는 것으로 UDR 레지스터가 비어있는 경우에 UDRE 인터럽트 서비스 함수의 내용이 수행된다. 이때, SREG 레지스터의 전역 인터럽트 플래그도 '1'로 설정되어 있어야 한다. RXEN(Receiver Enable) 비트가 '1'이면 RXD 포트가 USART의 수신 기능을 수행한다. TXEN(Transmitter Enable) 비트가 '1'이면 TXD 포트가 USART의 송신 기능을 수행한다. UCSZ2(Character Size) 비트는 UCSZ1:0 비트와 함께 사용되어 송신 및 수신 데이터 비트의 크기를 설정하는데 자세한 내용은 뒤에서 설명하겠다. RXB8(Receive Data Bit 8) 비트는 수신 데이터 비트의 크기가 9비트인 경우에 수신 데이터의 9번째 비트값이 설정된다. TXB8(Transmit Data Bit 8) 비트는 송신 데이터 비트의 크기가 9비트인 경우에 송신 데이터의 9번째 비트값이 설정된다.

Bit	7	6	5	4	3	2	1	0	
	URSEL	UMSEL	UPM1	UPM0	USBS	UCSZ1	UCSZ0	UCPOL	UCSRC
Read/Write	R/W	R/W	R/W	R/W	R/W	R/W	R/W	R/W	
Initial Value	1	0	0	0	0	1	1	0	

그림 8.6 UCSRC (USART Control and Status Register C)

그림 8.6에는 UCSRC 레지스터의 구조를 보여주고 있는데 URSEL(Register Select) 비트는 '1'이면 UCSRC 레지스터에 데이터를 읽거나 쓰게 되고 URSEL 비트가 '0'이면 UCSRC 레지스터는 UBRRH 레지스터로 변경되어 사용된다. 즉, 같은 주소번지인 UCSRC와 UBRRH 레지스터가 URSEL 비트에 의해 사용 여부가 선택된다. UMSEL(USART Mode Select) 비트가 '1'이면 동기(Synchronous) 방식이고 '0'이면 비동기(Asynchronous) 방식으로 설정된다. UPM1 : UPM0(Parity Mode) 비트는 패리티 모드를 설정하는 것으로 뒤에서 설명하겠다. USBS(Stop Bit Select) 비트는 데이터를 송신할 때 스톱 비트의 수를 설정하는 것으로 '0'이면 1비트를 삽입하고 '1'이면 2비트를 삽입한

다. 데이터 수신시에는 USBS 비트 설정을 무시한다. UCSZ1 : UCSZ0(Character Size) 비트는 송신 및 수신 데이터의 크기를 설정하는 것으로 뒤에서 설명하겠다. UCPOL (Clock Polarity) 비트는 송신 및 수신 클럭 극성을 설정하는 것으로 뒤에서 설명하겠다.

표 8.1에서 보이는 바와 같이 UCSRC 레지스터의 UPM1, UPM0 비트의 설정에 의해 패리티 모드가 변경되는데 '00'이면 패리티 비트를 송신시 삽입하지 않거나 수신시 검사하지 않고 '10'이면 even 패리티 비트를 송신시 삽입하거나 수신시 검사하게 된다. 또한, '11'이면 odd 패리티 비트를 송신시 삽입하거나 수신시 검사하게 된다.

[표 8.1] 패리티 모드(UPM1, 0)

UPM1	UPM0	Parity Mode
0	0	Disabled
0	1	Reserved
1	0	Enabled, Even Parity
1	1	Enabled, Odd Parity

표 8.2에서 보이는 바와 같이 UCSRB 레지스터의 UCSZ2 비트와 UCSRC 레지스터의 UCSZ1, UCSZ0 비트를 통해 송신 및 수신 데이터의 크기를 설정한다. 송신 및 수신 데이터의 크기가 8비트가 되려면 UCSZ2, 1, 0 비트는 "011"로 설정하면 된다.

[표 8.2] 송신 및 수신 데이터 크기(UCSZ2, 1, 0)

UCSZ2	UCSZ1	UCSZ0	Character Size
0	0	0	5-bit
0	0	1	6-bit
0	1	0	7-bit
0	1	1	8-bit
1	0	0	Reserved
1	0	1	Reserved
1	1	0	Reserved
1	1	1	9-bit

[표 8.3] 송신 및 수신 클럭 극성(UCPOL)

UCPOL	Transmitted Data Changed (Output of TxD Pin)	Received Data Sampled (Input on RxD Pin)
0	Rising XCK Edge	Falling XCK Edge
1	Falling XCK Edge	Rising XCK Edge

표 8.3에서는 송신 및 수신 클럭 극성을 설정하기 위해 UCSRC 레지스터의 UCPOL 비트의 설정값을 보여준다. UCPOL 비트가 "0"이면 송신시, 클럭의 상승 에지에서 데이터가 변경되고 수신시, 클럭의 하강 에지에서 데이터 샘플링을 수행한다. UCPOL 비트가 "1"이면 반대로 송신시, 클럭의 하강 에지에서 데이터가 변경되고 수신시, 클럭의 상승 에지에서 데이터 샘플링을 수행한다.

그림 8.7에서 보이는 것은 UBRRL 및 UBRRH 레지스터로 USART 기능의 통신속도(Baud Rate)를 설정한다. UBRRH 레지스터는 UCSRC 레지스터와 같은 주소 번지를 사용함으로 인해 URSEL 비트가 "0"일 경우에만 UBRRH 레지스터를 읽거나 쓸 수가 있다. 여기서 UBRR11~UBRR0 비트를 통해 USART 기능의 통신속도를 설정하게 되는데 표 8.4에 AVR MCU의 클럭 주파수와 UBRRH 및 UBRRL 레지스터의 UBRR11~UBRR0 비트와 UCSRA 레지스터의 U2X 비트를 이용하여 USART 기능의 통신속도가 설정되는 방식을 보여주고 있다.

Bit	15	14	13	12	11	10	9	8	
	URSEL	–	–	–	UBRR[11:8]				UBRRH
	UBRR[7:0]								UBRRL
	7	6	5	4	3	2	1	0	
Read/Write	R/W	R	R	R	R/W	R/W	R/W	R/W	
	R/W	R/W	R/W	R/W	R/W	R/W	R/W	R/W	
Initial Value	0	0	0	0	0	0	0	0	
	0	0	0	0	0	0	0	0	

그림 8.7 UBRRL 및 UBRRH (USART Baud Rate Registers)

[표 8.4] USART 기능의 통신속도(UBRRH, UBRRL)

Baud Rate (bps)	f_{osc} = 8.0000 MHz				f_{osc} = 11.0592 MHz				f_{osc} = 14.7456 MHz			
	U2X = 0		U2X = 1		U2X = 0		U2X = 1		U2X = 0		U2X = 1	
	UBRR	Error	UBRR	Error	UBRR	Error	UBRR	Error	UBRR	Error	UBRR	Error
2400	207	0.2%	416	-0.1%	287	0.0%	575	0.0%	383	0.0%	767	0.0%
4800	103	0.2%	207	0.2%	143	0.0%	287	0.0%	191	0.0%	383	0.0%
9600	51	0.2%	103	0.2%	71	0.0%	143	0.0%	95	0.0%	191	0.0%
14.4k	34	-0.8%	68	0.6%	47	0.0%	95	0.0%	63	0.0%	127	0.0%
19.2k	25	0.2%	51	0.2%	35	0.0%	71	0.0%	47	0.0%	95	0.0%
28.8k	16	2.1%	34	-0.8%	23	0.0%	47	0.0%	31	0.0%	63	0.0%
38.4k	12	0.2%	25	0.2%	17	0.0%	35	0.0%	23	0.0%	47	0.0%
57.6k	8	-3.5%	16	2.1%	11	0.0%	23	0.0%	15	0.0%	31	0.0%
76.8k	6	-7.0%	12	0.2%	8	0.0%	17	0.0%	11	0.0%	23	0.0%
115.2k	3	8.5%	8	-3.5%	5	0.0%	11	0.0%	7	0.0%	15	0.0%
230.4k	1	8.5%	3	8.5%	2	0.0%	5	0.0%	3	0.0%	7	0.0%
250k	1	0.0%	3	0.0%	2	-7.8%	5	-7.8%	3	-7.8%	6	5.3%
0.5M	0	0.0%	1	0.0%	–	–	2	-7.8%	1	-7.8%	3	-7.8%
1M	–	–	0	0.0%	–	–	–	–	0	-7.8%	1	-7.8%
Max. (1)	0.5 Mbps		1 Mbps		691.2 kbps		1.3824 Mbps		921.6 kbps		1.8432 Mbps	

1. UBRR = 0, Error = 0.0%

QB-MCU100 키트에 있는 AVR MCU 보드인 QB-AM162-TK 보드는 발진 주파수가 11.0592 MHz인 크리스털을 사용하므로, 9600 bps의 직렬통신 속도를 설정하려면 UCSRA 레지스터의 U2X 비트를 "0"으로 하고 UBRRH 및 UBRRL 레지스터의 UBRR 비트들의 값을 "71"(10진수)로 설정하면 된다. 또한, UCSRA 레지스터의 U2X 비트를 "1"인 경우에는 UBRRH 및 UBRRL 레지스터의 UBRR 비트들의 값을 "143"(10진수)으로 설정하면 된다. 이때, 11.0592 MHz 클럭 주파수에서는 USART 클럭 속도의 에러가 0 %이므로 안정된 USART 기능을 수행할 수가 있음을 알 수 있다.

지금까지 정리한 AVR MCU의 UDR, UCSRA, UCSRB, UCSRC, UBRRH, UBRRL 레지스터를 사용하여 PC와 통신하는 프로그램을 작성하여 보자. 이를 위하여 특별히 PC와 QB-AM162-TK 보드와 직렬케이블을 연결하여야 하는데, 그림 8.8에 표시한 바와 같은 9pin female 커넥터를 PC의 9pin male 커넥터와 케이블로 연결하도록 한다.

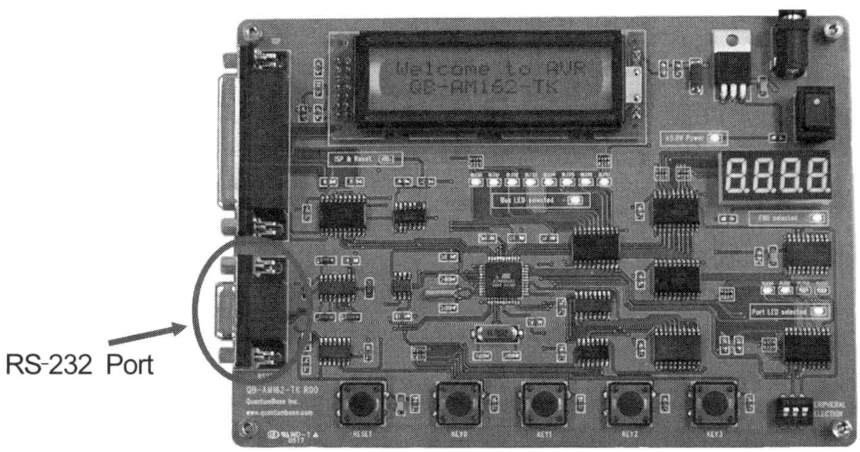

그림 8.8 QB-AM162-TK 보드의 RS-232 Port

8.2 USART 직렬통신 기반 RS-232 제어 프로그램 작성

8.2.1 USART 직렬통신 기반 RS-232 제어 C 소스 코드 작성

본 장에서는 AVR MCU의 USART를 제어하여 PC의 RS-232 프로그램과 RS-232 직렬통신을 통해 데이터를 주고받으면서, 수신된 데이터를 QB-AM162-TK 보드의 LCD 화면에 표시하는 프로그램을 설계하여 본다.

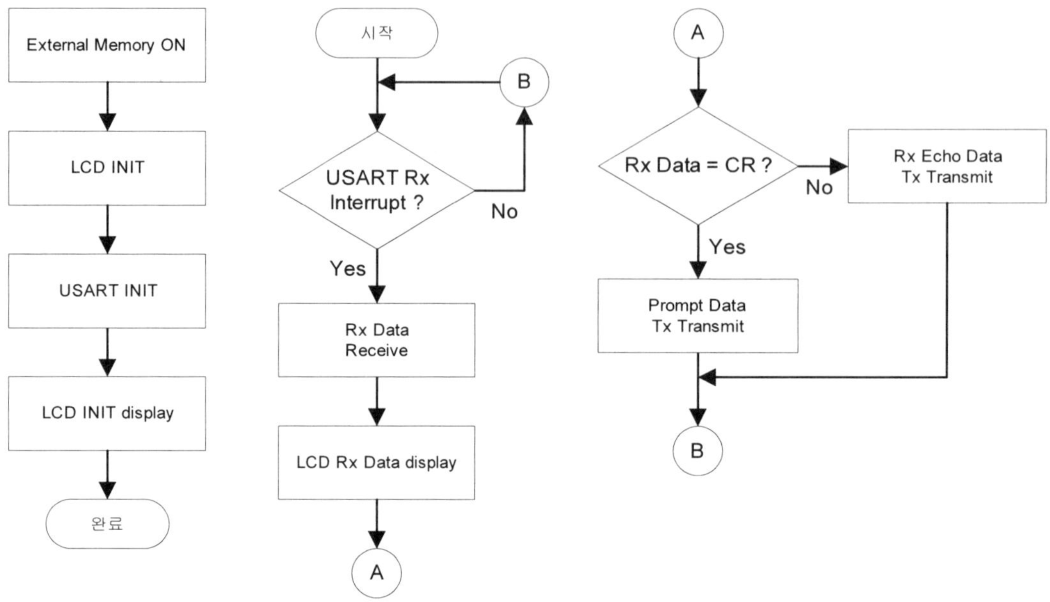

(a) (b)

그림 8.9 (a) main 및 (b) USART Interrupt 프로그램 흐름도

그림 8.9에서는 AVR MCU에서 RS-232 직렬통신을 제어하는 프로그램의 흐름도를 보여주고 있다. 여기서, AVR MCU와 RS-232 직렬통신을 하는 PC의 직렬 포트(COM)는 9600 bps, 8 데이터 비트, 패리티 비트 없음, 1스톱 비트, 흐름제어 없음으로 설정하고 PC의 RS-232 프로그램은 “하이퍼터미널”을 사용하기로 한다.

이 프로그램에서는 RS-232 직렬통신을 통해 수신되는 데이터를 사용자에게 보여주기 위해 LCD를 사용하므로, 초기화 과정에서 외부 메모리 버스 기능을 ON시키고 LCD를 초기화 한다. 그 다음으로 USART 기능의 기본 세팅을 위하여, UCSRA, UCSRB, UCSRC, UBRRH, UBRRL, UDR 레지스터들을 설정하는 USART 초기화 작업을 수행한다. 마지막으로, LCD에 RS-232 직렬통신을 통해 수신되는 데이터를 표시하기 위한 초기 화면 표시를 하고 메인 프로그램이 종료된다.

메인 프로그램은 종료되었지만 USART 초기화에서 RS-232 수신 완료 인터럽트를

ON 시켰기 때문에 PC로부터 RS-232 직렬통신을 통해 데이터가 수신되면 UDR 레지스터에 수신 데이터가 저장되고 RS-232 수신 완료 인터럽트가 발생하여 RS-232 수신 완료 인터럽트 서비스 함수가 수행된다. RS-232 수신 완료 인터럽트 서비스 함수에서는 처음에 UDR 레지스터에 저장되어 있는 ASCII 문자코드의 수신 데이터를 16진수 숫자로 표시한다.

RS-232 직렬통신 수신 데이터가 CR(Carriage Return)이 아니면 수신된 데이터를 그대로 RS-232 직렬통신을 통해 PC로 송신하여 Echo 기능을 수행한다. 그러면, PC의 RS-232 프로그램에는 방금 송신한 데이터가 화면에 표시된다. 이러한 Echo 기능을 수행하지 않으면 PC의 RS-232 프로그램에서는 키보드에서 입력된 데이터가 화면에 표시되지 않는다.

RS-232 직렬통신 수신 데이터가 CR(Carriage Return)이면 수신된 데이터와 LF(Line Feed) 및 "QB-AM162-TK >" 문자열을 RS-232 직렬통신을 통해 PC로 송신하여 PC의 RS-232 프로그램에서 커서가 다음 줄로 이동하고 "QB-AM162-TK >"라는 문자열을 화면에 표시하게 된다. 이것은 보통 RS-232 직렬통신을 통해 임베디드 기기를 제어하는 경우에 프롬프트(Prompt)로 표시할 때 사용하는 방법이다. 이것으로 RS-232 수신 완료 인터럽트 서비스 함수는 종료되고 RS-232 직렬통신을 통해 다음 수신 데이터를 받게 되면 다시 수행된다.

이제 프로그램 8.1을 자세히 분석해 보도록 하자. 둘째 줄과 셋째 줄의 #include <avr/interrupt.h>와 #include <avr/signal.h>라는 부분이 있는데 이것은 AVR MCU의 인터럽트 관련 헤더 파일을 C 소스 코드의 맨 앞부분에 포함시키는 preprocessor 구문이다. AVR MCU의 인터럽트를 제어하려면 반드시 필요한 preprocessor이므로, 향후 개발하고자 하는 프로그램이 인터럽트를 사용한다면 무조건 넣는 것으로 생각하자. 그 다음 줄로부터 보이는 여러 가지 #define문과 LCD제어 관련 함수들은 이미 6장에서 자세히 설명하였으므로 본 장에서는 생략하도록 한다. 아직 이해를 못한 부분이 있다면 6장의 "Bus LED 제어"의 내용을 다시 한 번 숙지하도록 한다.

프로그램 8.1 〉〉 USART 직렬통신 기반 RS-232 제어 C 소스 코드

```
#include <avr/io.h>
#include <avr/interrupt.h>
#include <avr/signal.h>

/* LCD command (BUS_LCD_WR_COMMAND) */
#define LCD_CMD_CLR_DISPLAY              0b00000001 // clear display
#define LCD_CMD_RETURN_HOME              0b00000010 // return home
#define LCD_CMD_ENTRY_MODE_LS_NSS        0b00000100 //Entry mode
#define LCD_CMD_ENTRY_MODE_RS_NSS        0b00000110 // Entry mode
#define LCD_CMD_DISPLAY_DOFF_COFF_CNB    0b00001000 // Display
#define LCD_CMD_DISPLAY_DON_COFF_CNB     0b00001100 // Display
#define LCD_CMD_DISPLAY_DON_CON_CNB      0b00001110 // Display
#define LCD_CMD_DISPLAY_DON_CON_CB       0b00001111 // Display
#define LCD_CMD_SHIFT_CUR_LEFT           0b00010000 // Display
#define LCD_CMD_SHIFT_CUR_RIGHT          0b00010100 // Display
#define LCD_CMD_SHIFT_SCR_LEFT           0b00011000 // Display
#define LCD_CMD_SHIFT_SCR_RIGHT          0b00011100 // Display
#define LCD_CMD_FUNC_8BIT_2ROW_FNT8      0b00111000 // Function
#define LCD_CMD_FUNC_8BIT_2ROW_FNT11     0b00111100 // Function
#define LCD_CMD_CG_RAM_START_ADDRESS     0b01000000 // CG RAM
#define LCD_CMD_DD_RAM_1ROW_START_ADD    0b10000000 // DD RAM
#define LCD_CMD_DD_RAM_2ROW_START_ADD    0b11000000 // DD RAM

/* LCD command (BUS_LCD_RD_STATE) */
// LCD state : busy flag
#define LCD_STATE_BUSY_FLAG              0b10000000

/* LCD */
//write command
#define BUS_LCD_WR_COMMAND          *((unsigned char *)0x1000)
// read state
#define BUS_LCD_RD_STATE            *((unsigned char *)0x1001)
// write data(CG RAM or DD RAM)
#define BUS_LCD_WR_DATA             *((unsigned char *)0x1002)
//read data(CG RAM or DD RAM)
#define BUS_LCD_RD_DATA             *((unsigned char *)0x1003)

/* — time delay functions - 1 clock : 1/11.0592MHz = 90.42 ns — */
```

```
void delay_us(unsigned char time_us)        // time delay(us)
{
  register unsigned char i;
  for(i = 0; i < time_us; i++)              // 4 cycle +
  {
    asm volatile(" PUSH  R0 ");             // 2 cycle +
    asm volatile(" POP   R0 ");             // 2 cycle +
    asm volatile(" PUSH  R0 ");             // 2 cycle +
    asm volatile(" POP   R0 ");             // 2 cycle
  }
}

void delay_ms(unsigned int time_ms)         // time delay(ms)
{
  register unsigned int i;
  for(i = 0; i < time_ms; i++)
  {
    delay_us(250);
    delay_us(250);
    delay_us(250);
    delay_us(250);
  }
}
/* — Bus LCD part — */
// LCD command write
void lcd_command_write(unsigned char command)
{
  BUS_LCD_WR_COMMAND = command;             // LCD command write
  delay_ms(1);                              // time delay(ms) - 1 ms
}

// LCD character display
void lcd_char_display(unsigned char character)
{
  BUS_LCD_WR_DATA = character;              // LCD data (7-0)
  delay_ms(1);                              // time delay(ms) - 1 ms
}

// string display
```

```
void lcd_str_display(unsigned char command, unsigned char* string)
{
   unsigned char index;
   unsigned char character;

   // LCD command : cursor position
   lcd_command_write(command);

   index = 0;
   character = string[index];
   while(character != '\0')
   {
      lcd_char_display(character);                  // LCD character display
      index++;
      character = string[index];
   }
}

void lcd_Initialize(void)                          // Initialize LCD
{
   lcd_command_write(LCD_CMD_FUNC_8BIT_2ROW_FNT8);
   lcd_command_write(LCD_CMD_DISPLAY_DON_COFF_CNB);
   lcd_command_write(LCD_CMD_ENTRY_MODE_RS_NSS);
}

/* — numeric and character function — */
// number to ASCII code
unsigned char number_to_ASCII(unsigned char number)
{
   unsigned char ASCII_code;

   if((number >= 0x00) && (number <= 0x09))
   {
      ASCII_code = number + 0x30;                  // ASCII code : 0 ~ 9
   }
   else if((number >= 0x0A) && (number <= 0x0F))
   {
      ASCII_code = number - 0x0A + 0x41;           // ASCII code : A ~ F
   }
```

```
  else
  {
    ASCII_code = 0xFF;                          // ASCII code : error
  }

  return ASCII_code;
}

void BIN_to_HEX(unsigned char number, unsigned char* HEX_string)
{
  unsigned char byte;

  byte = (number >> 4) & 0x0F;
  HEX_string[0] = number_to_ASCII(byte);
  byte = number & 0x0F;
  HEX_string[1] = number_to_ASCII(byte);
  HEX_string[2] = '\0';                         // set null string
}
```

그 다음으로 SIGNAL(SIG_USART1_RECV) 함수를 보자. 여기부터는 인터럽트 서비스 루틴이라고 부르는 USART1 수신 완료 인터럽트 함수로서, PC로부터 데이터를 수신 받으면 UDR1 레지스터에 수신 데이터를 저장하고 수신 완료 인터럽트 함수가 수행된다. 본 함수의 앞부분은 함수에서 사용되는 변수 선언 및 정의 부분이며, "rx_byte"는 수신 데이터를 저장 하는 변수로, "tx_string[17]"는 송신 데이터를 저장하는 배열로, "HEX_string[3]"은 LCD에 표시되는 수신 데이터의 16진수 숫자의 ASCII 문자코드들을 저장 하는 배열로, "index"는 송신 데이터 문자열의 인덱스를 저장하는 변수로, "timeout_count"는 데이터 송신시 타임아웃 시간을 카운트하는 값을 저장하는 변수로 각각 지정하였다.

변수정의 부 아래의 프로그램 흐름을 보면, rx_byte=UDR1; 부분에서 UDR1 레지스터의 수신 데이터를 "rx_byte" 변수로 지정한다. 그 다음으로 "lcd_str_display" 및 "BIN_to_HEX" 함수를 이용하여 수신된 데이터를 16진수 숫자의 형태로 LCD에 표시한다. 여기서 "lcd_str_display" 함수의 첫 번째 인수는 표시위치, 두 번째 인수는 표시하는 ASCII 문자 배열을 지정한다. 또한, "BIN_to_HEX" 함수의 첫 번째 인수는 데이터, 두 번째 인수는 16진수 숫자 형태의 ASCII 문자 배열을 지정한다.

이제, if(rx_byte==0x0D) 부분에서 RS-232 직렬통신을 통해 수신된 데이터가 "CR (Carriage Return)"이면 수신된 데이터와 "LF(Line Feed)" 및 "QB-AM162-TK >" 문자열을 PC로 송신하여 PC의 RS-232 프로그램에 프롬프트가 표시되게 한다. "tx_string" 문자열 변수에 "CR(Carriage Return)", "LF(Line Feed)" 및 "QB-AM162-TK >" 문자열과 함께 널(Null) 문자를 지정한다. 우선, UDR1=tx_string[0]; 부분에서 UDR1 레지스터에 "tx_string" 문자열 변수의 첫 번째 문자를 지정한다. 그리고, timeout_count=0; 부분에서 타임아웃 카운트를 초기화 하고 index=1; 부분에서 문자열 배열의 인덱스를 초기화한다.

"while" 반복문에서 "index"를 검사하여 16개의 문자 데이터를 송신했는지의 여부를 판단한다. 우선, if(UCSR1A & 0b00100000) 부분에서 UCSR1A 레지스터의 UDRE 비트가 "1"인지를 검사하여 UDR1 레지스터에 있는 송신 데이터가 비었는지를 검사한다. UDRE 비트가 "1"이면 다음 송신 데이터를 UDR1 레지스터에 설정하고 인덱스는 1만큼 증가시키고 타임아웃 카운트는 "0"으로 초기화시킨다. 또한, if(timeout_count > 1000) 부분에서 송신시 타임아웃 카운트의 1000번 초과 여부를 판단하는데 즉, 1초의 시간지연 여부를 검사하여 1초 동안 송신 완료가 되지 않으면 "while" 반복문에서 빠진 후에 수신 완료 인터럽트를 종료한다. 그리고, 타임아웃 카운트가 1000번 이하이면 1 ms 시간지연을 수행하고 타임아웃 카운트를 1만큼 증가시킨 후, "while" 반복문 처음으로 돌아간다. 이와 같은 방식으로 16개의 문자 데이터인 프롬프트를 PC로 전송한다.

다시, if(rx_byte==0x0D) 부분과 연관되는 else 부분은 RS-232 직렬통신을 통해 수신된 데이터가 "CR(Carriage Return)"이 아닌 경우에 수행되는데 수신된 데이터를 PC로 송신하기 위해 UDR1 레지스터에 수신 데이터가 저장된 "rx_byte" 변수값을 설정한다.

위에서 설명한 USART 수신 완료 인터럽트 함수는 USART 기능을 이용하여 RS-232 직렬통신을 수행할 때 발생하는 수신시 필요한 처리 기능을 포함하고 있다. 여기서는 데이터가 수신되면 수신된 데이터가 CR인 경우에는 수신 데이터와 프롬프트를 PC로 송신하고 수신된 데이터가 CR이 아닌 경우에는 수신 데이터를 PC로 송신하도록 설계되었다.

프로그램 8.1 〉〉 USART 직렬통신 기반 RS-232 제어 C 소스 코드(계속)

```
/* Interrupt Service Routine */
// USART 1 Rx Complete interrupt function
SIGNAL(SIG_USART1_RECV)
{
  unsigned char rx_byte;
  unsigned char tx_string[17] = " QB-AM162-TK > ";
  unsigned char HEX_string[3];

  unsigned int index;
  unsigned int timeout_count;

  // copy from host rx byte to communication byte
  rx_byte = UDR1;
  lcd_str_display(LCD_CMD_DD_RAM_2ROW_START_ADD, " RS-232 : ");
  BIN_to_HEX(rx_byte, &(HEX_string[0]));
  lcd_str_display(LCD_CMD_DD_RAM_2ROW_START_ADD + 10, "0x");
  lcd_str_display(LCD_CMD_DD_RAM_2ROW_START_ADD + 12,
                  HEX_string);
  lcd_str_display(LCD_CMD_DD_RAM_2ROW_START_ADD + 14, "  ");

  if(rx_byte == 0x0D)                        // Rx byte : Carriage Return
  {
    tx_string[0] = rx_byte;                  // CR
    tx_string[1] = 0x0A;                     // LF
    tx_string[16] = '\0';
    UDR1 = tx_string[0];                     // set UDR1 with CR

    timeout_count = 0;
    index = 1;
    while(index < 16)
    {
      // USARTn : Data Register Empty
      if(UCSR1A & 0b00100000)
      {
        UDR1 = tx_string[index];             // set UDR1
        index++;
        timeout_count = 0;
```

```
        }

        if(timeout_count > 1000)
        {
          break;
        }
        delay_ms(1);                          // time delay(ms) - 1 ms
        timeout_count++;
      }
    }
    else
    {
      UDR1 = rx_byte;
    }

  }
```

마지막으로, int main(void)를 보자. main 함수의 맨 앞부분에 변수정의 부가 있으며, unsigned char byte;로 정의된 부분은 UDR1 레지스터의 값을 설정하기 위한 변수를 선언한 것이다. 다음으로 MCUCR=MCUCR | 0b10000000;로서, LCD를 사용하기 위한 AVR MCU의 외부 메모리 버스 기능을 활성화 시킨다. 그리고, lcd_Initialize(); 부분은 LCD를 초기화하는 함수를 호출하여 LCD 사용에 필수적인 LCD 초기화 과정을 일괄적으로 수행한다.

이제, USART의 초기화를 위한 부분을 살펴보자. 우선, cli(); 함수에서 AVR MCU의 전역 인터럽트 비트를 해제하여 모든 인터럽트 발생을 중지한다. 이 cli(); 함수는 소스코드의 가장 처음에 포함시켰던 interrupt.h에 그 프로토 타입이 정의되어 있다. 이어, UBRR1H=0x00;과 UBRR1L=0x47; 부분이 USART의 통신 속도를 9600 bps로 설정한다. 자세한 설정값은 앞 절에서 설명하였으니 참고하기 바란다. UCSR1A=0b00000000; 부분은 UCSR1A 레지스터를 설정하는 부분으로 송신 및 수신 완료 인터럽트 비트, UDR1 레지스터 사용가능 여부 비트, 각종 에러 비트, 2배 통신 속도 여부 비트 및 멀티 MCU간 통신 가능 여부 비트를 모두 "0"으로 설정하여 인터럽트 및 에러 비트를 해제하고 1배 통신속도 설정 및 멀티 MCU 통신 불능 설정을 하였다.

그리고, UCSR1B=0b10011000;에서 UCSR1B 레지스터를 설정하게 되며, 수신 완료 인터럽트를 활성화 시키고 송신 및 수신 기능을 활성화 시킨다. 또한, UCSR1C=0b10000110; 부분에서 UCSR1C 레지스터를 설정하기 위해 URSEL 비트를 "1"로 설정하고 비동기 방식, 패리티 비트 없음, 스톱 비트 1개, 데이터 비트 8개(UCSR1B의 UCSZ2 비트 및 UCSR1C의 UCSZ1, 0), 송신시 데이터 변경은 클럭 상승 에지이고 수신시 데이터 샘플링은 클럭 하강 에지로 설정하고 있다. 자세한 설정값은 앞 절을 참고하기 바란다.

그 다음으로 byte=UDR1; 부분에서 UDR1 레지스터를 읽음으로써 수신 레지스터를 초기화한다. 그리고, sei(); 부분으로 다시 전역 인터럽트 비트를 설정하여 모든 인터럽트를 기동시킨다. 마지막으로, lcd_str_display(LCD_CMD_DD_RAM_1ROW_START_ADD, " Welcome to AVR "); 부분에서 LCD에 "Welcome to AVR" 문자열을 표시하고 메인 함수를 종료한다. 여기서, 메인 함수가 종료되지만 USART 수신 완료 인터럽트를 ON 시켰기 때문에 PC로부터 수신된 데이터가 있으면 수신 완료 인터럽트가 발생하여 USART 수신 완료 인터럽트 함수의 내용이 수행되게 된다.

프로그램 8.1 〉〉 USART 직렬통신 기반 RS-232 제어 C 소스 코드(계속)

```
int main(void)                              // Main function
{
  unsigned char byte;

  /* — MCUCR(MCU control register) — */
  MCUCR = MCUCR | 0b10000000;
  lcd_Initialize();                         // Initialize LCD

  /* USART initialize */
  cli();                                    // global interrupt disable

  UBRR1H = 0x00;                            // UBRRnH - 9600 baud
  UBRR1L = 0x47;                            // UBRRnL - 9600 baud

  UCSR1A = 0b00000000;                      // asynchronous normal mode
  UCSR1B = 0b10011000;                      // RXCIE(7), RXEN(4), TXEN(3)
```

```
    // URSEL(7), UPM(5-4),USBS(3), UCSZ(2-1)
    UCSR1C = 0b10000110;

    byte = UDR1;                        // dummy read

    sei();                              // global interrupt enable

    lcd_str_display(LCD_CMD_DD_RAM_1ROW_START_ADD,
                " Welcome to AVR ");

    return 0;
}
```

지금까지, 작성한 RS-232 직렬통신 제어 C 소스 코드를 WinAVR의 Programmers Notepad의 "File→Save As…" 메뉴를 통해 "usart_test.c" 파일이름으로 저장한다. 저장한 후에는 이전 장에서 사용한 makefile을 복사하여 현재 소스 코드를 저장한 폴더에 넣고, Programmers Notepad의 File 메뉴의 "File→Open.." 메뉴를 선택하여 복사한 makefile을 불러온다. 다음으로, 아래에 보인 바와 같이 "TARGET=(파일이름)"이 있는 부분을 찾아 파일이름 부분을 "usart_test"로 수정한 후 저장한다.

```
# Target file name (without extension).
TARGET = usart_test

# List C source files here. (C dependencies are automatically generated.)
SRC = $(TARGET).c
```

이제 모든 준비가 완료되었다. Programmers Notepad의 "Tools→[WinAVR] Make All" 메뉴를 선택하여 컴파일을 수행하자. 오류가 있다면 수정하고, 오류가 없다면 "Tools→[WinAVR] Program"을 선택하여 QB-AM162-TK 보드에 컴파일된 결과를 다운로드 한다. 이제 QB-AM162-TK 보드는 LCD에 "Welcome to AVR"이라는 화면을 보여주며 PC와 통신할 준비가 완료되었으므로, PC의 통신 에뮬레이터를 띄워 PC를 QB-AM162-TK 보드와 통신할 수 있는 환경을 만들어야 한다. 이를 위하여 윈도우의 "시작-모든 프로그램–보조프로그램–통신–하이퍼터미널"을 실행시킨다.

그림 8.10 RS-232 프로그램(하이퍼터미널) 실행 화면

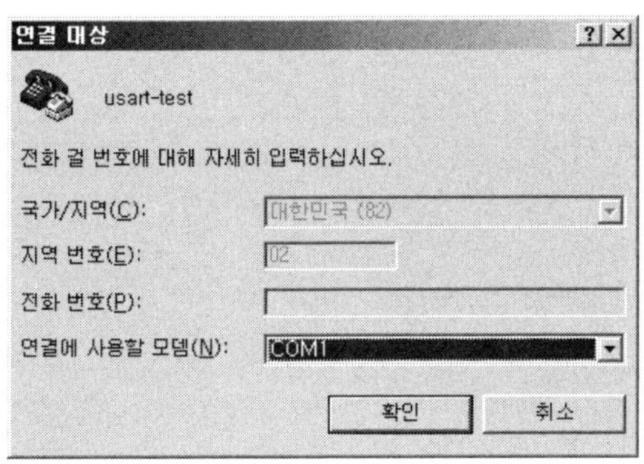

그림 8.11 연결대상 대화창

그림 8.10과 같은 화면에서 “연결설명” 대화창에서 이름을 임의로 정하고(여기서는 usart-test로 정함) “확인”버튼을 누른다. 이어 보이는 그림 8.11의 “연결대상” 대화창에서 “연결에 사용할 모뎀”을 현재 QB-AM162-TK 보드와 연결된 포트를 지정한 후 “확인” 버튼을 누른다.

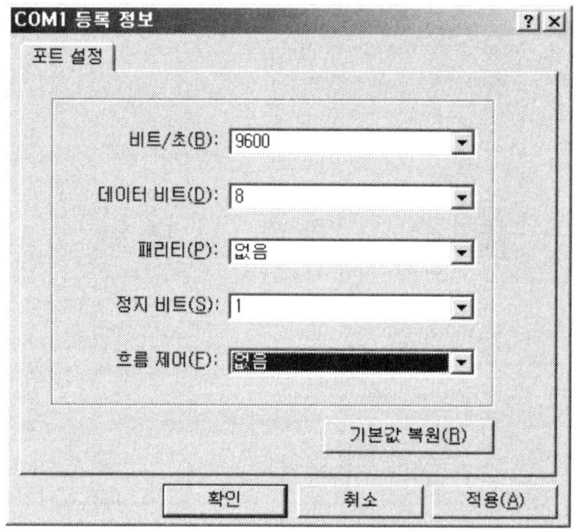

그림 8.12 연결대상 대화창

이제 나타나는 포트설정에서, 앞서 C 소스 코드 작성시 AVR MCU의 직렬통신부 레지스터 설정과 동일한 값으로 각 항목을 설정한다. 여기서는 9600 bps, 8 bit의 데이터 비트, 패리티 없음, 1 정지비트, 흐름제어 없음으로 설정한다. 이와 같이 설정을 완료하여 “확인”을 누르면 모든 준비가 끝났다. 여러분의 PC의 하이퍼 터미널에는 빈공간에 커서만 깜빡일 것이다.

여기서 엔터키를 쳐보면, 그림 8.13에 보인 바와 같이 한줄 아래에 “QB-AM162-TK >”라는 프롬프트가 뜨고 커서가 깜빡일 것이다. 이때 QB-AM162-TK 보드의 LCD에는 현재 PC에서 입력된 키가 엔터키라는 것을 보이는 ASCII 문자코드인 “0x0D”가 디스플레이 된다. 다른 글자를 하나하나 임의로 입력하면서 보드의 LCD에 출력되는 ASCII 문자코드를 관찰하여 보면. 누르는 키에 따라 그 값이 계속 변하는 것을 확인할 수 있을 것이다. 여기서 PC의 화면에 나오는 글자는 AVR MCU에서 수신된 문자를 다시 보내어 표시되는 것임을 알 수 있을 것이다.

그림 8.13 하이퍼터미널 실행화면

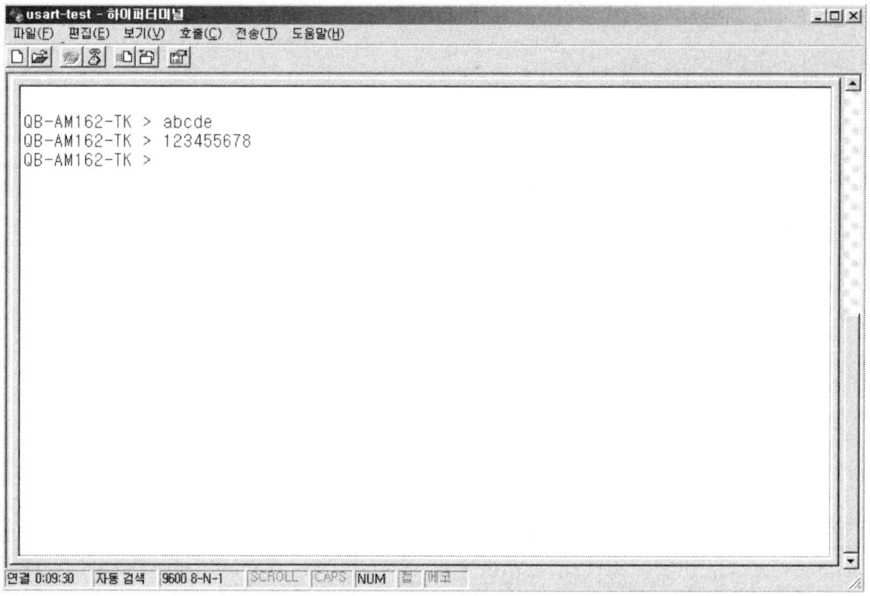

그림 8.14 여러 문자 입력 후 하이퍼터미널 실행화면

9. KEY 입력인식

9.1 KEY 입력 포트 하드웨어 구성

9.1.1 AVR MCU와 입력 KEY의 연결

지금까지는 데이터 출력을 통한 주변장치의 제어를 다루었으나, 이번 장에서는 입력장치의 대표적인 KEY 입력을 인식하는 방법을 다루어 보도록 한다. 그림 9.1에 보이는 바와 같이 QB-AM162-TK 보드에는 총 4개의 스위치가 장착 되어 있으며, 그 이름은 KEY0, KEY1, KEY2, KEY3로 보드상에 명기되어 있다.

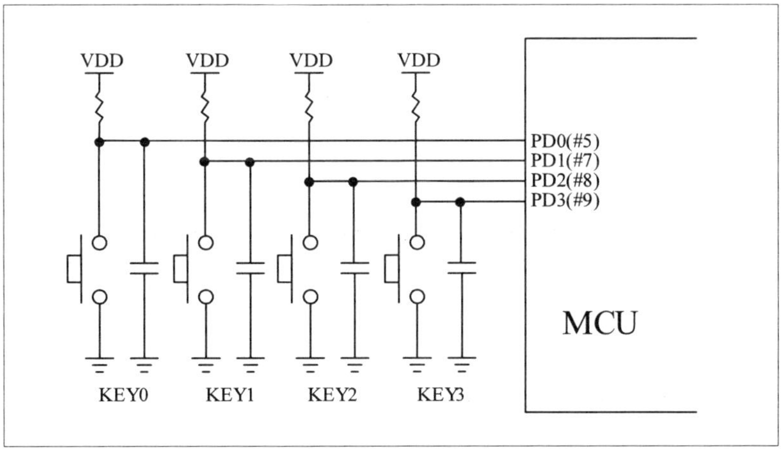

그림 9.1 AVR MCU와 Key 연결도

각 스위치는 MCU의 일반 I/O port(Port D0~D3)에 pull-up되어 연결되어 있으며, 스위치가 눌려지지 않았을 경우에는 논리 '1'의 값을 가지며, 눌려졌을 때는 논리 '0'의 값을 가지게 된다. 따라서 사용자는 프로그램에서 Port D의 레지스터(PIND) 값을 검사하여 Key가 눌려졌는지를 확인할 수 있다. 더불어, Key의 입력을 확인하기 위해, 키의 상태를 나타낼 수 있도록 Bus LED를 이용하도록 한다. Bus LED에 대한 자세한 사항은 본서 4장의 "Bus LED 제어" 자료를 참고하기 바란다.

9.1.2 AVR MCU의 Port D 입출력 기능

AVR MCU에서는 Port A~Port E까지의 35개의 입출력 포트를 가지고 있다. 여기서는 Key 입력을 받아들이기 위해 Key와 연결된 AVR MCU의 Port D(0~3)에 대한 설정 방법을 이해하고자 한다. 다른 모든 입출력 포트도 거의 비슷한 방법으로 설정이 된다. 우선, 그림 9.2에 보이는 DDRD (Port D Data Direction Register) 레지스터는 Port D의 입출력 모드를 설정하는 기능을 가지고 있는데 DDRD 레지스터의 각 비트는 Port D의 해당 포트와 1 : 1로 연동되어 있어서 DDRD의 bit 0을 설정하면 Port D 0의 입출력 모드가 설정되는 형태로 DDRD 레지스터는 읽기와 쓰기가 가능하다. 그리고, 각 비트의 값이 '0'이면 각 포트는 입력 모드이고 각 비트의 값이 '1'이면 각 포트는 출력 모드가 된다. 또한, AVR MCU가 리셋이 되면 DDRD의 모든 비트는 '0'으로 초기화되어 Port D는 입력 모드로 설정되게 된다.

Bit	7	6	5	4	3	2	1	0	
	DDD7	DDD6	DDD5	DDD4	DDD3	DDD2	DDD1	DDD0	DDRD
Read/Write	R/W	R/W	R/W	R/W	R/W	R/W	R/W	R/W	
Initial Value	0	0	0	0	0	0	0	0	

그림 9.2 DDRD (Port D Data Direction Register)

그림 9.3에는 PORTD(Port D Data Register) 레지스터를 보여주고 있는데 PORTD 레지스터도 DDRD 레지스터와 같이 각 비트는 각 포트와 1:1로 연동되어 있고 PORTD 레

지스터도 읽기와 쓰기가 가능하다. DDRD 레지스터의 임의 n번째 비트가 '0'으로 설정되어 입력모드로 세팅되었다면, PORTD 레지스터의 n번째 비트인, bit n은 Port D의 n번째 포트의 "Pull-up"을 활성화 시키는지의 여부를 선택하는 역할을 수행한다. 이때, PORTD 레지스터의 bit n을 '0'으로 설정하면, 내부 "Pull-up"을 사용하지 않도록 설정한 것이며, PORTD 레지스터의 bit n을 '1'로 세팅하면 내부 "Pull-up"을 사용하도록 설정한 것이다.

이제 DDRD 레지스터의 bit n을 '1'로 하여 출력모드로 세팅하였다면, PORTD 레지스터의 bit n은 Port D n번째 포트의 출력 값을 설정하는 레지스터가 된다. 즉, PORTD 레지스터의 n번째 비트가 "0"이면 Port D의 n번째 포트의 출력 값이 "0"이 되고 PORTD 레지스터의 n번째 비트가 "1"이면 Port D의 n번째 포트의 출력 값이 "1"이 된다.

Bit	7	6	5	4	3	2	1	0	
	PORTD7	PORTD6	PORTD5	PORTD4	PORTD3	PORTD2	PORTD1	PORTD0	PORTD
Read/Write	R/W	R/W	R/W	R/W	R/W	R/W	R/W	R/W	
Initial Value	0	0	0	0	0	0	0	0	

그림 9.3 PORTD (Port D Data Register)

그림 9.4에는 PIND (Port D Input Pins Address) 레지스터를 보여주고 있는데 PIND 레지스터도 DDRD 레지스터와 같이 각 비트는 각 포트와 1 : 1로 연동되어 있지만 PIND 레지스터는 읽기만이 가능하다. DDRD 레지스터의 n번째 비트를 "0"으로 세팅하여 입력모드로 설정한 경우, PIND 레지스터의 n번째 비트에는 Port D의 n번째 포트의 입력 값이 저장된다. 그리고, DDRD 레지스터의 n번째 비트를 "1"로 하여 출력모드로 만들면, PIND 레지스터의 n번째 비트는 Port D의 n번째 포트의 출력 값인 PORTD 레지스터의 n번째 비트의 값이 저장된다. 이와 같이 PIND 레지스터는 DDRD 레지스터의 값에 관계없이 핀의 상태를 저장하고 있으므로 이를 참조하면 현재 핀의 상태를 알 수 있다.

Bit	7	6	5	4	3	2	1	0	
	PIND7	PIND6	PIND5	PIND4	PIND3	PIND2	PIND1	PIND0	PIND
Read/Write	R	R	R	R	R	R	R	R	
Initial Value	N/A	N/A	N/A	N/A	N/A	N/A	N/A	N/A	

그림 9.4 PIND (Port D Input Pins Address)

이제 여러분은 AVR MCU의 DDRD, PORTD, PIND 레지스터를 사용하여 Port D 포트와 연결된 Key 입력 값을 받아들여 Key 상태를 파악할 수 있음을 이해할 수 있을 것이다. AVR MCU와 연결된 주변장치의 상태를 파악하는 방법으로는 “external interrupt”와 “polling” 방식이 있는데 “external interrupt” 방식은 외부 인터럽트 기능이 있는 포트를 이용해야 한다. 여기서는 Port D 포트의 입력 기능만을 이용하여 “polling” 방식으로 Key 상태를 파악하는 방법을 설명하도록 한다.

9.2 KEY 입력 인식 프로그램 작성

9.2.1 KEY 입력 인식 C 소스 코드 작성

본 장에서는 QB-AM162-TK 보드의 AVR MCU의 입력 포트를 이용하여 Key 입력상태를 검사하고 해당 Bus LED를 ON 시켜서 해당 Key의 입력상태를 표시하는 프로그램을 설명한다.

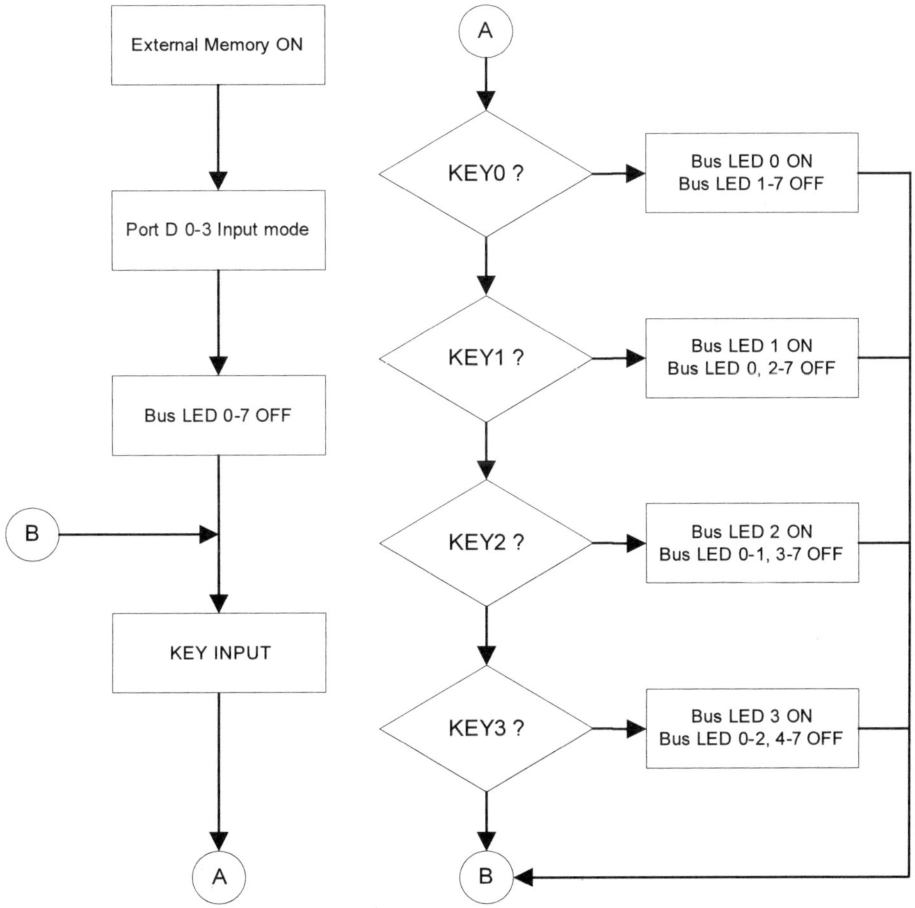

그림 9.5 KEY 입력 인식 프로그램 흐름도

그림 9.5에 AVR MCU에서 Key 입력을 인식 하는 프로그램의 흐름을 도시하였다. 본 장의 예에서는 Key 입력상태를 보여주기 위해 Bus LED를 사용하였으므로, 프로그램 앞단에서 외부 메모리버스에 연결된 Bus LED를 사용할 수 있도록 외부 메모리 버스 기능을 활성화 시킨다. 그 다음으로 Key 입력상태를 받아들이는 Port D 0~3 포트를 입력모드로 설정하고 Bus LED 0~7을 OFF 시켜 초기화한다. Key 입력상태를 PIND 레지스터를 통하여 주기적으로 반복 검사하고, Key의 입력상태에 따라 해당되는 Bus

LED를 ON 시키고 나머지 Bus LED는 OFF 시킨다. 즉, Key0가 눌러지면 Bus LED 0만이 ON 시킨다. 이와 같이 Key 입력상태를 주기적으로 검사하여 키의 입력값을 확인하는 방법을 "polling" 방식이라고 한다.

이제 실제 프로그램으로 들어가 보자. 이제 여러분 모두 눈에 익은 부분에 대한 설명은 건너뛰고, KEY 입력 확인 루틴부터 설명하도록 한다. unsigned char key_input (void) 함수는 Key 입력을 검사하는 함수로서 Key 입력에 변화가 있으면 Key 입력값을 리턴한다. 처음에는 unsigned char key; 부분에서 Key 입력값을 저장하는 변수를 선언하고 key=PIND | 0b11110000; 부분에서 Port D 0~3으로부터 Key 입력값을 읽는다. 여기서 Port D 4~7은 "1"로 설정하는데 이것은 Key가 눌러지면 "0"이 되기 때문에 뒤에서 Key 입력상태를 판단할 때 입력패턴을 쉽게 정의하기 위해서이다. 즉, "Key0"이 눌러지면 "key" 변수값이 "0b11111110"의 형태가 되도록 Port D 4~7의 값을 "1"로 설정하는 것이다.

이제, if(key==0b11111111) 부분에서 "key" 변수값이 "0b11111111"인 경우, 이것은 Key가 눌러지지 않은 것을 의미하므로 "key" 변수값을 리턴하면서 Key 입력검사 함수를 끝낸다. 이때, "key" 변수값은 특별히 의미가 없다. 또한, "key" 변수값이 "0b11111111"가 아닌 경우, 이것은 임의의 Key가 눌려졌다는 것을 의미하므로 while((PIND | 0b11110000) != 0b11111111) 부분을 통해 다시 한 번 Port D 0~3으로부터 Key 입력값을 읽고 Key 입력상태를 검사한다. 이때, Key 입력값이 "0b11111111"가 아니면 아직도 Key가 눌러지고 있다는 것을 의미하므로 1 ms 시간지연 후에 다시 while 반복문에서 Port D 0~3으로부터 Key 입력값을 읽고 Key 입력상태를 검사한다. 여기서, Key 입력값이 "0b11111111"이면 Key가 눌러지지 않았으므로 50 ms 시간지연 후에 "key" 변수값을 리턴하면서 Key 입력검사 함수를 끝낸다. 다시 말해서, 임의의 Key가 눌러지면 1 ms 시간지연 간격으로 Key 입력상태를 검사하고 Key가 눌러지지 않으면 Key 입력상태 정보를 리턴하게 된다. 즉, Key가 눌러진 다음 해제되는 순간에 Key 입력상태가 넘겨지게 된다.

마지막으로, int main(void) 부분이 있는데 C 소스 코드의 처음 실행 부분이다. 모든 C 소스 코드는 main 함수가 있고 이 함수부터 실행이 시작된다. main 함수의 맨 앞부분에 변수들을 정의하는 부분이 있는데 unsigned char key;는 Key 입력상태를 저장하는

변수이다. 다음으로 MCUCR=MCUCR | 0b10000000; 부분은 Bus LED를 사용하기 위해 AVR MCU의 외부 메모리 버스 기능을 ON 시키는 역할을 한다. 그리고, DDRD=DDRD & 0b11110000; 부분은 Key 입력상태를 받아들이는 Port D 0~3 포트를 입력모드로 설정한다. 또한, *((unsigned char *)0x100C)=0b11111111; 부분은 Bus LED 0~7을 모두 OFF 시키는 역할을 수행한다. 여기서, "0x100C"은 Bus LED가 외부 메모리에 연동된 메모리 주소로서 16진수의 형태이므로 숫자값 앞에 "0x"를 포함하고 있다. 또한, "0b11111111"은 각 Bus LED와 연결된 각 비트의 값을 "1"로 설정하는 것인데 이것은 Bus LED를 OFF 시키는 역할을 하는데 각 비트값은 2진수의 형태이므로 숫자 앞에 "0b"를 포함하고 있다.

그 다음으로 while(1) 부분을 통해 무한 반복을 수행하게 된다. 즉, "while" 반복문 안의 내용을 무한 반복하게 된다. key=key_input(); 부분은 Key 입력상태 검사 함수로부터 Port D 0~3으로부터 Key 입력값을 전달받아 "key" 변수에 지정한다. 이때, 앞에서도 말했듯이 임의의 Key가 눌러지고 해제될 때 Key 입력값이 전달된다. 따라서, Key 누르는 것을 해제하는 순간에 뒤에 내용들이 수행되게 되는 것이다. switch(key) 부분에서 "key" 변수를 통해 Key 입력상태를 검사하고 해당되는 "case" 문에서 실행된다. case (0b11111110): 부분은 "Key0"가 눌러지고 해제한 경우에 *((unsigned char *)0x100C)=0b11111110; 부분을 수행하여 Bus LED 0을 ON 시키고 나머지 Bus LED는 모두 OFF 시킨다. 그리고, break; 부분을 통해 "switch" 문을 빠져나간다. 이때, "break" 문이 없으면 뒤에 나오는 "case" 문의 내용도 수행되므로 반드시 각 "case" 문 안에는 "break" 문을 삽입해야 원하는 기능을 수행할 수 있다. 나머지 부분들도 "Key0"와 비슷하게 "Key1"이 눌러지고 해제한 경우에 Bus LED1만이 ON 되고 "Key2"가 눌러지고 해제한 경우에 Bus LED2만이 ON 되고 "Key3"이 눌러지고 해제한 경우에 Bus LED3만이 ON 되도록 "case"문이 작성되어 있다. 마지막으로 default: 부분은 "case" 문에서 정의되지 않은 경우에 수행되는 부분인데 여기서는 "break" 문만을 수행하므로 특별한 일을 수행하지는 않는다. 이제, 다시 "while" 반복문 처음으로 와서 Key 입력상태를 검사하고 해당되는 Key가 눌러지고 해제되면 해당되는 Bus LED를 ON 시키는 동작을 반복 수행한다. 이러한 방법으로 Key 입력상태를 검사하는 것을 "polling" 방식이라고 한다.

프로그램 9.1 〉〉 Key 입력 인식 C 소스 코드

```
#include <avr/io.h>

/* — time delay functions - 1 clock : 1/11.0592MHz = 90.42 ns — */
void delay_us(unsigned char time_us)       // time delay(us)
{
  register unsigned char i;

  for(i = 0; i < time_us; i++)             // 4 cycle +
   {
     asm volatile(" PUSH  R0 ");           // 2 cycle +
     asm volatile(" POP   R0 ");           // 2 cycle +
     asm volatile(" PUSH  R0 ");           // 2 cycle +
     asm volatile(" POP   R0 ");           // 2 cycle
   }
}

void delay_ms(unsigned int time_ms)        // time delay(ms)
{
  register unsigned int i;

  for(i = 0; i < time_ms; i++)
   { delay_us(250);
     delay_us(250);
     delay_us(250);
     delay_us(250);
   }
}

/* — key test — */
unsigned char key_input(void)              // key input - KEY0 ~ KEY3
{
  unsigned char key;

  key = PIND | 0b11110000;
  if(key == 0b11111111)
  {
    return key;
```

```
    }

    while((PIND | 0b11110000) != 0b11111111)
    {
      delay_ms(1);                          // time delay(ms) - 1ms
    }
    delay_ms(50);                           // time delay(ms) - 50ms

    return key;
}

int main(void)                              // Main function
{
    unsigned char key;

    /* — MCUCR(MCU control register) — */
    // SRE(7) : External SRAM/XMEM Enable
    MCUCR = MCUCR | 0b10000000;

    DDRD = DDRD & 0b11110000;               // Port D IO mode : b3-0(in)
    // BLED7-0 off : b7-b0(High)
    *((unsigned char *)0x100C) = 0b11111111;

    while(1)
    {
      key = key_input();                    // key input - KEY0 ~ KEY3
      switch(key)
      {
        case (0b11111110):
          // BLED0 on
          *((unsigned char *)0x100C) = 0b11111110;
          break;
        case (0b11111101):
          // BLED1 on
          *((unsigned char *)0x100C) = 0b11111101;
          break;
        case (0b11111011):
          // BLED2 on
          *((unsigned char *)0x100C) = 0b11111011;
```

```
            break;
          case (0b11110111):
            // BLED3 on
            *((unsigned char *)0x100C) = 0b11110111;
            break;
          default:
            break;
        }
      }
    }
```

지금까지, 작성한 Key 입력 인식 C 소스 코드를 WinAVR의 Programmers Notepad의 "File→Save As…" 메뉴를 통해 "key_test.c" 파일이름으로 저장한다. 저장한 후에는 이전 장에서 사용한 makefile을 복사하여 현재 소스 코드를 저장한 폴더에 넣고, Programmers Notepad의 File메뉴의 "File→Open.." 메뉴를 선택하여 복사한 makefile을 불러온다. 다음으로, 아래에 보인 바와 같이 "TARGET=(파일이름)"이 있는 부분을 찾아 파일이름 부분을 "key_test"로 수정한 후 저장한다.

```
# Target file name (without extension).
TARGET =key_test

# List C source files here. (C dependencies are automatically generated.)
SRC = $(TARGET).c
```

이제 모든 준비가 완료되었다. Programmers Notepad의 "Tools→[WinAVR] Make All" 메뉴를 선택하여 컴파일을 수행하자. 오류가 있다면 수정하고, 오류가 없다면 "Tools→[WinAVR] Program"을 선택하여 QB-AM162-TK 보드에 컴파일된 결과를 다운로드 한다.

동작시 QB-AM162-TK보드의 DIP 스위치의 2번 스위치가 ON 상태에 있는지 확인하고, 만일 off상태라면 on 상태로 전환하여 Bus LED부를 활성화시켜야 한다. 이제 KEY를 눌러보자 KEY0를 누른 후 손을 떼면 BLED0가 점등될 것이다. KEY3을 누른다면, 키에서 손을 뗄 때 BLED0가 소등되고 BLED3이 점등될 것이다.

이로써 여러분은 시스템 설계에서 가장 많이 사용되는 인터페이스인 키로 입력받는 방법을 알게 되었을 것이다.

10. 외부 인터럽트 포트 인식

10.1 외부 인터럽트 포트 하드웨어 구성

10.1.1 AVR MCU와 외부 인터럽트 포트의 연결

앞 장에서 폴링(Polling) 방식으로 KEY 입력을 인식하는 방법을 다루어 보았는데, 이번 장에서는 외부 인터럽트 포트를 이용하여 인터럽트(Interrupt) 방식으로 KEY 입력을 인식하는 방법을 다루어 보도록 한다. 그림 10.1에 보이는 바와 같이 QB-AM162-TK 보드에는 총 4개의 스위치가 장착되어 있으며, 그 이름은 KEY0, KEY1, KEY2, KEY3로 보드상에 명기되어 있다.

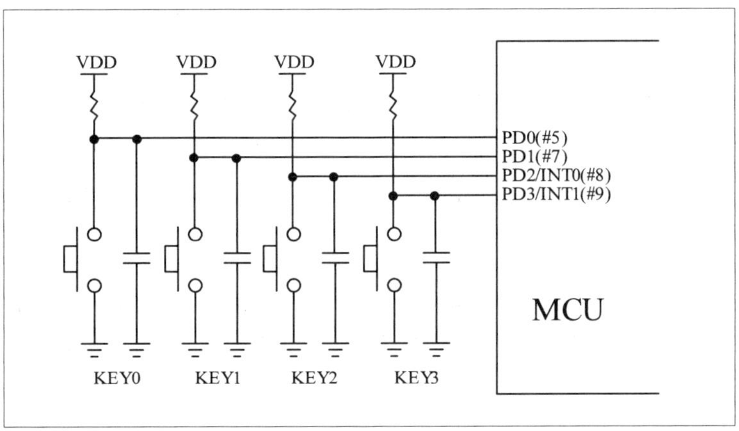

그림 10.1 AVR MCU와 외부 인터럽트 포트 연결도

각 스위치는 MCU의 일반 I/O port(Port D0 ~ D3)에 pull-up되어 연결되어 있으며, 스위치가 눌려지지 않았을 경우에는 논리 '1' 값을 가지며, 눌려졌을 때는 논리 '0'을 가지게 된다. 따라서 사용자는 프로그램에서 Port D의 레지스터(PIND) 값을 검사하여 Key가 눌려졌는지를 확인할 수 있는데, 이것은 앞 장에서 폴링(Polling) 방식으로 KEY 입력을 인식하는 방법이다.

이번 장에서는 스위치와 연결된 MCU의 I/O port(Port D0~D3) 중에서 Port D2(INT0), Port D3(INT1)의 외부 인터럽트 기능을 이용하여 인터럽트 방식으로 KEY2, KEY3 입력을 인식하는 방법을 익힐 것이다. 또한, 앞장에서와 같이, Key의 입력을 확인하기 위해 Key의 상태를 나타낼 수 있도록 Bus LED를 이용하도록 한다. Bus LED에 대한 자세한 사항은 본서 4장의 "Bus LED 제어"를 참고하기 바란다.

10.1.2 AVR MCU의 외부 인터럽트 기능

AVR MCU에서는 INT0, INT1, INT2, PCINT0~7, PCINT8~15의 19개의 외부 인터럽트 포트를 가지고 있다. 여기서 INT0, INT1, INT2는 1개의 포트에 1개의 인터럽트가 할당되지만 PCINT0~7, PCINT8~15는 각 8개의 포트에 1개의 인터럽트가 할당되어 있다. 따라서, AVR MCU에서는 모두 5개의 외부 인터럽트가 가능하다.

여기서는 KEY2와 KEY3의 입력을 받아들이기 위해 Key와 연결된 AVR MCU의 Port D2(INT0)와 Port D3(INT1)의 인터럽트 설정 방법을 이해하고자 한다. 우선 그림 10.2에 보이는 MCUCR (MCU Control Register) 레지스터의 ISC11, ISC10 비트는 Port D3(INT1), ISC01, ISC00 비트는 Port D2(INT0)의 인터럽트 발생 조건을 설정하는 부분이다.

Bit	7	6	5	4	3	2	1	0	
	SRE	**SRW10**	**SE**	**SM1**	**ISC11**	**ISC10**	**ISC01**	**ISC00**	**MCUCR**
Read/Write	R/W	R/W	R/W	R/W	R/W	R/W	R/W	R/W	
Initial Value	0	0	0	0	0	0	0	0	

그림 10.2
MCUCR (MCU Control Register)

표 10.1에 MCUCR 레지스터의 ISC11, ISC10 비트의 설정에 의한 Port D3(INT1)의 인터럽트 발생 조건 내용을 보여주고 있고 표 10.2에 MCUCR 레지스터의 ISC01, ISC00 비트의 설정에 의한 Port D2(INT0)의 인터럽트 발생 조건 내용을 보여주고 있다. MCUCR 레지스터의 ISC11:10=00이면 Port D3(INT1)의 입력이 "0"일 때 INT1 인터럽트가 발생한다. MCUCR 레지스터의 ISC11:10=01이면 Port D3(INT1)의 입력이 "0"에서 "1"로 변하거나(rising edge) "1"에서 "0"으로 변할 때(falling edge) 인터럽트가 발생한다. MCUCR 레지스터의 ISC11:10=10이면 Port D3(INT1)의 입력이 "1"에서 "0"으로 변할 때(falling edge) 인터럽트가 발생한다. MCUCR 레지스터의 ISC11:10=11이면 Port D3(INT1)의 입력이 "0"에서 "1"로 변할 때(rising edge) 인터럽트가 발생한다. 그리고, MCUCR 레지스터의 ISC01:00 비트는 Port D2(INT0)의 입력 변화에 의해서 인터럽트가 발생하는 조건을 설정하는데 ISC10:11 비트와 같은 설정값에 의해서 인터럽트가 발생 조건이 정해진다.

[표 10.1] Interrupt 1 Sense Control

ISC11	ISC10	Description
0	0	The low level of INT1 generates an interrupt request.
0	1	Any logical change on INT1 generates an interrupt request.
1	0	The falling edge of INT1 generates an interrupt request.
1	1	The rising edge of INT1 generates an interrupt request.

[표 10.2] Interrupt 0 Sense Control

ISC01	ISC00	Description
0	0	The low level of INT0 generates an interrupt request.
0	1	Any logical change on INT0 generates an interrupt request.
1	0	The falling edge of INT0 generates an interrupt request.
1	1	The rising edge of INT0 generates an interrupt request.

그림 10.3에는 GICR (General Interrupt Control Register) 레지스터를 보여주고 있다.

INT1=1이면 Port D3(INT1) 입력에 의한 인터럽트를 ON 시키고 INT1=0이면 Port D3(INT1) 입력에 의한 인터럽트를 OFF시킨다. INT0=1이면 Port D2(INT0) 입력에 의한 인터럽트를 ON 시키고 INT0=0이면 Port D2(INT0) 입력에 의한 인터럽트를 OFF 시킨다. 이때, 그림 10.4에 보이는 SREG(Status Register) 레지스터의 Global Interrupt Enable 비트 I=1일 때 AVR MCU의 모든 인터럽트가 ON이 되어 실제로 인터럽트가 발생하게 된다. I=0이면 AVR MCU의 모든 인터럽트가 OFF가 된다. 여기서, 인터럽트를 ON 시킨다는 의미는 인터럽트가 발생했을 때 수행 중이던 부분을 잠시 정지하고 해당 인터럽트 함수로 이동하여 인터럽트 처리 부분을 수행한 후에 다시 이전에 정지했던 부분을 다시 수행하게 하도록 한다는 것을 말한다.

Bit	7	6	5	4	3	2	1	0	
	INT1	INT0	INT2	PCIE1	PCIE0	–	IVSEL	IVCE	GICR
Read/Write	R/W	R/W	R/W	R/W	R/W	R	R/W	R/W	
Initial Value	0	0	0	0	0	0	0	0	

그림 10.3 GICR (General Interrupt Control Register)

Bit	7	6	5	4	3	2	1	0	
	I	T	H	S	V	N	Z	C	SREG
Read/Write	R/W	R/W	R/W	R/W	R/W	R/W	R/W	R/W	
Initial Value	0	0	0	0	0	0	0	0	

그림 10.4 SREG (Status Register)

그림 10.5에는 GIFR (General Interrupt Flag Register) 레지스터를 보여주고 있다. INTF1 비트는 Port D3(INT1) 입력에 의한 인터럽트가 발생했을 때 "1"로 설정되고 해당 인터럽트 함수가 수행되면 "0"으로 설정된다. INTF0 비트는 Port D2(INT0) 입력에 의한 인터럽트가 발생했을 때 "1"로 설정되고 해당 인터럽트 함수가 수행되면 "0"으로 설정된다.

Bit	7	6	5	4	3	2	1	0	
	INTF1	INTF0	INTF2	PCIF1	PCIF0	–	–	–	GIFR
Read/Write	R/W	R/W	R/W	R/W	R/W	R	R	R	
Initial Value	0	0	0	0	0	0	0	0	

그림 10.5 GIFR (General Interrupt Flag Register)

이제 여러분은 AVR MCU의 MCUCR, GICR, SREG, GIFR 레지스터를 사용하여 Port D2(INT0), Port D3(INT1) 포트와 연결된 Key 입력 값을 확인하지 않고 AVR MCU의 외부 인터럽트를 통해 Key 상태를 파악할 수 있음을 이해할 수 있을 것이다. 앞장에서 설명한 "polling" 방식의 Key 입력 인식과 함께 이번 장에서 설명하는 "external interrupt" 방식의 Key 입력 인식 방법도 많이 사용되고 있다.

10.2 외부 인터럽트 포트 인식 프로그램 작성

10.2.1 외부 인터럽트 포트 인식 C 소스 코드 작성

본 장에서는 QB-AM162-TK 보드의 AVR MCU의 외부 인터럽트 포트를 이용하여 Key 입력상태를 검사하고 해당 Bus LED를 ON 시켜서 해당 Key의 입력상태를 표시하는 프로그램을 설명한다.

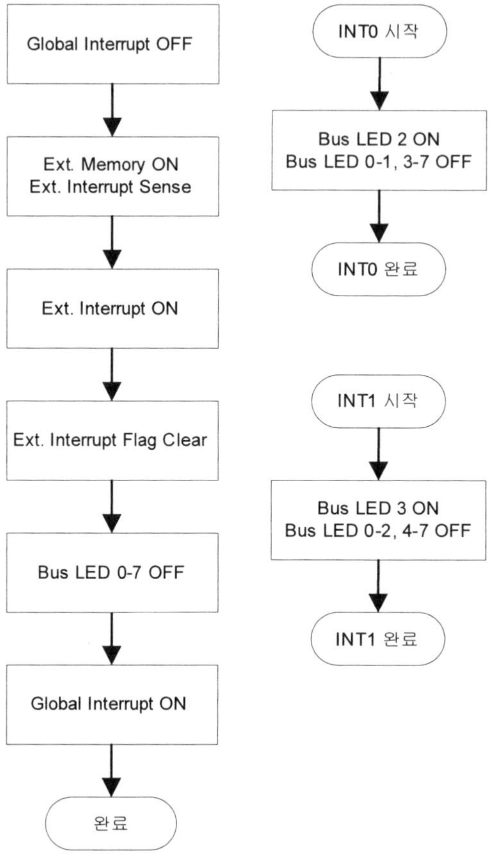

그림 10.6 외부 인터럽트 프로그램 흐름도

그림 10.6에 AVR MCU에서 외부 인터럽트를 통해 Key를 제어하는 프로그램의 흐름을 도시하였다. 본 장의 예에서는 우선, 외부 인터럽트 설정을 위해 Global Interrupt를 OFF 시킨다. Key 입력상태를 보여주기 위해 Bus LED를 사용하였으므로, 프로그램 앞단에서 외부 메모리버스에 연결된 Bus LED를 사용할 수 있도록 외부 메모리 버스 기능을 활성화 시키고 해당 외부 인터럽트 포트의 인터럽트 발생 조건을 설정한다. 그 다음으로 해당 외부 인터럽트 포트의 인터럽트를 활성화시키고 해당 외부 인터럽트 포트의 인터럽트 플래그를 “0”으로 설정한다. Bus LED를 전부 OFF 시킨 후 Global

Interrupt를 ON 시킨다. 이제, KEY2가 눌러지면 INT0 인터럽트 함수가 수행되어 Bus LED2만이 ON이 되고 KEY3가 눌러지면 INT1 인터럽트 함수가 수행되어 Bus LED3만이 ON이 되도록 하는데 이러한 방법을 "external interrupt" 방식이라고 한다.

이제 실제 프로그램으로 들어가 보자. USART 직렬통신을 통한 RS-232 제어를 다루는 8장에서도 인터럽트를 사용하였는데 이 경우에도 인터럽트 처리를 위한 2개의 헤더파일을 추가했다. 여기서도 마찬가지로 인터럽트 처리를 위해 #include <avr/interrupt.h>, #include <avr/signal.h> 에서 2개의 헤더파일을 추가한다.

이제, Port D2(INT0) 포트의 외부 인터럽트 처리를 위한 인터럽트 함수를 SIGNAL (SIG_INTERRUPT0)에서 정의하고 있는데 인터럽트 함수의 내용은 Bus LED2만을 ON 시킨다. 또한, Port D3(INT1) 포트의 외부 인터럽트 처리를 위한 인터럽트 함수를 SIGNAL(SIG_INTERRUPT1) 에서 정의하고 있는데 인터럽트 함수의 내용은 Bus LED3만을 ON 시킨다. 여기서, "0x100C"는 Bus LED에 매핑되어 있는 어드레스로서, 4장에서 이미 설명한 바 있다.

이제, int main(void) 부터 시작되는 메인 함수를 보자. 우선, 외부 인터럽트 설정하는 동안 모든 인터럽트가 발생하지 않도록 하기 위해 SREG 레지스터의 Global Interrupt Enable 비트를 '0'으로 설정하는데 cli(); 함수를 사용한다. 이제, MCUCR |= 0b10001010; 에서 MCUCR 레지스터를 설정하는데 여기서는 외부 메모리 버스 활성화와 Port D3(INT1), Port D2(INT0)의 인터럽트 발생 조건을 정의한다.

먼저, MCUCR 레지스터의 7번째 비트인 SRE=0으로 설정하여 외부 메모리 버스를 활성화시킨다. 그리고, MCUCR 레지스터의 3, 2번째 비트인 ISC11:10=10으로 설정하여 인터럽트 발생 조건을 Port D3(INT1) 입력이 '1'에서 '0'으로 변할 때(falling edge) 인터럽트가 발생하게 한다. 또한, MCUCR 레지스터의 1, 0번째 비트인 ISC01:00=10으로 설정하여 인터럽트 발생 조건을 Port D2(INT0) 입력이 '1'에서 '0'으로 변할 때(falling edge) 인터럽트가 발생하게 한다.

이제, GICR=0b11000000;에서 GICR 레지스터를 설정하는데 Port D3(INT1), Port D2(INT0)의 인터럽트를 활성화시킨다. 먼저, GICR 레지스터의 7번째 비트인 INT1=1로 설정하여 Port D3(INT1) 인터럽트를 활성화 시킨다. 또한, GICR 레지스터의 6번째 비트인 INT0=1로 설정하여 Port D2(INT0) 인터럽트를 활성화 시킨다.

이제, GIFR=0b00000000;에서 GIFR 레지스터를 설정하는데 Port D3(INT1), Port D2(INT0)의 인터럽트 플래그를 초기화시킨다. 먼저, GIFR 레지스터의 7번째 비트인 INTF1=0으로 설정하여 Port D3(INT1) 인터럽트 플래그를 초기화 시킨다. 또한, GIFR 레지스터의 6번째 비트인 INTF0=0으로 설정하여 Port D2(INT0) 인터럽트 플래그를 초기화 시킨다.

이제, *((unsigned char *)0x100C)=0b11111111;에서 Bus LED0~7을 모두 OFF 시킨다. 여기서, "0x100C"는 Bus LED의 어드레스로서 4장에서 다루었던 것이다. 마지막으로, sei(); 함수로 SREG 레지스터의 Global Interrupt Enable 비트를 '1'로 설정하여 모든 인터럽트를 활성화 시킨다.

이 예제에서는 KEY2, KEY3의 입력상태를 검사하는 부분이 없는데 그것은 AVR MCU의 외부 인터럽트 기능을 통해 AVR MCU가 직접 KEY2, KEY3의 입력상태를 검사하여 인터럽트를 발생시키고 해당 인터럽트 처리를 인터럽트 함수를 통해 수행하기 때문이다. 이러한 Key 입력 제어를 "external interrupt" 방식이라고 한다.

프로그램 10.1 〉〉 외부 인터럽트 포트 인식 C 소스 코드

```
#include <avr/io.h>
#include <avr/interrupt.h>
#include <avr/signal.h>

/* Interrupt Service Routine */
SIGNAL(SIG_INTERRUPT0)                          // INT0 interrupt function
{
  *((unsigned char *)0x100C) = 0b11111011;      // BLED2 on
}

SIGNAL(SIG_INTERRUPT1)                          // INT1 interrupt function
{
  *((unsigned char *)0x100C) = 0b11110111;      // BLED3 on
}

int main(void)                                  // Main function
{
  cli();                                        // global interrupt disable
```

```
/* — MCUCR(MCU control register) — */
MCUCR |= 0b10001010;// SRE(7) : External SRAM/XMEM Enable
            // ISC11:10(3,2) - 10 : INT1(Falling edge)
            // ISC01:00(1,0) - 10 : INT0(Falling edge)

GICR = 0b11000000;   // INT1(7) - 1 : INT1 interrupt enable
            // INT0(6) - 1 : INT0 interrupt enable

GIFR = 0b00000000;
            // INTF1(7) - 0 : INT1 interrupt flag clear
            // INTF0(6) - 0 : INT0 interrupt flag clear

*((unsigned char *)0x100C) = 0b11111111;   // BLED7-0 off

sei();      // global interrupt enable

return 0;
}
```

지금까지, 작성한 외부 인터럽트 포트 제어 C 소스 코드를 WinAVR의 Programmers Notepad의 "File→Save As…" 메뉴를 통해 "ext_int_test.c" 파일이름으로 저장한다. 저장한 후에는 이전 장에서 사용한 makefile을 복사하여 현재 소스 코드를 저장한 폴더에 넣고, Programmers Notepad의 File 메뉴의 "File→Open.." 메뉴를 선택하여 복사한 makefile을 불러온다. 다음으로, 아래에 보인 바와 같이 "TARGET=(파일이름)"이 있는 부분을 찾아 파일이름 부분을 "ext_int_test"로 수정한 후 저장한다.

```
# Target file name (without extension).
TARGET =ext_int_test

# List C source files here. (C dependencies are automatically generated.)
SRC = $(TARGET).c
```

이제 모든 준비가 완료되었다. Programmers Notepad의 "Tools→[WinAVR] Make All"

메뉴를 선택하여 컴파일을 수행하자. 오류가 있다면 수정하고, 오류가 없다면 "Tools→[WinAVR] Program"을 선택하여 QB-AM162-TK 보드에 컴파일된 결과를 다운로드 한다.

동작시 QB-AM162-TK보드의 DIP 스위치의 2번 스위치가 on 상태에 있는지 확인하고, 만일 off 상태라면 on 상태로 전환하여 Bus LED부를 활성화시켜야 한다. 이제 KEY를 눌러보자 KEY2를 누르는 순간 BLED2가 점등될 것이다. KEY3을 누른다면, KEY3을 누르는 순간 BLED2가 소등되고 BLED3이 점등될 것이다.

이로써 여러분은 시스템 설계에서 가장 많이 사용되는 인터페이스인 Key로 입력받는 방법 중의 하나인 "external interrupt" 방식을 알게 되었을 것이다.

11. Timer/Counter0 제어

11.1 AVR MCU의 Timer/Counter0 하드웨어 구성

11.1.1 Timer/Counter0 관련 레지스터

지금까지는 AVR MCU와 연결된 주변장치의 제어를 다루었으나 이번에는 AVR MCU의 내부에 구현되어 있는 Timer 기능을 활용하는 방법에 대해 설명하고자 한다. 여기서는 QB-AM162-TK 보드의 AVR MCU의 8비트 타이머/카운터인 Timer/Counter 0를 이용하여 1초의 시간 간격으로 Port B에 연결된 Port LED 0를 점멸하는 프로그램을 설명한다.

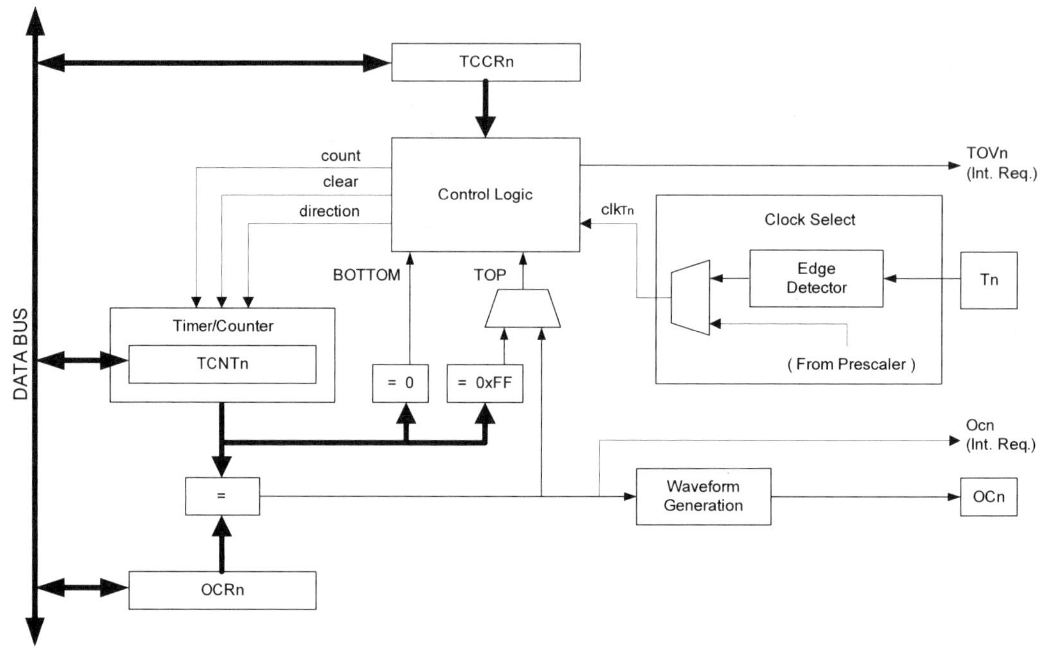

그림 11.1 AVR MCU의 8비트 타이머/카운터 블록도

그림 11.1에 보이는 바와 같이 AVR MCU의 8비트 타이머/카운터는 TCCRn, TCNTn, OCRn 레지스터, TOVn, OCn 인터럽트 신호, Tn 외부 클럭 입력 포트, OCn 외부 파형 출력 포트로 구성되어 있습니다. 여기서, n은 타이머/카운터를 구분하기 위한 번호로 AVR ATmega162 MCU에는 2개의 8비트 타이머/카운터와 2개의 16비트 타이머/카운터가 내장되어 있다. 본장의 예에서는 8비트 타이머/카운터 중에 하나인 Timer/Counter0를 사용하므로, 이러한 경우 n은 0이다.

8비트 Timer/Counter0의 제어는 그림 11.2에서 보이는 TCCR0(Timer/Counter 0 Control Register) 레지스터를 설정함으로써 가능하다. TCCR0 레지스터는 FOC(Force Output Compare), WGM(Waveform Generation Mode), COM(Compare Output Mode), CS(Clock Select) 비트로 구성되어 있다. 여기서, FOC0 비트(7)는 WGM 모드가 PWM 모드가 아닌 경우에 사용이 가능한데 FOC0 비트(7)를 "1"로 설정하면 OC0(PB0, PLED0) 포트에

TCNT0 레지스터와 OCR0 레지스터가 Compare Match 되는 것과 같은 출력 신호를 내보낸다. 이때, COM 모드에 의해 출력신호가 실제로 OC0 포트로 출력되는지의 여부가 결정된다.

Bit	7	6	5	4	3	2	1	0	
	FOC0	WGM00	COM01	COM00	WGM01	CS02	CS01	CS00	TCCR0
Read/Write	W	R/W	R/W	R/W	R/W	R/W	R/W	R/W	
Initial Value	0	0	0	0	0	0	0	0	

그림 11.2 TCCR0 (Timer/Counter 0 Control Register)

표 11.1에는 TCCR0 레지스터에서 WGM01 비트(3), WGM00 비트(6)를 설정함으로써 8비트 타이머/카운터의 WGM 모드를 설정하게 되는데 WGM01:00=00이면 "Normal" 모드로 TCNT0 레지스터의 값이 항상 증가하는 상향 카운터로만 동작하는데 TCNT0 레지스터의 값이 "0x00"에서 시작하여 "0xFF"가 되고 다시 "0x00"으로 최소값으로 설정될 때 Overflow Interrupt(TOV0)가 발생되고 OC0 포트에는 COM 모드에 의한 출력 파형 신호가 발생한다. 여기서, TOP은 TCNT0 레지스터가 해당 WGM 모드에서 최대한 증가되는 값을 의미하고 MAX는 TCNT0 레지스터의 최고값, BOTTOM은 TCNT0 레지스터의 최소값을 의미한다. 따라서, Timer/Counter0의 BOTTOM은 "0x00", MAX는 "0xFF"이고 TOP은 WGM 모드에 따라서 표 11.1에 보이는 바와 같이 된다. 또한, "0xFF"의 "0x"는 뒤의 숫자가 16진수로 표현되는 것을 의미한다. 즉, "0xFF"는 10진수로 "255"가 된다.

TCCR0 레지스터의 WGM01:00=10이면 "CTC(Clear Timer on Compare Match Mode)" 모드로 TCNT0 레지스터의 값이 항상 증가하는 상향 카운터로만 동작하는데 TCNT0 레지스터와 OCR0 레지스터의 값이 일치한 후, TCNT0 레지스터가 "0x00"의 최소값으로 설정될 때 Compare Match Interrupt(OC0)가 발생되고 OC0 포트에는 COM 모드에 의한 출력 파형 신호가 발생한다.

[표 11.1] WGM (Waveform Generation Mode) bit

Mode	WGM01 (CTC0)	WGM00 (PWM0)	Timer/Counter Mode of Operation	TOP	Update of OCR0 at	TOV0 Flag Set on
0	0	0	Normal	0xFF	Immediate	MAX
1	0	1	PWM, Phase Correct	0xFF	TOP	BOTTOM
2	1	0	CTC	OCR0	Immediate	MAX
3	1	1	Fast PWM	0xFF	TOP	MAX

TCCR0 레지스터의 WGM01:00=01이면 "Phase Correct PWM" 모드로 TCNT0 레지스터의 값이 증가하거나 감소하는 상향 및 하향 카운터로 동작하는데 TCNT0 레지스터가 증가하는 구간에서 TCNT0 레지스터와 OCR0 레지스터의 값이 일치한 후, TCNT0 레지스터가 1만큼 증가할 때 Compare Match Interrupt(OC0)가 발생되고 OC0 포트에는 COM 모드에 의한 출력 파형 신호가 발생한다. 또한, 반대로 TCNT0 레지스터가 감소하는 구간에서 TCNT0 레지스터와 OCR0 레지스터의 값이 일치한 후, TCNT0 레지스터가 1만큼 감소할 때 Compare Match Interrupt(OC0)가 발생되고 OC0 포트에는 TCNT0 레지스터가 증가하는 구간과 반대되는 출력 파형 신호가 발생한다. 즉, TCNT0 레지스터가 증가하는 구간에서 OC0 포트의 출력 파형 신호가 "0"이면 TCNT0 레지스터가 감소하는 구간에서 OC0 포트의 출력 파형 신호는 "1"이 되는 것이다. 이것은 COM 모드에 의해서 반대로 설정할 수 있다.

TCCR0 레지스터의 WGM01:00=11이면 "Fast PWM" 모드로 TCNT0 레지스터의 값이 증가하는 상향 카운터로만 동작하는데 TCNT0 레지스터가 "0xFF"에서 "0x00"이 될 때 Overflow Interrupt(TOV0)가 발생되고 OC0 포트에는 COM 모드에 의한 출력 파형 신호가 발생한다. 또한, TCNT0 레지스터가 증가하는 구간에서 TCNT0 레지스터와 OCR0 레지스터의 값이 일치한 후, TCNT0 레지스터가 1만큼 증가할 때 Compare Match Interrupt(OC0)가 발생되고 OC0 포트에는 Overflow Interrupt(TOV0)가 발생시와는 반대되는 출력 파형 신호가 발생한다. 즉, Overflow Interrupt(TOV0)에서 OC0 포트의 출력 파형 신호가 "0"이면 Compare Match Interrupt(OC0)에서 OC0 포트의 출력 파형 신호는 "1"이 되는 것이다. 이것은 COM 모드에 의해서 반대로 설정할 수 있다.

표 11.2, 11.3, 11.4에는 TCCR0 레지스터의 각각의 WGM 모드에서 COM 모드에 의

한 OC0 포트의 값의 변화를 보여주고 있다. 우선, 표 11.2에는 WGM 모드가 non-PWM 모드인 경우에 COM 모드에 따른 OC0 포트의 출력을 나타내었다. TCCR0 레지스터의 COM01:00=00이면 OC0 포트는 일반 입출력 포트인 PB0 포트로 동작한다. 그리고 COM01:00=01일 때 Compare Match가 발생하면 OC0 포트의 출력 파형 신호를 반전(toggle) 시킨다. 또한 COM01:00=10일 때 Compare Match가 발생하면 OC0 포트의 출력이 '0'이 된다. 마지막으로 COM01:00=11일 때 Compare Match가 발생하면 OC0 포트의 출력이 '1'이 된다. 여기서, Compare Match라는 것은 TCNT0 레지스터와 OCR0 레지스터의 값이 일치하는 경우를 말하는 것이다.

[표 11.2] non-PWM mode에서의 COM (Compare Output Mode) bit

COM01	COM00	Description
0	0	Normal port operation, OC0 disconnected.
0	1	Toggle OC0 on Compare Match.
1	0	Clear OC0 on Compare Match.
1	1	Set OC0 on Compare Match.

다음으로 표 11.3에는 WGM 모드가 fast PWM 모드인 경우에 COM 모드에 따른 OC0 포트의 출력을 보였다. TCCR0 레지스터의 COM01:00=00이면 OC0 포트는 일반 입출력 포트인 PB0 포트로 동작한다. 그리고 COM01:00=01인 경우는 현재 사용되지 않는다. 또한 COM01:00=10일 때 Compare Match가 발생하면 OC0 포트의 출력이 '0'이 되고, TCNT0 레지스터가 TOP(0xFF)이면 OC0 포트의 출력이 '1'이 된다. 마지막으로 COM01:00=11일 때 Compare Match가 발생하면 OC0 포트의 출력이 '1'이 되고, TCNT0 레지스터가 TOP(0xFF)이면 OC0 포트의 출력은 '0'이 된다.

[표 11.3] fast PWM mode에서의 COM (Compare Output Mode) bit

COM01	COM00	Description
0	0	Normal port operation, OC0 disconnected.
0	1	Reserved
1	0	Clear OC0 on Compare Match, set OC0 at TOP.
1	1	Set OC0 on Compare Match, clear OC0 at TOP.

마지막으로 표 11.4에는 WGM 모드가 Phase Correct PWM 모드인 경우에 COM 모드에 따른 OC0 포트의 출력을 보였다. 이 모드에서는 TCCR0 레지스터의 COM01:00=00이면 OC0 포트는 일반 입출력 포트인 PB0 포트로 동작한다. 그리고 COM01:00=01인 경우는 현재 사용되지 않으며, COM01:00=10일 때 TCNT0 레지스터가 증가하는 구간에서 Compare Match가 발생하면 OC0 포트의 출력이 '0'이 되고, TCNT0 레지스터가 감소하는 구간에서 Compare Match가 발생하면 OC0 포트의 출력이 '1'이 된다. 마지막으로 COM01:00=11일 때 TCNT0 레지스터가 증가하는 구간에서 Compare Match가 발생하면 OC0 포트의 출력 파형 신호를 "1"로 설정하고 TCNT0 레지스터가 감소하는 구간에서 Compare Match가 발생하면 OC0 포트의 출력 파형 신호를 "0"으로 설정한다.

[표 11.4] Phase Correct PWM mode에서의 COM bit

COM01	COM00	Description
0	0	Normal port operation, OC0 disconnected.
0	1	Reserved
1	0	Clear OC0 on Compare Match when up-counting. Set OC0 on Compare Match when down-counting.
1	1	Set OC0 on Compare Match when up-counting. Clear OC0 on Compare Match when down-counting.

표 11.5에는 TCCR0 레지스터의 CS 비트로 Timer/Counter0에 공급되는 클럭 분주를 설정하는 것을 보여주고 있다. CS02:01:00=000일 때 클럭 소스 공급이 중단되어 Timer/Counter0는 정지하게 된다. CS02:01:00=001에서 101 사이에서는 해당하는 클럭

분주의 클럭 소스가 공급된다. CS02:01:00=110에서 111 사이에서는 T0 포트로부터 입력되는 외부 클럭 소스의 하강에지(falling edge) 또는 상승에지(rising edge)를 검출하여 클럭 소스로 사용된다.

[표 11.5] CS (Clock Select) bit

CS02	CS01	CS00	Description
0	0	0	No clock source (Timer/Counter stopped).
0	0	1	$clk_{I/O}$/(No prescaling)
0	1	0	$clk_{I/O}$/8 (From prescaler)
0	1	1	$clk_{I/O}$/64 (From prescaler)
1	0	0	$clk_{I/O}$/256 (From prescaler)
1	0	1	$clk_{I/O}$/1024 (From prescaler)
1	1	0	External clock source on T0 pin. Clock on falling edge.
1	1	1	External clock source on T0 pin. Clock on rising edge.

그림 11.3에는 TCNT0 레지스터가 보이는데 Timer/Counter0의 카운터 값이 설정되거나 읽을 수 있고 클럭 소스에 의하여 카운터 값이 증가하거나 감소하게 된다. 그림 11.4에는 OCR0 레지스터가 보이는데 TCCR0 레지스터의 WGM 비트에 의해 정해진 WGM 모드 중에서 "Normal" 모드를 제외한 경우에 TCNT0 레지스터와 OCR0 레지스터를 비교할 때 사용되는 레지스터로서 Compare Match를 판단하는데 사용된다. 역시, OCR0 레지스터도 쓰거나 읽기가 가능하다.

Bit	7	6	5	4	3	2	1	0	
	TCNT0[7:0]								TCNT0
Read/Write	R/W	R/W	R/W	R/W	R/W	R/W	R/W	R/W	
Initial Value	0	0	0	0	0	0	0	0	

그림 11.3 TCNT0 (Timer/Counter 0 Register)

Bit	7	6	5	4	3	2	1	0	
	OCR0[7:0]								OCR0
Read/Write	R/W	R/W	R/W	R/W	R/W	R/W	R/W	R/W	
Initial Value	0	0	0	0	0	0	0	0	

그림 11.4 OCR0(Output Compare 0 Reigster)

그림 11.5에는 TIMSK 레지스터를 보여주고 있는데 4개의 타이머/카운터에 대한 Overflow Interrupt와 Compare Match Interrupt에 대한 활성화 여부를 설정하는 역할을 한다. 여기서, Timer/Counter0에 대한 것으로 TOIE0 비트(1)가 Overflow Interrupt이고 OCIE0 비트(0)가 Compare Match Interrupt에 해당한다. 따라서, 각각의 Interrupt를 발생하고자 한다면 해당 Interrupt 비트를 '1'로 설정해주면 되고 각각의 Interrupt를 발생하지 않으려면 해당 Interrupt 비트를 '0'으로 설정한다.

Bit	7	6	5	4	3	2	1	0	
	TOIE1	OCIE1A	OCIE1B	OCIE2	TICIE1	TOIE2	TOIE0	OCIE0	TIMSK
Read/Write	R/W	R/W	R/W	R/W	R/W	R/W	R/W	R/W	
Initial Value	0	0	0	0	0	0	0	0	

그림 11.5 TIMSK (Timer/Counter Interrupt Mask Register)

그림 11.6에는 TIFR 레지스터를 보여주고 있는데 4개의 타이머/카운터에 대한 Overflow Interrupt와 Compare Match Interrupt에 대한 발생 여부를 Flag 비트 형태로 알려준다. 여기서, Timer/Counter0에 대한 것으로 TOV0 비트(1)가 Overflow Interrupt이고 OCF0 비트(0)가 Compare Match Interrupt에 해당한다. 따라서, 각각의 Interrupt가 발생하면 해당 Interrupt 비트가 "1"로 설정되고 각각의 Interrupt를 발생하지 않으면 해당 Interrupt 비트는 "0"으로 설정되어 있다.

Bit	7	6	5	4	3	2	1	0	
	TOV1	OCF1A	OCF1B	OCF2	ICF1	TOV2	TOV0	OCF0	TIFR
Read/Write	R/W	R/W	R/W	R/W	R/W	R/W	R/W	R/W	
Initial Value	0	0	0	0	0	0	0	0	

그림 11.6 TIFR (Timer/Counter Interrupt Flag Register)

11.1.2 Timer/Counter0 관련 레지스터 설정

그림 11.7에는 TCCR0 레지스터의 WGM01:00=10으로 하여 WGM 모드를 CTC 모드로 설정하고 COM01:00=01로 하여 Compare Match에서 OC0 포트의 출력 파형이 반전(toggle)되게 한 경우에 타이밍 다이어그램을 보여주고 있다. 여기서는 OCR0 레지스터의 값을 변경함으로써 OC0 포트의 주기가 변동되는 것을 볼 수가 있다.

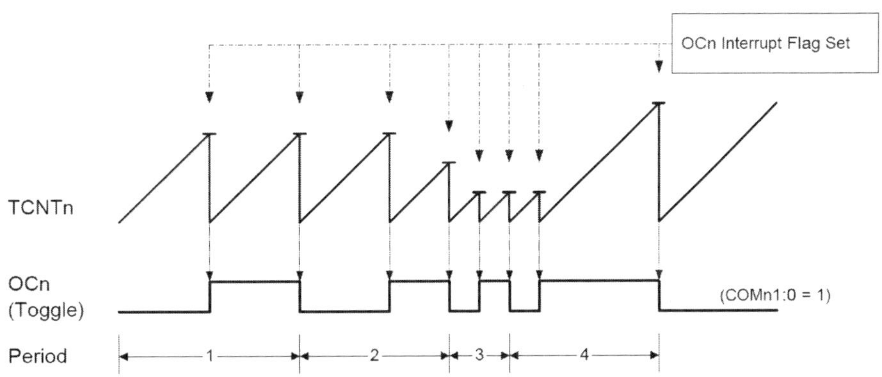

그림 11.7 CTC mode, 타이밍 다이어그램

식 11.1에는 Timer/Counter0에 공급되는 클럭 소스($f_{clk\_I/O}$), TCCR0 레지스터의 CS 비트에 의한 클럭 분주비(N) 및 OCR0 레지스터에 의해 발생되는 OC0 포트의 출력 파형에 대한 주파수를 구하는 공식을 보여주고 있다.

$$f_{OCn} = \frac{f_{clk\_I/O}}{2 \cdot N \cdot (1 + OCRn)} \quad (11.1)$$

지금까지, Timer/Counter0 관련 레지스터, 포트, 인터럽트 등을 설명하였고 이러한 것들을 이용하여 1초 간격으로 Port LED 0가 ON/OFF 되도록 하는 예제를 작성하고자 한다. QB-MCU100 스타터 키트의 메인클럭은 11.0592 MHz이다. 이것을 Timer/Counter0의 클럭으로 그대로 사용한다면, 최대 256까지의 카운트가 가능한, Timer/Counter0의 카운터인 8비트 TCNT0 레지스터를 사용하여 1초를 추출하는 것은 그리 합리적인 방법이 아닐 것이다.

그렇다면 편의를 위하여 메인클럭을 1024로 분주하여 Timer/Counter0의 클럭으로 사용하여 보자. 그렇다면 $11.0592 \times 10^6 / 1024 = 10800$번을 세면 1초가 되는 클럭이 Timer/Counter0의 클럭으로 사용된 것이다. 여기서 그림 11.7을 참조하면, TCNT0의 값이 올라가다가 OCR0에 저장된 값과 같을 때, TCNT0 값이 0으로 떨어지면서 Compare match interrupt가 발생함을 알 수 있다. 따라서 OCR0의 값을 적절히 설정하여 Compare match interrupt가 적절한 주기로 발생하게 만들 수 있을 것이다. 이제 OCR0의 값을 10진수로 107로 선택하여 보자. TCN0 값은 1초/10800회의 주기로 0부터 107까지 증가한 후 다시 0으로 떨어지고, 또 107까지 증가하는 것을 반복하게 될 것이다. 이는 전체적으로 TCN0가 0에서 107까지 증가하였다가 다시 0으로 되는 주기가

$$\frac{1\,\text{sec}}{10{,}800\,\text{count}} \times (107+1)\,\text{count} = \frac{1}{100}\,\text{sec} \quad (11.2)$$

라는 의미가 된다. 이 주기는 바로 Compare match interrupt의 발생주기인 것이다. 이제 1초를 세기 위한 마지막 과정만 남았다. 이러한 Compare Match Interrupt를 100번 카운트하면 비로소 1초의 시간 간격을 만들 수 있게 되고 이때, Port LED 0의 ON/OFF 상태를 반전시킨다면 1초마다 점멸되는 LED를 볼 수 있게 되는 것이다. 이와 같이 타이머/카운터를 이용하여 일정한 시간 간격을 만들 수 있는데, 명령 사이클 수를 이용한 시간 지연 함수와는 달리 정확도가 높은 시간 간격을 생성할 수 있다.

11.2 Timer/Counter0 제어 프로그램 작성

11.2.1 Timer/Counter0 제어 C 소스 코드 작성

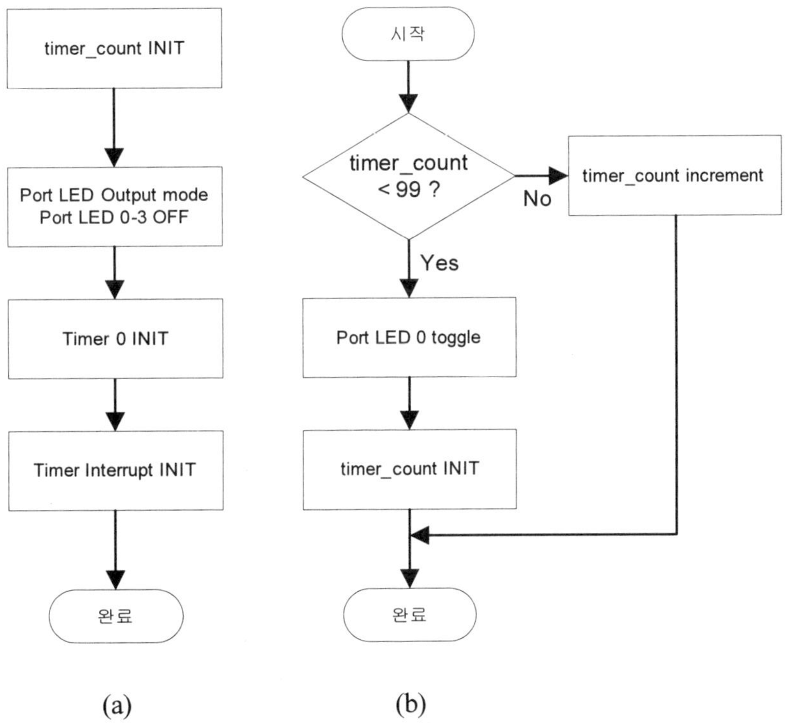

그림 11.8 (a) 메인 함수 (b) Compare Match Interrupt 함수 흐름도

그림 11.8에서는 AVR MCU에서 Timer를 제어하는 프로그램의 흐름도를 보여주고 있다. 그림 11.8 (a)는 메인 함수의 흐름도로 전역변수인 “timer_count”를 “0”으로 초기화 한다. 여기서, “timer_count” 변수는 Timer/Counter0의 Compare Match Interrupt의 카운트 개수를 저장하고 있다. 그 다음으로 Port LED와 연결된 Port B 0~3을 출력모드로 설정하고 Port LED 0~3에 “1”을 설정하여 해당 LED를 OFF 시킨다. Timer/Counter0 관련 레

지스터를 이용하여 WGM 모드는 CTC, COM 모드는 OC0 일반 입출력 포트, 최대 카운트 값 등을 설정한다. 그리고, Timer/Counter0의 Compare Match Interrupt를 활성화 시킨다. 이것으로 Timer/Counter0는 10 ms마다 Compare Match Interrupt가 발생하게 된다. 그림 11.8(b)는 Timer/Counter0의 Compare Match Interrupt 함수의 흐름도로 Compare Match Interrupt가 발생하면 실행된다. 처음에는 "timer_count" 변수를 검사하여 99보다 작으면 "timer_count" 변수를 1만큼 증가시키고 종료하고 99보다 같거나 크면 Port LED 0의 상태를 반전시키고 "timer_count" 변수를 "0"으로 초기화 시키면서 종료한다. 따라서, 이 예제는 "timer_count" 변수와 Timer/Counter0의 Compare Match Interrupt를 통하여 10 ms 시간 간격이 100번 발생함으로써 1초의 시간 간격이 생기고 이때, Port LED 0의 상태를 반전시키게 되어 1초 시간 간격으로 Port LED 0가 ON/OFF를 반복하게 하는 프로그램이다.

Timer 제어 C 소스 코드를 살펴보면 우선 #include <avr/io.h>라는 부분이 있는데 이것은 WinAVR에 설치하면 생성되는 AVR MCU 입출력 관련 헤더 파일을 C 소스 코드의 맨 앞부분에 포함시킨다는 전처리기 구문이다. 또한, #include <avr/interrupt.h>와 #include <avr/signal.h>라는 부분이 있는데 이것은 AVR MCU의 인터럽트 관련 헤더 파일을 C 소스 코드의 맨 앞부분에 포함시키는 전처리기 구문이다. 그 다음으로 보이는 "#define" 문들은 Port LED의 입출력 모드와 해당 포트의 값을 설정하는 문자열 상수이다. 또한, Timer/Counter0와 관련된 레지스터에 대한 문자열 상수도 있다. 여러 번 강조하였지만, 이와 같이 문자열 상수를 정의해 두면 프로그램 가독성이 높아져 프로그램 소스 코드 관리가 쉬워진다는 사실을 기억하도록 한다.

문자열 상수 다음으로 unsigned int timer_count; 부분이 있는데 이것은 앞 절에서도 설명하였듯이 Timer/Counter0의 Compare Match Interrupt의 카운트 수를 저장하는 전역변수를 선언하는 것이다.

그 다음은 SIGNAL(SIG_OUTPUT_COMPARE0) 부분인데 이것은 Timer/Counter0의 Compare Match Interrupt 함수를 정의하는 것으로 Timer/Counter0의 Compare Match Interrupt가 발생하면 이 함수가 실행된다. if(timer_count < 99) 부분에서 "timer_count" 전역 변수의 값이 "99"보다 작은지를 검사하는 것으로 99보다 작으면 timer_count++; 부분이 실행되어 "timer_count" 전역 변수의 값이 1만큼 증가하고 함수를 종료하고 99보다

크거나 같으면 PORTB=PORTB ^ 0b00000001; 부분과 timer_count=0; 부분을 통해 Port LED 0의 상태를 반전시키고 "timer_count" 전역 변수의 값을 "0"으로 초기화시킨 후, 종료한다. 여기서 "PORTB ^ 0b00000001"는 XOR(exclusive or) 연산을 수행하는 것인데 비트 값이 "0"인 부분은 이전의 값을 유지하고 비트 값이 "1" 부분은 이전의 값을 반전시킨다. 따라서, 0번째 비트를 반전시키므로 Port LED 0의 상태를 반전시키게 되는 것이다. 이것은, Timer/Counter0의 Compare Match Interrupt가 10 ms마다 발생하고 "timer_count"가 100이 될 때 Port LED 0의 상태를 반전시키므로 1초 시간 간격으로 Port LED 0의 상태를 반전시키는 결과를 가져온다. 이와 같이, Timer/Counter0의 Compare Match Interrupt와 "timer_count" 전역 변수 등을 이용하여 다양한 시간 간격을 만들 수가 있다.

마지막으로, int main(void) 함수에서 가장 위에 timer_count=0; 부분이 있는데 "timer_count" 전역 변수를 "0"으로 초기화시킨다. 그 다음에는 DDRB 레지스터를 통해 Port B 0~3 포트를 출력 모드로 설정하고 PORTB 레지스터를 통해 Port B 0~3 포트의 상태를 "1"로 설정하여 Port LED 0~3을 OFF시킨다.

이제부터는 Timer/Counter0 관련 레지스터들을 설정하게 되는데 우선, cli(); 부분에 있는 함수로 전역 인터럽트를 해제시킨다. TCCR0 레지스터는 앞에서 정의한 문자열 상수를 이용하여 WGM 모드는 CTC, COM 모드는 OC0(Port B0, Port LED0) 포트를 일반 입출력 포트로 설정하고 클럭 분주비는 f/1024(11.0592 MHz/1024)로 설정한다. 여기서 f는 Timer/Counter0의 클럭 소스로 AVR MCU 메인 클럭이 된다. 또한, OCR0 레지스터를 "108−1", 즉 "107"로 설정하는데 이것은 TCNT0 레지스터가 OCR0 레지스터와 같게 되고 다시 TCNT0 레지스터가 "0"이 되는 순간에 Timer/Counter0의 Compare Match Interrupt가 발생함으로 실제로는 108번의 카운트마다 인터럽트가 발생되게 하려면 실제로는 원하는 카운트에서 1만큼 줄인 카운트 값을 OCR0 레지스터에 설정해 주어야 하므로 주의하기 바란다.

다음으로 Timer/Counter0의 Compare Match Interrupt를 활성화시키기 위해 TIMSK 레지스터를 앞에서 정의한 문자열 상수로 설정한다. TIFR 레지스터는 모든 타이머/카운터 관련 Interrupt Flag가 설정되는 곳으로 "0x00"으로 설정하여 모든 Interrupt Flag를 초기화시킨다. 이제, sei(); 부분의 함수를 통해 전역 인터럽트를 활성화시켜 최종적으로 Timer/Counter0의 Compare Match Interrupt를 활성화시킨다. 그 다음에 있는 return 0; 부분은 main 함수의 리턴 값이 필요하므로 임의의 "0"을 설정하는 것으로 특별한 의미는 없다.

프로그램 11.1 〉〉 Timer/Counter0 제어 C 소스 코드

```
#include <avr/io.h>
#include <avr/interrupt.h>
#include <avr/signal.h>

/* — MCU I/O part — */
/* MCU I/O mode */
#define  MCU_IO_MODE_PORT_LED     0b00001111 // Port LED IO mode

/* MCU I/O bit position */
#define  MCU_IO_PORT_LED_0_OFF    0b00000001 // Port LED 0 OFF : PB0
#define MCU_IO_PORT_LED_1_OFF     0b00000010 // Port LED 1 OFF : PB1
#define MCU_IO_PORT_LED_2_OFF     0b00000100 // Port LED 2 OFF : PB2
#define MCU_IO_PORT_LED_3_OFF     0b00001000 // Port LED 3 OFF : PB3

/* — TCCR0(timer/counter 0 control register) — */
/* force output compare - FOC0(7) */
#define TCCR0_FOC                 0b10000000 // TCCR0 FOC0(7) - 1

/* waveform generation mode - WGM01(3), WGM00(6) */
#define TCCR0_WGM_NORMAL          0b00000000 // WGM : Normal
// WGM : Phase Correct PWM
#define TCCR0_WGM_PCPWM           0b01000000
#define TCCR0_WGM_CTC             0b00001000 // WGM : CTC
#define TCCR0_WGM_FPWM            0b01001000 // WGM : Fast PWM

/* compare match output mode - COM01(5), COM00(4) */
/* WGM - Normal(0,0) or CTC(1,0) */
#define TCCR0_COM_NC_GIO          0b00000000 // COM : I/O bit
#define TCCR0_COM_NC_TOGGLE       0b00010000 // COM : toggle bit
#define TCCR0_COM_NC_CLEAR        0b00100000 // COM : clear bit
#define TCCR0_COM_NC_SET          0b00110000 // COM : set bit

/* compare match output mode - COM01(5), COM00(4) */
```

```
/* WGM - Fast PWM(1,1) */
#define TCCR0_COM_FPWM_GIO        0b00000000 // COM : I/O bit
#define TCCR0_COM_FPWM_RESERVE    0b00010000 // COM : reserved
// COM : compare 0, top 1
#define TCCR0_COM_FPWM_CLTH       0b00100000
// COM: compare 1, top 0
#define TCCR0_COM_FPWM_CHTL       0b00110000

/* compare match output mode - COM01(5), COM00(4) */
/* WGM - Phase Correct PWM(0,1) */
#define TCCR0_COM_PCPWM_GIO       0b00000000 // COM : I/O bit
#define TCCR0_COM_PCPWM_RESERVE   0b00010000 // COM : reserved
#define TCCR0_COM_PCPWM_ULDH      0b00100000 // COM : up 0, down 1
#define TCCR0_COM_PCPWM_UHDL      0b00110000 // COM : up 1, down 0

/* clock select - CS02(2), CS01(1), CS00(0) */
#define TCCR0_CS_STOP             0b00000000 // CS : stop
#define TCCR0_CS_1                0b00000001 // CS : CLK / 1
#define TCCR0_CS_8                0b00000010 // CS : CLK / 8
#define TCCR0_CS_64               0b00000011 // CS : CLK / 64
#define TCCR0_CS_256              0b00000100 // CS : CLK / 256
#define TCCR0_CS_1024             0b00000101 // CS : CLK / 1024
// CS : T0 falling edge
#define TCCR0_CS_TF               0b00000110
// CS : T0 rising edge
#define TCCR0_CS_TR               0b00000111
#define TCCR0_CS_MASK             TCCR0_CS_TR   // CS : mask

/* — TIMSK(timer/counter interrupt mask register) — */
#define TIMSK_OCIE0               0b00000001   // OCIE0
#define TIMSK_TOIE0               0b00000010   // TOIE0
#define TIMSK_TOIE2               0b00000100   // TOIE2
#define TIMSK_TICIE1              0b00001000   // TICIE1
#define TIMSK_OCIE2               0b00010000   // OCIE2
#define TIMSK_OCIE1B              0b00100000   // OCIE1B
#define TIMSK_OCIE1A              0b01000000   // OCIE1A
#define TIMSK_TOIE1               0b10000000   // TOIE1

/* — TIFR(timer/counter interrupt flag register) — */
```

```
#define TIFR_OCF0                          0b00000001    // OCF0
#define TIFR_TOV0                          0b00000010    // TOV0
#define TIFR_TOV2                          0b00000100    // TOV2
#define TIFR_ICF1                          0b00001000    // ICF1
#define TIFR_OCF2                          0b00010000    // OCF2
#define TIFR_OCF1B                         0b00100000    // OCF1B
#define TIFR_OCF1A                         0b01000000    // OCF1A
#define TIFR_TOV1                          0b10000000    // TOV1

/* Global variable */
unsigned int timer_count;              // timer count

/* Interrupt Service Routine */
SIGNAL(SIG_OUTPUT_COMPARE0)            // Timer/Counter0 Compare Match interrupt
{
  if(timer_count < 99)                 // timer_count < 99
  {
    timer_count++;                     // increase the timer count
  }
  else
  // timer_count = 100 <- 100 x 108 x 1024 = 11059200 count(1 sec)
  {
    PORTB = PORTB ^ 0b00000001;        // invert the status of LED0
    timer_count = 0;                   // initialize the timer count
  }
}

int main(void)                         // Main function
{
  timer_count = 0;                     // initialize the timer count

  /* intialize Port B */
  DDRB = MCU_IO_MODE_PORT_LED;         // set the IO mode of Port B
  // set off status of LED 0-3
  PORTB = MCU_IO_PORT_LED_0_OFF | MCU_IO_PORT_LED_1_OFF | \
          MCU_IO_PORT_LED_2_OFF | MCU_IO_PORT_LED_3_OFF;

  /* initialize Timer/Counter 0 */
  cli();                               // global interrupt disable
```

```
   // TCCR0 : CTC mode, OC0 General IO, f/1024(11.0592MHz/1024)
   TCCR0 = TCCR0_WGM_CTC | TCCR0_COM_NC_GIO | TCCR0_CS_1024;
   OCR0 = 108 - 1;                    // 108 count(0 - 107 - 0)
   TCNT0 = 0x00;

   TIMSK = TIMSK_OCIE0;
   TIFR = 0x00;

   sei();                             // global interrupt enable

   return 0;
}
```

지금까지, 작성한 Timer0 제어 C 소스 코드를 WinAVR의 Programmers Notepad의 "File →Save As…" 메뉴를 통해 "timer_test.c" 파일이름으로 저장한다. 저장한 후에는 이전 장에서 사용한 makefile을 복사하여 현재 소스 코드를 저장한 폴더에 넣고, Programmers Notepad의 File 메뉴의 "File→Open.." 메뉴를 선택하여 복사한 makefile을 불러온다. 다음으로, 아래에 보인바와 같이 "TARGET=(파일이름)"이 있는 부분을 찾아 파일이름 부분을 "timer_test"로 수정한 후 저장한다.

```
# Target file name (without extension).
TARGET =timer_test

# List C source files here. (C dependencies are automatically generated.)
SRC = $(TARGET).c
```

이제 모든 준비가 완료되었다. Programmers Notepad의 "Tools→[WinAVR] Make All" 메뉴를 선택하여 컴파일을 수행하자. 오류가 있다면 수정하고, 오류가 없다면 "Tools→[WinAVR] Program"을 선택하여 QB-AM162-TK 보드에 컴파일된 결과를 다운로드 한다.

동작시 QB-AM162-TK보드의 DIP 스위치의 1번 스위치가 on 상태에 있는지 확인하고, 만일 off 상태라면 on 상태로 전환하여 Port LED부를 활성화시켜야 한다. Port LED 중 PLED0가 1초마다 점멸되는 것을 볼 수 있을 것이다.

12. 디지털 시계 제어

12.1 디지털 시계 하드웨어 구성

12.1.2 Timer/Counter2 관련 레지스터

11장에서는 AVR MCU의 Timer/Counter0를 사용하여 1초 간격으로 Port LED를 깜박이게 하는 방법을 설명하였다. 이번 장에서는 지금까지 배운 방법들을 종합적으로 응용하여 디지털 시계를 만드는 방법을 설명하고자 한다. 디지털 시계를 만들기 위해 AVR MCU의 Timer/Counter2와 주변장치인 Bus LCD, Key를 이용하게 된다. 여기서 Timer/Counter2의 클럭소스는 32.768 kHz의 서브클럭을 사용하는데 시계의 0.5초 간격을 구현하는데 가장 적절한 클럭소스이기 때문이다. 그리고, Bus LCD는 디지털 시계의 시간을 표시하고 Key를 통해 시간을 수정할 것이다.

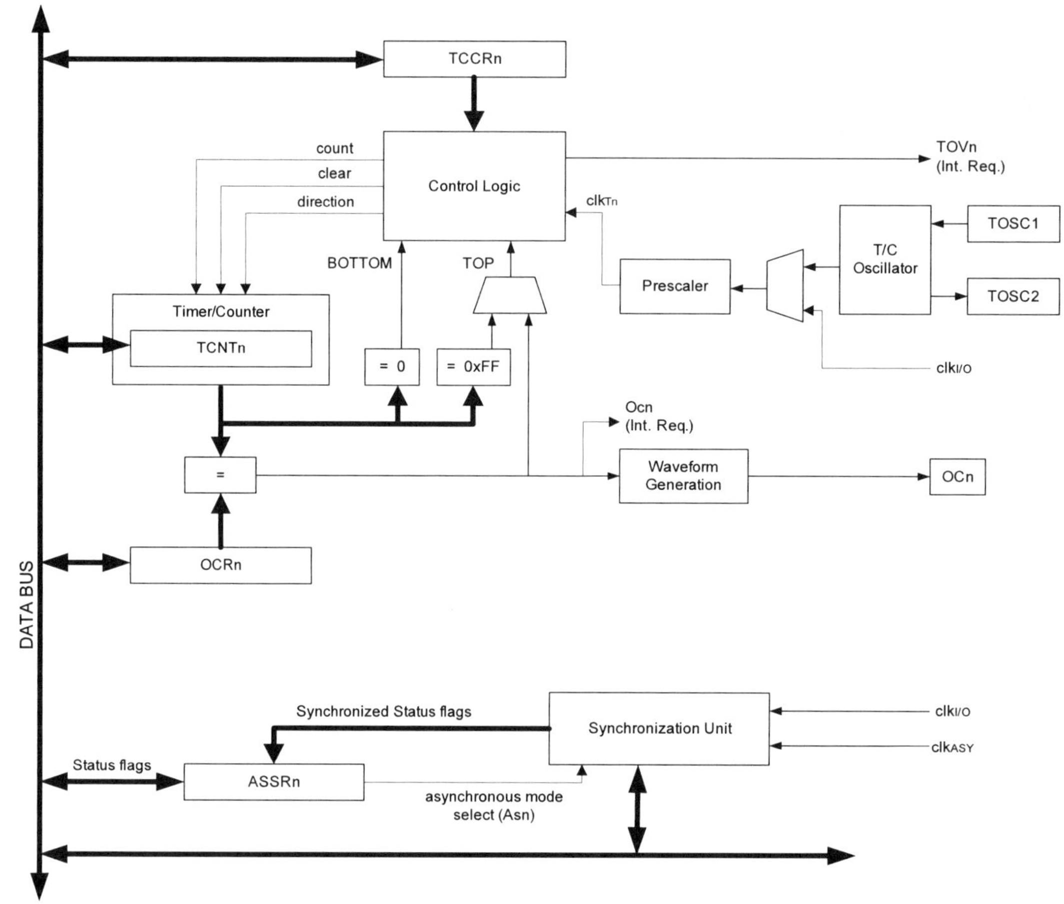

그림 12.1 AVR MCU의 8비트 타이머/카운터2 블록도

그림 12.1에 보이는 바와 같이 AVR MCU의 8비트 타이머/카운터는 TCCRn, TCNTn, OCRn 레지스터, TOVn, OCn 인터럽트 신호, TOSC1, TOSC2 외부 클럭 입력 포트, OCn 외부 파형 출력 포트로 구성되어 있다. 여기서, n은 타이머/카운터를 구분하기 위한 번호로 AVR ATmega162 MCU에는 2개의 8비트 타이머/카운터와 2개의 16비트 타이머/카운터가 내장되어 있다. 본 장의 예에서는 8비트 타이머/카운터 중의 하나인 Timer/Counter2를 사용하므로, 이러한 경우 n은 2이다.

그림 12.2에서 보이는 TCCR2(Timer/Counter 2 Control Register) 레지스터를 설정함으로써 8비트 Timer/Counter2의 제어가 가능하다. 우선, Timer/Counter2의 파형생성모드 설정을 위해 WGM(Waveform Generation Mode) 비트인 WGM21, WGM20을 설정하고 파형생성에 의해 발생되는 파형을 출력 포트(OC2)에 보내는 방법 설정을 위해 COM(Compare Output Mode) 비트인 COM21, COM20를 설정한다. 또한, 클럭소스의 분주(Prescaler)를 설정하기 위해 CS(Clock Select) 비트인 CS22, CS21, CS20을 설정한다.

Bit	7	6	5	4	3	2	1	0	
	FOC2	WGM20	COM21	COM20	WGM21	CS22	CS21	CS20	TCCR2
Read/Write	W	R/W	R/W	R/W	R/W	R/W	R/W	R/W	
Initial Value	0	0	0	0	0	0	0	0	

그림 12.2 TCCR2 (Timer/Counter 2 Control Register)

표 12.1에 보인 바와 같이 TCCR2 레지스터의 WGM21 비트(3), WGM20 비트(6)를 사용하여 8비트 타이머/카운터2의 WGM 모드를 설정하게 된다. WGM21:20=00이면 "Normal" 모드로 TCNT2 레지스터의 값이 항상 증가하는 상향 카운터로만 동작하는데, TCNT2 레지스터 값은 "0x00"에서 시작하여 "0xFF"까지 증가되며 다시 "0x00"으로 설정될 때 Overflow Interrupt(TOV0)가 발생되고, 표 12.2에 보인 COM bit의 설정에 따라 다양한 출력파형을 생성시킬 수 있다. 본 장에서는 Normal 모드를 사용하므로 다른 모드에 대한 설명은 생략하기로 한다.

[표 12.1] WGM (Waveform Generation Mode) bit

Mode	WGM21 (CTC2)	WGM20 (PWM2)	Timer/Counter Mode of Operation	TOP	Update of OCR2 at	TOV2 Flag Set on
0	0	0	Normal	0xFF	Immediate	MAX
1	0	1	PWM, Phase Correct	0xFF	TOP	BOTTOM
2	1	0	CTC	OCR2	Immediate	MAX
3	1	1	Fast PWM	0xFF	TOP	MAX

표 12.2에는 TCCR0 레지스터의 WGM 모드가 WGM21:20=00(Normal Mode)과 WGM 21:20=10(CTC, Clear Timer on Compare Match Mode)인 경우(non-PWM Mode)에 COM 모드에 의한 OC2 포트의 값의 변화를 보여주고 있다. TCCR0 레지스터의 COM21:20=00이면 OC2 포트는 일반 입출력 포트인 PB1 포트로 동작한다.

[표 12.2] non-PWM mode에서의 COM (Compare Output Mode) bit

COM21	COM20	Description
0	0	Normal port operation, OC2 disconnected.
0	1	Toggle OC2 on Compare Match.
1	0	Clear OC2 on Compare Match.
1	1	Set OC2 on Compare Match.

표 12.3에는 TCCR2 레지스터의 CS 비트로 Timer/Counter2에 공급되는 클럭 분주를 설정하는 것을 보여주고 있다. CS22:21:20=000일 때는 클럭 소스 공급이 중단되어 Timer/Counter2는 정지하게 되며, CS22:21:20=001에서 111 사이에서는 표의 우측 설명과 같이 분주된 클럭이 공급된다. 예를 들어서 CS22:21:20=111이면 원래의 클럭이 1024 분주되어 Timer/Counter2의 클럭으로 입력되며, CS22:21:20=100인 경우에는 원래의 클럭이 64 분주되어 Timer/Counter2의 클럭으로 입력된다.

[표 12.3] CS (Clock Select) bit

CS22	CS21	CS20	Description
0	0	0	No clock source (Timer/Counter stopped).
0	0	1	clk_T2_S/(No prescaling)
0	1	0	clk_T2_S/8 (From prescaler)
0	1	1	clk_T2_S/32 (From prescaler)
1	0	0	clk_T2_S/64 (From prescaler)
1	0	1	clk_T2_S/128 (From prescaler)
1	1	0	clk_T2_S/256 (From prescaler)
1	1	1	clk_T2_S/1024 (From prescaler)

그림 12.3에는 ASSR(Asynchronous Status Register) 레지스터를 도시하였다. ASSR레지스터를 통하여 Timer/Counter2의 비동기 동작을 설정할 수 있으며, 현재 Timer/Counter의 상태를 확인할 수 있다. Asynchronous Timer/Conter2 비트가 AS2=0이면 Timer/Counter2의 클럭소스는 입출력 클럭인 11.0592 MHz(XTAL1, XTAL2 포트의 메인클럭)를 사용하고 AS2=1이면 Timer/Counter2의 클럭소스는 비동기 클럭인 32.768 kHz(TOSC1, TOSC2 포트의 서브클럭)을 사용하게 된다. Timer/Counter2 Update Busy 비트가 TCN2UB=1이면 TCNT2 레지스터가 사용 중이므로 쓰기금지인 상태이고 TCN2UB=0이면 TCNT2 레지스터에 쓰기가 가능하다. 마찬가지로, Output Compare Register2 Update Busy 비트인 OCR2UB는 OCR2 레지스터의 사용유무를 보여주고 Timer/Counter Control Register2 Update Busy 비트인 TCR2UB는 TCCR2 레지스터의 사용유무를 보여준다.

Bit	7	6	5	4	3	2	1	0	
	–	–	–	–	AS2	TCN2UB	OCR2UB	TCR2UB	ASSR
Read/Write	R	R	R	R	R/W	R	R	R	
Initial Value	0	0	0	0	0	0	0	0	

그림 12.3 ASSR (Asynchronous Status Register)

그림 12.4에는 TCNT2 레지스터가 보이는데 Timer/Counter2의 카운터 값을 설정하거나 읽을 수 있고 클럭 소스에 의하여 카운터 값이 증가하거나 감소하게 된다.

Bit	7	6	5	4	3	2	1	0	
	TCNT2[7:0]								TCNT2
Read/Write	R/W	R/W	R/W	R/W	R/W	R/W	R/W	R/W	
Initial Value	0	0	0	0	0	0	0	0	

그림 12.4 TCNT2 (Timer/Counter 2 Register)

그림 12.5에는 TIMSK 레지스터를 보여주고 있는데 4개의 타이머/카운터에 대한 Overflow Interrupt와 Compare Match Interrupt에 대한 활성화 여부를 설정하는 역할을 한다. 여기서, Timer/Counter2에 대한 것으로 TOIE2 비트(2)가 Overflow Interrupt이고

OCIE2 비트(4)가 Compare Match Interrupt에 해당한다. 따라서, 각각의 Interrupt를 발생하고자 한다면 해당 Interrupt 비트를 '1'로 설정해주면 되고 각각의 Interrupt를 발생하지 않으려면 해당 Interrupt 비트를 '0'으로 설정한다.

Bit	7	6	5	4	3	2	1	0	
	TOIE1	OCIE1A	OCIE1B	OCIE2	TICIE1	TOIE2	TOIE0	OCIE0	TIMSK
Read/Write	R/W	R/W	R/W	R/W	R/W	R/W	R/W	R/W	
Initial Value	0	0	0	0	0	0	0	0	

그림 12.5 TIMSK(Timer/Counter Interrupt Mask Register)

그림 12.6에는 TIFR 레지스터를 보여주고 있는데 4개의 타이머/카운터에 대한 Overflow Interrupt와 Compare Match Interrupt에 대한 발생 여부를 Flag 비트 형태로 알려준다. 여기서, Timer/Counter2에 대한 것으로 TOV2 비트(2)가 Overflow Interrupt이고 OCF2 비트(4)가 Compare Match Interrupt에 해당한다. 따라서, 각각의 Interrupt가 발생하면 해당 Interrupt 비트가 '1'로 설정되고 각각의 Interrupt를 발생하지 않으면 해당 Interrupt 비트는 '0'으로 설정되어 있다.

Bit	7	6	5	4	3	2	1	0	
	TOV1	OCF1A	OC1FB	OCF2	ICF1	TOV2	TOV0	OCF0	TIFR
Read/Write	R/W	R/W	R/W	R/W	R/W	R/W	R/W	R/W	
Initial Value	0	0	0	0	0	0	0	0	

그림 12.6 TIFR(Timer/Counter Interrupt Flag Register)

12.1.2 Timer/Counter2 관련 레지스터 설정

이번 장에서는 Timer/Counter2를 이용하여 0.5초 간격의 인터럽트를 발생하고 해당 인터럽트 함수에서 디지털 시계의 시간, 분, 초의 값을 변경하도록 할 것이다. 따라서, 0.5초 간격을 생성하기 위해 Timer/Counter2의 오버플로우 인터럽트를 사용하고 클럭소스는 32.768 kHz의 서브클럭을 사용한다.

그런데 11장까지는 항상 11.0592 MHz 메인클럭만을 사용하였는데, 본 장에서는 32.768 kHz 서브클럭을 사용한다고 하였다. 이런 경우에 있어서 Timer/Counter2의 클럭 소스를 서브클럭으로 전환하여야 할 것이다. 문제는 이렇게 클럭을 전환하는 데는 특별한 주의가 필요하다는 것이다. 디지털 회로를 구동하는 클럭은 다 아는 바와 같이 주기적 구형파(사각파) 인데, QB-AM162-TK 보드에서 확인할 수 있듯이 메인 클럭과 서브클럭이 별도로 설치되어 있으므로 주파수만 서로 다른 것이 아니라, 구형파가 시작되는 시점도 다르다. 이러한 서로 다른 클럭을 서로 전환할 때는 전환되는 회로 내의 레지스터 값이 유지되는 것을 보장할 수 없으므로 특별한 순서로 제어해 주어야 한다.

QB-AM162-TK 보드에 장착되어 있는 ATmega162 MCU의 경우에는 Timer/Counter2의 동기클럭(여기서는 메인클럭)과 비동기클럭(여기서는 서브클럭)간 전환시에 TCNT2, OCR2, 그리고 TCCR2 레지스터 값이 유지되는 것을 보장할 수 없으므로 다음의 순서를 따라 프로그램하여 안정한 동작을 확보하도록 한다.

① OCIE2와 TOIE2를 '0'으로 설정하여 Timer/Counter2의 인터럽트를 비활성화 상태로 만든다.
② AS2의 값을 설정하여 전환하고자 하는 클럭 소스를 선택한다.
③ TCNT2, OCR2 그리고 TCCR2에 값을 설정한다.
④ 일반적으로 비동기클럭의 주파수는 동기클럭의 주파수보다 매우 낮기 때문에 비동기클럭으로 동작하는 논리회로의 동작은 동기클럭으로 동작하는 논리회로에서 볼 때 매우 느리다. 따라서 비동기 클럭으로 전환시에는 TCN2UB, OCR2UB, 그리고 TCR2UB 값을 확인하여 TCNT2, OCR2, 그리고 TCCR2 레지스터를 사용할 수 있는 상태가 될 때까지 기다린다. 이러한 레지스터 상태는 ASSR 레지스터 값을 통하여 확인할 수 있다.
⑤ Timer/Counter2의 인터럽트 플래그를 클리어 한다.
⑥ 필요하다면 인터럽트를 활성화 시킨다.

이제 상술한 내용을 실제 적용하여 보자. Timer/Counter2의 클럭을 32.768 kHz의 비동기 클럭을 선택하고 0.5초 간격으로 인터럽트를 발생시키기 위해서 무엇을 해야 할까?

첫 번째로 TIMSK 레지스터의 Timer/Counter2의 Overflow Interrupt 비트인 TOIE2을 '0'으로 설정하고 Compare Match interrupt 비트인 OCIE2를 '0'으로 설정하여 Timer/Counter2관련 인터럽트를 비활성화 상태로 만든다.

두 번째로 ASSR 레지스터의 Asynchronous Timer/Counter2 비트를 AS2=1로 설정하여 클럭소스를 서브클럭으로 설정한다.

세 번째로 TCCR2 레지스터의 COM 비트는 COM21:20=00으로 설정하여 Timer/Counter2의 파형을 OC2 입출력 포트로 출력하지 않도록 정의한다. 그리고, TCCR2 레지스터의 WGM 비트는 WGM21:20=00(Normal)으로 설정하여 Overflow Interrupt의 시점을 TCNT2 레지스터 값이 "0xFF"에서 "0x00"이 되는 순간이 되도록 한다. 즉, TCNT2 레지스터가 256번 카운트한 후에 인터럽트가 발생하게 된다. 더불어 TCCR2 레지스터의 CS 비트는 CS22:21:20=100(f_{clk_asy}/64)으로 설정하여 Timer/Counter2의 클럭분주(N)를 64가 되도록 한다.

다시 말해서, Timer/Counter2를 이용하여 0.5초 시간간격의 인터럽트 발생을 위해서 클럭소스(f_{clk_asy}=32.768 kHz)와 클럭분주(N=64)에 의해 각 카운트의 시간주기를 정하고 WGM 모드가 Normal이므로 TCNT2 레지스터가 최대값(0xFF)에서 최소값(0x00)으로 변경할 때 Overflow Interrupt가 발생하게 되어 인터럽트간의 카운트 값(CNT=256)이 정해진다. 따라서, 식 12.1에 보이는 바와 같이 카운트(CNT=256), 클럭분주(N=64), 클럭주파수(f_{clk_asy}=32.768 kHz)에 의해 Overflow Interrupt의 인터럽트 시간간격(t_{ovr_int})이 0.5초가 되는 것이다.

$$t_{ovr\_int} = \frac{CNT \times N}{f_{clk\_asy}} \qquad (12.1)$$

그리고, TCNT2 레지스터를 "0x00"으로 초기화 한다.

네 번째로, 앞서 설정한 TCNT2, OCR2, 그리고 TCCR2 레지스터 값이 적용된 후 다시 사용가능한 상태가 되었는지를 ASSR 레지스터를 통하여 확인한다. ASSR 레지스터 값을 통하여 TCNT2, OCR2 그리고 TCCR2 레지스터의 상태가 Busy가 아니면 다음 단계로 넘어간다.

다섯 번째로, TIFR 레지스터에 있는 Timer/Counter Overflow flag 비트를 TOV2=0으로 설정하여 클리어시킨다.

마지막으로, Timer/Counter2의 인터럽트가 발생하도록 다시 TIMSK 레지스터의 Timer/Counter2의 Overflow Interrupt 비트를 TOIE2=1로 설정한다.

이제, Timer/Counter2의 Overflow Interrupt가 0.5초 시간간격으로 발생하고 해당 인터럽트 함수가 실행되는데, 이때 인터럽트 함수에 시간, 분, 초의 값을 저장한다. 그리고, Bus LCD에 현재 시간을 표시하기 위해 6장에서 설명한 Bus LCD 제어 방법을 응용하며, Key 입력을 통하여 현재의 시간을 수정할 수 있도록 9장에서 설명한 Key 입력 인식 방법을 적용한다.

12.2 디지털 시계 제어 프로그램 작성

12.2.1 디지털 시계 제어 C 소스 코드 작성

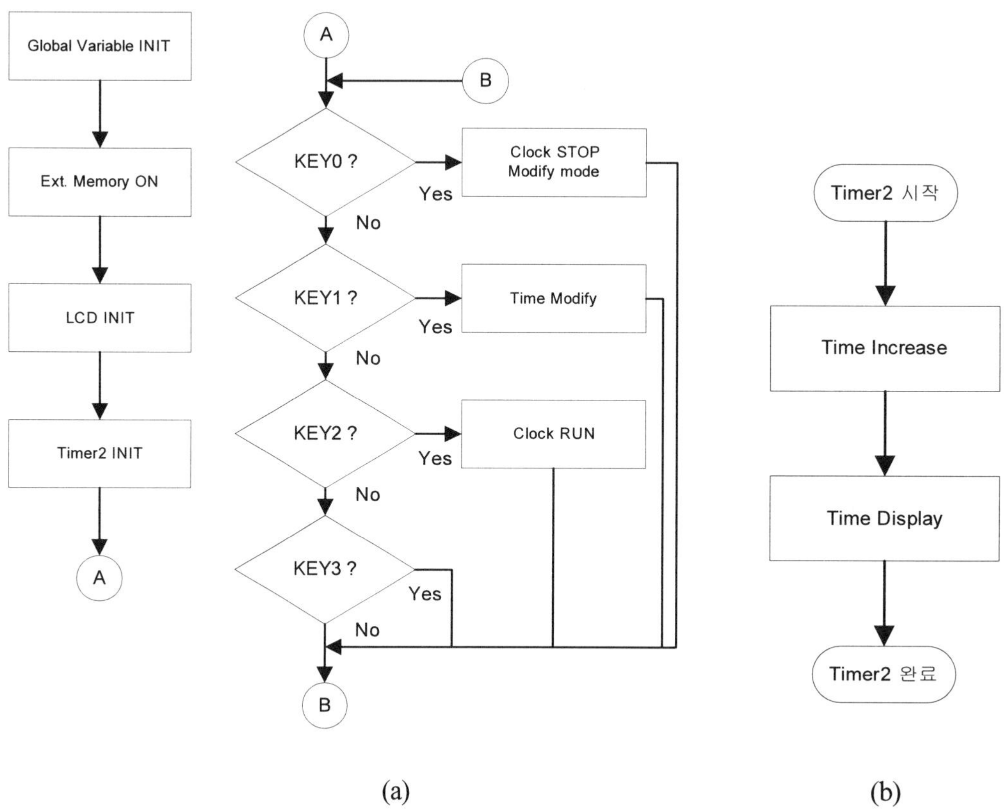

그림 12.7 (a) 메인 함수 (b) Overflow Interrupt 함수 흐름도

그림 12.7에서는 AVR MCU에서 디지털 시계를 제어하는 프로그램의 흐름도를 보여주고 있다. 그림 12.7(a)는 메인 함수의 흐름도로 현재 시간, 디지털 시계 동작 및 수정 모드, 시간 수정 위치 설정을 저장하는 전역변수를 초기화시키고 Bus LCD를 사용하기

위해 외부 메모리 버스를 ON 시킨다. 그리고, Bus LCD를 초기화 하고 Timer/Counter2를 초기화 시킨다. 또한, 디지털 시계의 현재 시간을 수정하기 위한 Key 입력인식 부분을 수행하는데 KEY0는 디지털 시계를 수정 모드로 설정하고 KEY1은 디지털 시계의 시간, 분, 초를 수정하고 KEY2는 디지털 시계를 동작모드로 설정하게 한다. 그림 12.7(b)는 Timer/Counter2의 Overflow Interrupt에 대한 인터럽트 함수로 0.5초 간격으로 인터럽트가 발생할 때마다 실행되는데 현재시간이 저장된 전역변수의 값을 변경하고 새로 변경된 현재시간을 Bus LCD에 표시한다. 이 예제에서는 현재시간 갱신을 위한 Timer/Counter2의 인터럽트 제어, 현재시간을 수정하기 위한 Key 입력인식, 현재시간을 표시하기 위한 Bus LCD 제어를 종합적으로 응용하여 디지털 시계를 구현하고 있는 프로그램이다.

디지털 시계 제어 C 소스 코드를 살펴보면 우선 #include <avr/io.h>라는 부분이 있는데 이것은 WinAVR에 설치하면 생성되는 AVR MCU 입출력 관련 헤더 파일을 C 소스 코드의 맨 앞부분에 포함시킨다는 전처리기 구문이다. 또한, #include <avr/interrupt.h>와 #include <avr/signal.h>라는 부분이 있는데 이것은 AVR MCU의 인터럽트 관련 헤더 파일을 C 소스 코드의 맨 앞부분에 포함시키는 전처리기 구문이다. 그 다음으로 보이는 "#define" 문들은 Bus LCD를 초기화하고 제어하는 데 사용되는 문자열 상수이다. 그리고, Timer/Counter2와 관련된 레지스터에 대한 문자열 상수가 있다. 또한, 디지털 시계의 상태모드(수정, 동작) 및 수정모드(시간, 분, 초)를 저장하는 전역변수에서 사용되는 문자열 상수도 있다. 여러 번 강조하였지만, 이와 같이 문자열 상수를 정의해 두면 프로그램 가독성이 높아져 프로그램 소스 코드 관리가 쉬워진다는 사실을 기억하도록 한다.

문자열 상수 다음으로 현재시간을 저장하는 전역변수들이 있는데, 다음과 같이 clock_half_flag(0.5초 상태), clock_sec(초), clock_min(분), clock_hour(시간)으로 구성되어 있다. clock_half_flag 전역변수는 "0"이나 "1"이 저장되는데 Bus LCD에서 시간과 분 사이에 표시되는 콜론(:)을 깜박이기 위한 것이다. clock_sec 전역변수는 초를 저장하는데 "0"에서 "59" 사이의 값이 사용된다. clock_min 전역변수는 분을 저장하는데 "0"에서 "59" 사이의 값이 사용된다. clock_hour 전역변수는 시간을 저장하는데 "0"에서 "23" 사이의 값이 사용된다. 여기서, 시간은 24시간제를 적용하였다. 실제로 Bus LCD에 표시되는 현재시간은 Bus LCD를 제어하는 함수에서 문자열을 입력받으므로, 현재시간 전역변수로부터 현재시간을 나타내는 숫자를 문자열로 전환하여 clock_string[9] 전역 배열변수로 저장한 후에 Bus LCD 제어 함수에 문자열 형태로 전달한다. 현재시간 문자열은 "시간 : 분 초"의 형태로 저장되고 시간, 분, 초는 2자리의 10진수로 표시된다.

디지털 시계의 상태모드를 저장하는 clock_status 전역변수와 디지털 시계의 수정모드를 저장하는 clock_modify_pos 전역변수도 있다. clock_status 전역변수는 앞서 문자열 상수에서 정의했던 CLOCK_STATUS_MODIFY(수정)과 CLOCK_STATUS_RUN(동작)의 값들로 디지털 시계의 상태모드를 제어하는데 사용된다. clock_modify_pos 전역변수는 마찬가지로 앞서 문자열 상수에서 정의했던 CLOCK_MODIFY_HOUR(시간), CLOCK_MODIFY_MINUTE(분), CLOCK_MODIFY_SECOND(초)의 값들로 디지털 시계의 수정모드를 제어하는데 사용된다.

이제, 시간지연 함수, Key 입력 함수, Bus LCD 제어 함수는 각각 3장, 9장, 6장에서 다루었던 것으로 해당 장을 참조하기 바란다.

상술한 바와 같이, 현재시간을 숫자로 저장하며, 이것을 문자열로 전환해주는 함수가 필요한데, unsigned char number_to_ASCII(unsigned char number) 함수와 void BIN_to_2DEC(unsigned char number, unsigned char* DEC_string) 함수가 이러한 역할을 한다. unsigned char number_to_ASCII(unsigned char number) 함수는 숫자를 해당 숫자의 ASCII 문자 코드로 변환해주고 void BIN_to_2DEC(unsigned char number, unsigned char* DEC_string) 함수는 숫자를 2자리의 10진수 형태로 구성된 문자열을 생성하는데 각 자리수의 문자는 해당 숫자의 ASCII 문자 코드이다.

이제, SIGNAL(SIG_OVERFLOW2) 인터럽트 함수를 보면 인터럽트 함수에 전달되는 인수에 의해 해당 인터럽트 함수가 결정되는데 여기서 SIG_OVERFLOW2 인수값은 Timer/Counter2의 Overflow Interrupt를 의미한다. 즉, Timer/Counter2에 의해 0.5초 시간간격으로 인터럽트가 발생할 때 수행되는 인터럽트 함수이다. 이 함수에서는 0.5초마다 clock_half_flag, clock_sec, clock_min, clock_hour 현재시간 전역변수들의 값을 갱신하고 새로 갱신된 현재시간을 문자열로 전환하여 clock_string[9] 전역 배열변수로 저장하고 저장된 현재시간 문자열(시간 : 분 초)을 Bus LCD에 표시한다.

이제 int main(void) 메인함수로 들어가 보자. 처음에는 현재시간 전역변수, 디지털 시계 상태모드, 디지털 시계 수정모드, 현재시간 문자열 배열 전역변수를 초기화시킨다. 디지털 시계 상태모드는 CLOCK_STATUS_RUN(동작), 디지털 시계 수정모드는 CLOCK_MODIFY_HOUR(시간)으로 설정하고 현재시간 전역변수들은 "0"으로 설정한다.

그리고, Bus LCD를 이용하기 위해 MCUCR |= MCUCR_SRE_ON; 부분에서 MCUCR 레지스터의 7번째 비트인 외부 메모리 버스활성화 비트를 SRE=1로 설정하고 Bus LCD 제어 함수를 이용하여 Bus LCD를 초기화하고 Bus LCD에 "DIGITAL CLOCK"이라는 문자열을 표시한다.

또한, 0.5초 시간간격의 인터럽트를 발생하기 위해 Timer/Counter2를 초기화하는데 우선, cli(); 함수로 SREG 레지스터의 Global Interrupt Enable 비트인 I=0으로 설정하여 모든 인터럽트를 정지시킨다. 그리고, Timer/Counter2가 비동기(Asynchronous)로 동작하므로 아래와 같은 순서로 초기화를 시킨다.

첫 번째로 Timer/Counter2의 인터럽트를 정지시키기 위해 TIMSK &= ~(TIMSK_TOIE2 | TIMSK_OCIE2); 부분에서 TIMSK 레지스터의 Timer/Counter2 Overflow Interrupt Enable 비트인 TOIE2=0, Timer/Counter2 Output Compare Match Interrupt Enable 비트인 OCIE2=0으로 설정한다.

두 번째로 Timer/Counter2의 클럭소스를 정의하는데 ASSR |= ASSR_AS2; 부분에서 ASSR 레지스터의 Asynchronous Timer/Counter2 비트인 AS2=1로 설정한다. 이것은 TOSC1(PD4), TOSC2(PD5) 포트에 연결된 발진소자로부터 발생되는 32.768 kHz 클럭소스를 사용한다는 의미이다.

세 번째로 Timer/Counter2의 제어를 위해 TCCR2 |= TCCR2_WGM_NORMAL | TCCR2_COM_NC_GIO | TCCR2_CS_64; 부분에서 TCCR2 레지스터의 WGM 모드 비트인 WGM21:20=00, COM 모드 비트인 COM21:20=00, CS 비트인 CS22:21:20=100으로 설정한다. 이것은 WGM 모드 비트는 Normal로서 TCNT2 레지스터가 "0xFF"에서 "0x00"으로 초기화되는 순간(256번 카운트) Overflow Interrupt가 발생하게 한다. 그리고, COM 모드 비트는 OC2(PB1) 포트를 일반 입출력 포트로 설정하여 Timer/Counter2에 의한 파형출력을 발생하지 않게 한다. 또한, CS 비트는 앞서 설정한 32.768 kHz 클럭소스를 64 클럭분주($f_{clk\_asy}/64$)한 클럭을 Timer/Counter2에 제공하도록 한다. Timer/Counter2의 카운트 값을 초기화하기 위해 TCNT2=0x00; 부분에서 TCNT2 레지스터의 값을 "0x00"으

로 설정한다.

네 번째로 while((ASSR & (ASSR_TCN2UB | ASSR_OCR2UB | ASSR_TCR2UB))== 0b00000111); 부분에서 TCNT2, OCR2, TCCR2 레지스터의 변경의 완료 여부를 확인하기 위하여 ASSR 레지스터의 TCN2UB, OCR2UB, TCR2UB 비트가 '1'인지를 검사하는데 해당 비트들이 '0'으로 변경되면 "while" 문을 빠져나간다.

다섯 번째로 TIFR=0x00; 부분에서 Timer/Counter2의 인터럽트 플래그를 초기화시키기 위해 TIFR 레지스터의 Timer/Conter2 Overflow Flag2 비트인 TOV2=0으로 설정한다.

마지막으로 TIMSK |= TIMSK_TOIE2; 부분에서 앞서 첫 번째에서 정지시킨 Timer/Counter2의 Overflow Interrupt를 활성화시키기 위해 TIMSK 레지스터의 Timer/Counter2 Overflow Interrupt Enable 비트인 TOIE2=1으로 설정한다.

그리고, AVR MCU의 모든 인터럽트를 활성화시키기 위해 sei(); 함수로 Global Interrupt Enable 비트인 I=1로 설정하여 모든 인터럽트를 활성화시킨다.

여기까지는 디지털 시계의 현재시간을 0.5초 시간간격으로 갱신하고 Bus LCD에 표시하는 부분을 설명하였다. 지금부터는 디지털 시계의 현재시간을 수정하는데 사용되는 Key 입력처리 부분을 설명하고자 한다. 여기서는 Polling 방식의 Key 입력인식 방법을 사용하였다.

Polling 방식의 Key 입력인식 방법을 사용하므로 while(1) 부분에서 무한반복하면서 Key 입력을 검사한다. 우선, key=key_input(); 부분에서 현재 Key가 눌려졌는지를 검사하고 key 변수에 눌려진 Key의 정보를 저장한다. 다음에 나오는 switch(key) 부분에서 눌려진 Key에 따라 디지털 시계 상태 및 수정 모드를 제어한다.

첫 번째로 KEY0가 눌려지면 case(0b11111110): 부분이 수행되는데 디지털 시계의 상태모드가 "동작"(clock_status=CLOCK_STATUS_RUN)이면 디지털 시계의 상태모드를 "수정"(clock_modify_pos=CLOCK_STATUS_MODIFY)으로 변경한다. 그리고, 디지털 시계의 상태모드가 "수정"(clock_modify_pos=CLOCK_STATUS_MODIFY)이면 디지털 시계의 수정모드를 "시간", "분", "초" 등으로 변경하는 기능을 수행한다.

KEY0가 눌려질 때의 수행내용을 살펴보자. 디지털 시계의 상태모드가 "동작"(clock_status=CLOCK_STATUS_RUN)이면 cli(); 함수로 Global Interrupt를 정지시켜

Timer/Counter2의 인터럽트를 정지시킨다. 그리고, 디지털 시계의 상태모드를 "수정"(clock_modify_pos=CLOCK_STATUS_MODIFY)으로 변경하고 디지털 시계의 수정모드를 "시간"(clock_modify_pos = CLOCK_MODIFY_HOUR)으로 설정한 후에 현재시간을 Bus LCD에 표시한다.

디지털 시계의 상태모드가 "수정"(clock_status=CLOCK_STATUS_MODIFY)이고 디지털 시계의 수정모드가 "시간"(clock_modify_pos=CLOCK_MODIFY_HOUR)이면 디지털 시계의 수정모드를 "분"(clock_modify_pos=CLOCK_MODIFY_MINUTE)으로 변경하여 현재시간의 분을 수정할 수 있는 상태가 된다.

디지털 시계의 상태모드가 "수정"(clock_status=CLOCK_STATUS_MODIFY)이고 디지털 시계의 수정모드가 "분"(clock_modify_pos=CLOCK_MODIFY_MINUTE)이면 디지털 시계의 수정모드를 "초"(clock_modify_pos=CLOCK_MODIFY_SECOND)로 변경하여 현재시간의 초를 수정할 수 있는 상태가 된다.

디지털 시계의 상태모드가 "수정"(clock_status=CLOCK_STATUS_MODIFY)이고 디지털 시계의 수정모드가 "초"(clock_modify_pos=CLOCK_MODIFY_SECOND)이면 디지털 시계의 수정모드를 "시간"(clock_modify_pos=CLOCK_MODIFY_HOUR)으로 변경하여 현재시간의 시간을 수정할 수 있는 상태가 된다.

두 번째로 KEY1이 눌려지면 case(0b11111101): 부분이 수행되는데 디지털 시계의 상태모드가 "동작"(clock_status=CLOCK_STATUS_RUN)이면 특별한 수행이 없고 디지털 시계의 상태모드가 "수정"(clock_status=CLOCK_STATUS_MODIFY)이면 디지털 시계의 수정모드에 따라 현재시간의 해당 "시간", "분" 또는 "초"를 변경하는 기능을 수행한다.

KEY1이 눌려질 때의 수행내용을 살펴보자. 디지털 시계의 상태모드가 "동작"(clock_status=CLOCK_STATUS_RUN)이면 특별한 수행이 없다.

디지털 시계의 상태모드가 "수정"(clock_status=CLOCK_STATUS_MODIFY)이고 디지털 시계의 수정모드가 "시간"(clock_modify_pos=CLOCK_MODIFY_HOUR)이면 현재시간의 해당 "시간"을 증가시키고 Bus LCD에 변경된 시간을 표시한다.

디지털 시계의 상태모드가 "수정"(clock_status=CLOCK_STATUS_MODIFY)이고 디지털 시계의 수정모드가 "분"(clock_modify_pos=CLOCK_MODIFY_MINUTE)이면 현재시간

의 해당 "분"을 증가시키고 Bus LCD에 변경된 분을 표시한다.

디지털 시계의 상태모드가 "수정"(clock_status=CLOCK_STATUS_MODIFY)이고 디지털 시계의 수정모드가 "초"(clock_modify_pos=CLOCK_MODIFY_SECOND)이면 현재시간의 해당 "초"를 증가시키고 Bus LCD에 변경된 초를 표시한다.

세 번째로 KEY2가 눌려지면 case(0b11111011): 부분이 수행되는데 디지털 시계의 상태모드를 "동작"(clock_status=CLOCK_STATUS_RUN)으로 변경하고 디지털 시계의 수정모드를 "시간"(clock_modify_pos=CLOCK_MODIFY_HOUR)으로 변경한 후에 sei(); 함수로 Global Interrupt를 활성화시켜 Timer/Counter2의 인터럽트를 활성화시킨다. 즉, 디지털 시계가 다시 동작하게 된다.

네 번째로 KEY3 가 눌려지면 case (0b11110111): 부분이 수행되는데 특별한 수행은 없다. 또한, key 변수값이 위의 4가지 이외의 경우에 default: 부분이 수행되는데 특별한 수행은 없다. 마지막으로 return 0; 부분은 main 함수의 리턴 값이 필요하므로 임의의 "0"을 설정하는 것으로 특별한 의미는 없다. 이제 소스 코드를 입력하여 보자.

프로그램 12.1 〉〉 디지털 시계 제어 C 소스 코드

```
#include <avr/io.h>
#include <avr/interrupt.h>
#include <avr/signal.h>

/* — LCD part — */
/* LCD command(BUS_LCD_WR_COMMAND) */
#define LCD_CMD_CLR_DISPLAY             0b00000001 // clear display
#define LCD_CMD_RETURN_HOME             0b00000010 // return home

#define LCD_CMD_ENTRY_MODE_LS_NSS       0b00000100 // Entry mode
#define LCD_CMD_ENTRY_MODE_RS_NSS       0b00000110 // Entry mode

#define LCD_CMD_DISPLAY_DON_COFF_CNB    0b00001100 // Display
#define LCD_CMD_DISPLAY_DON_CON_CNB     0b00001110 // Display

#define LCD_CMD_FUNC_8BIT_2ROW_FNT8     0b00111000 // Function
#define LCD_CMD_FUNC_8BIT_2ROW_FNT11    0b00111100 // Function
```

```
#define LCD_CMD_DD_RAM_1ROW_START_ADD     0b10000000    // DD RAM
#define LCD_CMD_DD_RAM_2ROW_START_ADD     0b11000000    // DD RAM

/* LCD command(BUS_LCD_RD_STATE) */
//#define LCD_STATE_BUSY_FLAG             0b10000000    // busy flag

/* LCD */
// write command
#define BUS_LCD_WR_COMMAND              *((unsigned char *)0x1000)
// read state
#define BUS_LCD_RD_STATE                *((unsigned char *)0x1001)
// write data(CG RAM or DD RAM)
#define BUS_LCD_WR_DATA                 *((unsigned char *)0x1002)
// read data(CG RAM or DD RAM)
#define BUS_LCD_RD_DATA                 *((unsigned char *)0x1003)

/* — MCUCR(MCU control register) — */
/* MCUCR SRE(External SRAM/XMEM Enable) : bit(7) */
// SRE(7) : External SRAM/XMEM Enable
#define MCUCR_SRE_ON                    0b10000000

/* — TCCR2(timer/counter 2 control register) — */
/* force output compare - FOC0(7) */
// FOC0 : Force Output Compare
#define TCCR2_FOC                       0b10000000

/* waveform generation mode - WGM01(3), WGM00(6) */
#define TCCR2_WGM_NORMAL                0b00000000 // WGM : Normal
// WGM : Phase Correct PWM
#define TCCR2_WGM_PCPWM                 0b01000000
#define TCCR2_WGM_CTC                   0b00001000 // WGM : CTC
#define TCCR2_WGM_FPWM                  0b01001000 // WGM : Fast PWM

/* compare match output mode - COM01(5), COM00(4) */
/* WGM - Normal(0,0) or CTC(1,0) */
#define TCCR2_COM_NC_GIO                0b00000000 // COM : I/O bit
#define TCCR2_COM_NC_TOGGLE             0b00010000 // COM : toggle bit
#define TCCR2_COM_NC_CLEAR              0b00100000 // COM : clear bit
#define TCCR2_COM_NC_SET                0b00110000 // COM : set bit
```

```
/* clock select - CS02(2), CS01(1), CS00(0) */
#define TCCR2_CS_STOP                   0b00000000 // CS : stop
#define TCCR2_CS_1                      0b00000001 // CS : CLK / 1
#define TCCR2_CS_8                      0b00000010 // CS : CLK / 8
#define TCCR2_CS_32                     0b00000011 // CS : CLK / 32
#define TCCR2_CS_64                     0b00000100 // CS : CLK / 64
#define TCCR2_CS_128                    0b00000101 // CS : CLK / 128
#define TCCR2_CS_256                    0b00000110 // CS : CLK / 256
#define TCCR2_CS_1024                   0b00000111 // CS : CLK / 1024

//#define TCCR2_CS_MASK                 TCCR2_CS_1024// CS : mask

/* — TIMSK(timer/counter interrupt mask register) — */
#define TIMSK_OCIE0                     0b00000001   // OCIE0
#define TIMSK_TOIE0                     0b00000010   // TOIE0
#define TIMSK_TOIE2                     0b00000100   // TOIE2
#define TIMSK_TICIE1                    0b00001000   // TICIE1
#define TIMSK_OCIE2                     0b00010000   // OCIE2
#define TIMSK_OCIE1B                    0b00100000   // OCIE1B
#define TIMSK_OCIE1A                    0b01000000   // OCIE1A
#define TIMSK_TOIE1                     0b10000000   // TOIE1

/* — TIFR(timer/counter interrupt flag register) — */
#define TIFR_OCF0                       0b00000001   // OCF0
#define TIFR_TOV0                       0b00000010   // TOV0
#define TIFR_TOV2                       0b00000100   // TOV2
#define TIFR_ICF1                       0b00001000   // ICF1
#define TIFR_OCF2                       0b00010000   // OCF2
#define TIFR_OCF1B                      0b00100000   // OCF1B
#define TIFR_OCF1A                      0b01000000   // OCF1A
#define TIFR_TOV1                       0b10000000   // TOV1

/* — ASSR(asynchronous status register) — */
#define ASSR_AS2                        0b00001000   // AS2
#define ASSR_TCN2UB                     0b00000100   // TCN2UB
#define ASSR_OCR2UB                     0b00000010   // OCR2UB
#define ASSR_TCR2UB                     0b00000001   // TCR2UB
/* Clock status and modify mode */
#define CLOCK_STATUS_MODIFY         0    // Clock Status : modify
```

```
#define CLOCK_STATUS_RUN            1       // Clock Status : run

#define CLOCK_MODIFY_HOUR           0       // Clock Modify : hour
#define CLOCK_MODIFY_MINUTE         1       // Clock Modify : minute
#define CLOCK_MODIFY_SECOND         2       // Clock Modify : second

/* Global variable */
unsigned char clock_half_flag;              // clock half flag
unsigned char clock_sec;                    // clock second
unsigned char clock_min;                    // clock minute
unsigned char clock_hour;                   // clock hour

unsigned char clock_string[9] = "        ";   // clock string

unsigned char clock_status;
unsigned char clock_modify_pos;

/* — time delay functions - 1 clock : 1/11.0592MHz = 90.42 ns — */
void delay_us(unsigned char time_us)        // time delay(us)
{
  register unsigned char i;

  for(i = 0; i < time_us; i++)              // 4 cycle +
  {
    asm volatile(" PUSH  R0 ");             // 2 cycle +
    asm volatile(" POP   R0 ");             // 2 cycle +
    asm volatile(" PUSH  R0 ");             // 2 cycle +
    asm volatile(" POP   R0 ");             // 2 cycle
                                            // 12 cycle = 1.085 us at 11.0592MHz
  }
}

void delay_ms(unsigned int time_ms)         // time delay(ms)
{
  register unsigned int i;

  for(i = 0; i < time_ms; i++)
  {
    delay_us(250);
```

```
      delay_us(250);
      delay_us(250);
      delay_us(250);
    }
}

/* — key test — */
unsigned char key_input(void)          // key input - KEY0 ~ KEY3
{
    unsigned char key;

    key = PIND | 0b11110000;
    if(key == 0b11111111)
    {
      return key;
    }

    while((PIND | 0b11110000) != 0b11111111)
    {
      delay_ms(1);                     // time delay(ms) - 1ms
    }
    delay_ms(50);                      // time delay(ms) - 50ms

    return key;
}

// LCD command write
void lcd_command_write(unsigned char command)
{
    BUS_LCD_WR_COMMAND = command;      // LCD command write
    delay_ms(1);                       // time delay(ms) - 1 ms
}

// LCD character display
void lcd_char_display(unsigned char character)
{
    BUS_LCD_WR_DATA = character;       // LCD data write
    delay_ms(1);                       // time delay(ms) - 1 ms
}
```

```
// LCD string display
void lcd_str_display(unsigned char command, unsigned char* string)
{
  unsigned char index;
  unsigned char character;

  lcd_command_write(command);                  // LCD cursor position

  index = 0;
  character = string[index];
  while(character != '\0')
  {
    lcd_char_display(character);               // LCD character display
    index++;
    character = string[index];
  }
}

/* — numeric and character function — */
// number to ASCII code
unsigned char number_to_ASCII(unsigned char number)
{
  unsigned char ASCII_code;

  if((number >= 0x00) && (number <= 0x09))
  {
    ASCII_code = number + 0x30;                // ASCII code : 0 ~ 9
  }
  else if((number >= 0x0A) && (number <= 0x0F))
  {
    ASCII_code = number - 0x0A + 0x41;         // ASCII code : A ~ F
  }
  else
  {
    ASCII_code = 0xFF;                         // ASCII code : error
  }
    return ASCII_code;
}
```

```
// binary to 2 digit decimal of ASCII code
void BIN_to_2DEC(unsigned char number, unsigned char* DEC_string)
{
  unsigned char divide;
  unsigned char remainder;

  divide = number / 10;
  DEC_string[0] = number_to_ASCII(divide);       // 10^1

  remainder = number % 10;
  DEC_string[1] = number_to_ASCII(remainder);    // 10^0
}

/* Interrupt Service Routine */
// Timer/Counter2 Overflow interrupt function
SIGNAL(SIG_OVERFLOW2)
{
  /* update the clock variable */
  if(clock_half_flag == 1)
  {
    clock_half_flag = 0;
    if(clock_sec >= 59)
    {
      clock_sec = 0;
      if(clock_min >= 59)
      {
        clock_min = 0;
        if(clock_hour >= 23)
        {
          clock_hour = 0;
        }
        else
          clock_hour++;
      }
      else
        clock_min++;
    }
    else
```

```
      clock_sec++;
   }
   else
     clock_half_flag = 1;

   /* create the colck string */
   BIN_to_2DEC(clock_hour, &(clock_string[0]));        // hour string
   BIN_to_2DEC(clock_min, &(clock_string[3]));         // minute string
   BIN_to_2DEC(clock_sec, &(clock_string[6]));         // second string

   if(clock_half_flag == 1)
     clock_string[2] = ':';
   else
     clock_string[2] = ' ';

   clock_string[5] = ' ';

   /* display the colck string */
   lcd_str_display(LCD_CMD_DD_RAM_2ROW_START_ADD + 4,
                  &(clock_string[0]));                 // LCD string display
}

int main(void)                                          // Main function
{
   unsigned char key;

   /* initialize the global variable */
   clock_status = CLOCK_STATUS_RUN;
   clock_modify_pos = CLOCK_MODIFY_HOUR;

   clock_half_flag = 0;
   clock_sec = 0;
   clock_min = 0;
   clock_hour = 0;

   /* — MCUCR(MCU control register) — */
   // SRE(7) : External SRAM/XMEM Enable
   MCUCR |= MCUCR_SRE_ON;
   /* initialize the LCD */
```

```
lcd_command_write(LCD_CMD_FUNC_8BIT_2ROW_FNT8);
lcd_command_write(LCD_CMD_DISPLAY_DON_COFF_CNB);
lcd_command_write(LCD_CMD_ENTRY_MODE_RS_NSS);

/* display the LCD */
lcd_str_display(LCD_CMD_DD_RAM_1ROW_START_ADD,
                " DIGITAL CLOCK  ");
lcd_str_display(LCD_CMD_DD_RAM_2ROW_START_ADD,
                "                ");

/* initialize Timer/Counter 0 */
cli();                                  // global interrupt disable

TIMSK &= ~(TIMSK_TOIE2 | TIMSK_OCIE2);   // TOIE2 = 0, OCIE2 = 0

ASSR |= ASSR_AS2;                        // ASSR = 1

TCCR2 |= TCCR2_WGM_NORMAL | TCCR2_COM_NC_GIO | TCCR2_CS_64;
                                        // WGM = 00, COM = 00, CS = 100
TCNT2 = 0x00;

// TCN2UB = 0, OCR2UB = 0, TCR2UB = 0
while((ASSR & (ASSR_TCN2UB | ASSR_OCR2UB | ASSR_TCR2UB)) ==
      0b00000111);

TIFR = 0x00;
TIMSK |= TIMSK_TOIE2;                    // TOIE2 = 1

sei();                                  // global interrupt enable

while(1)
{
  key = key_input();                    // key input - KEY0 ~ KEY3
  switch(key)
  {
    case (0b11111110):
      if(clock_status == CLOCK_STATUS_RUN)
      {
        cli();                          // global interrupt disable
```

```
      clock_status = CLOCK_STATUS_MODIFY;
      clock_modify_pos = CLOCK_MODIFY_HOUR;

      clock_half_flag = 0;

      clock_string[ 2] = ':';
      lcd_str_display(LCD_CMD_DD_RAM_2ROW_START_ADD + 4,
                      &(clock_string[ 0]));

      // cursor location
      lcd_command_write(LCD_CMD_DD_RAM_2ROW_START_ADD + 4);
      // cursor on
      lcd_command_write(LCD_CMD_DISPLAY_DON_CON_CNB);
    }
    else
    {
      if(clock_modify_pos == CLOCK_MODIFY_HOUR)
      {
        clock_modify_pos = CLOCK_MODIFY_MINUTE;
        // cursor location
        lcd_command_write(LCD_CMD_DD_RAM_2ROW_START_ADD +
                          7);
      }
      else if(clock_modify_pos == CLOCK_MODIFY_MINUTE)
      {
        clock_modify_pos = CLOCK_MODIFY_SECOND;
        // cursor location
        lcd_command_write(LCD_CMD_DD_RAM_2ROW_START_ADD +
                          10);
      }
      else if(clock_modify_pos == CLOCK_MODIFY_SECOND)
      {
        clock_modify_pos = CLOCK_MODIFY_HOUR;
        // cursor location
        lcd_command_write(LCD_CMD_DD_RAM_2ROW_START_ADD +
                          4);
      }
    }
    break;
```

```
case (0b11111101):
  if(clock_status == CLOCK_STATUS_MODIFY)
  {
    if(clock_modify_pos == CLOCK_MODIFY_HOUR)
    {
      if(clock_hour >= 23)
        clock_hour = 0;
      else
        clock_hour++;

      BIN_to_2DEC(clock_hour, &(clock_string[0]));   // hour string
      // cursor off
      lcd_command_write(LCD_CMD_DISPLAY_DON_COFF_CNB);
      lcd_str_display(LCD_CMD_DD_RAM_2ROW_START_ADD + 4,
                      &(clock_string[0]));
      // cursor location
      lcd_command_write(LCD_CMD_DD_RAM_2ROW_START_ADD +
                        4);
      // cursor on
      lcd_command_write(LCD_CMD_DISPLAY_DON_CON_CNB);
    }
    else if(clock_modify_pos == CLOCK_MODIFY_MINUTE)
    {
      if(clock_min >= 59)
        clock_min = 0;
      else
        clock_min++;

      BIN_to_2DEC(clock_min, &(clock_string[3]));    // minute string

      // cursor off
      lcd_command_write(LCD_CMD_DISPLAY_DON_COFF_CNB);
      lcd_str_display(LCD_CMD_DD_RAM_2ROW_START_ADD + 4,
                      &(clock_string[0]));
      // cursor location
      lcd_command_write(LCD_CMD_DD_RAM_2ROW_START_ADD +
                        7);
      // cursor on
      lcd_command_write(LCD_CMD_DISPLAY_DON_CON_CNB);
```

```
        }
        else if(clock_modify_pos == CLOCK_MODIFY_SECOND)
        {
          if(clock_sec >= 59)
            clock_sec = 0;
          else
            clock_sec++;

          BIN_to_2DEC(clock_sec, &(clock_string[6])); // second string

          // cursor off
          lcd_command_write(LCD_CMD_DISPLAY_DON_COFF_CNB);
          lcd_str_display(LCD_CMD_DD_RAM_2ROW_START_ADD + 4,
                        &(clock_string[0]));
          // cursor location
          lcd_command_write(LCD_CMD_DD_RAM_2ROW_START_ADD +
                          10);
          // cursor on
          lcd_command_write(LCD_CMD_DISPLAY_DON_CON_CNB);
        }
      }
      break;
    case (0b11111011):
      clock_status = CLOCK_STATUS_RUN;
      clock_modify_pos = CLOCK_MODIFY_HOUR;
      // cursor off
      lcd_command_write(LCD_CMD_DISPLAY_DON_COFF_CNB);
      sei();          // global interrupt enable
      break;
    case (0b11110111):
      break;
    default:
      break;
  }
 }

 return 0;
}
```

지금까지, 작성한 디지털 시계 제어 C 소스 코드를 WinAVR의 Programmers Notepad의 "File→Save As…" 메뉴를 통해 "clock_test.c" 파일이름으로 저장한다. 저장한 후에는 이전 장에서 사용한 makefile을 복사하여 현재 소스 코드를 저장한 폴더에 넣고, Programmers Notepad의 File 메뉴의 "File→Open.." 메뉴를 선택하여 복사한 makefile을 불러온다. 다음으로, 아래에 보인 바와 같이 "TARGET=(파일이름)"이 있는 부분을 찾아 파일이름 부분을 "clock_test"로 수정한 후 저장한다.

```
# Target file name (without extension).
TARGET =clock_test

# List C source files here. (C dependencies are automatically generated.)
SRC = $(TARGET).c
```

이제 모든 준비가 완료되었다. Programmers Notepad의 "Tools→[WinAVR] Make All" 메뉴를 선택하여 컴파일을 수행하자. 오류가 있다면 수정하고, 오류가 없다면 "Tools→[WinAVR] Program"을 선택하여 QB-AM162-TK 보드에 컴파일된 결과를 다운로드 한다.

다운로드가 완료되면 Bus LCD의 첫 번째 줄에는 "DIGITAL CLOCK"이 표시되고 두 번째 줄에는 "00:00 00"부터 시작하는 시간이 표시될 것이다. 이때, Key를 이용하여 현재시간에 맞게 수정한 후 다시 동작시키면 디지털 시계로서 충분히 활용할 수 있을 것이다.

이상 본 장에서는 앞장에서 설명한 핵심 부분들인 LCD 제어, Key 인식, 타이머 제어등을 종합적으로 응용한 디지털 시계를 제작하여 보았다. 독자들은 본 시계를 확장하여 12시간제로 수정하고, 시간 수정시 키를 오래 누르면 숫자의 변화를 연속적으로 할수 있도록 만들 수도 있을 것이다. 또한 LCD 화면을 자신만의 것으로 만들 수도 있을 것이며, 알람기능을 추가하여 시간이 되었을 때 LCD를 깜빡이게 할 수도 있다. 이와 같이 본서를 통하여 학습한 내용을 확장해 가면 현재 실생활에 사용되는 대부분의 기기를 이해하고 개발하는 능력을 자연스럽게 보유하게 될 것이다.

13. 부록

13.1 AVR Studio를 사용한 프로그램 시뮬레이션

AVR MCU를 생산, 공급하는 Atmel 사에서는 AVR Studio라는 프로그램 개발 툴을 무료로 제공한다. 이 툴은 무료임에도 매우 편리한 인터페이스와 함께 어셈블러와 디버거를 포함하고 있다. 프로그램을 작성하다보면 하드웨어로 검증하기 이전에 실제 자신이 작성한 소스 코드를 디버깅한다면 실제 개발시간도 단축시킬 수 있어 매우 유용하다. 또한 AVR Studio에서는, WinAVR에서 컴파일한 디버깅정보를 이용하여, WinAVR에서 작성한 C 소스 코드를 보면서 디버깅할 수 있는, 소위 소스 레벨 디버깅이 가능하다. 본 내용을 부록편에 포함시킨 것은 처음 입문하는 사용자에게는 복잡함만 더할 수 있으므로 필요한 사용자만 선택적으로 숙지할 수 있다는 의미이다.

본장의 실습을 위해서 본서의 3장에 설명한 "Port LED제어" 예제를 이용하고자 한다. 이는 이미 여러분이 모두 실행해 보았을 것이므로 각 사용자의 PC에 저장되어 있을 것이다. 만일 이 예제를 실습해본 결과가 없다면 2장과 3장을 참조하여 C 소스 코드와 Makefile을 작성한다. WinAVR에서 C로 작성한 소스 코드를 AVR Studio에서 디버깅하기 위해서는 Makefile에 디버깅포맷을 지정하여야 되는데, 2장에서 보인바와 같이 MFile을 사용하여 Makefile을 생성시킬 때, "Debug format >" 메뉴 아래의 디버그 정보 형식 서브 메뉴에서 "AVR-ext-COFF(AVR Studio 4.07+, VMLAB 3.10+)"를 선택하여 컴파일시 디버그 정보를 저장하는 형식 중에 하나인 ext-COFF를 선택하면 된다. 이 내용을 잘 모르는 사용자는 2장을 참조하도록 한다. 앞서 예제를 실행할 때 우리는 이미 이 디버깅정보를 선택하여 컴파일 했었다.

정말 그랬을까? 여러분이 이미 컴파일하여 다운로드 해보았던 Port LED 테스트 소스 코드가 있는 폴더를 열어보자. 컴파일시에 생성된 다양한 파일들이 보일 텐데, 그 중에 파일 확장자가 "cof"인 파일, "port_led_test.cof"이 보이는가? 모두 보일 것이다. 이 파일이 보이면 여러분은 적절한 디버깅정보를 컴파일시 포함시키도록 Makefile을 만들었던 것이다.

이제, 앞에서 컴파일하여 만든 "cof" 형식의 실행파일인 "port_led_test.cof" 파일을 AVR Studio(버전 4.11 build 401 이후) 프로그램을 이용하여 시뮬레이션 하여 보자. 여기서, 시뮬레이션 프로그램인 AVR Studio는 Atmel 사의 홈페이지 www.atmel.com에서 무료로 다운로드하여 설치하고 사용할 수 있다.

우선, AVR Studio 프로그램을 실행시키면 AVR Studio 메인 화면과 함께 그림 13.1과 같은 "AVR Studio Project Wizard" 창이 나타나게 된다. 여기서, "Open" 버튼을 누르면 그림 13.2와 같은 "AVR Studio Open Object File" 창이 나타나게 되는데, 이때 "port_led_test.cof" 파일을 선택하고 "열기" 버튼을 누른다. 그러면, 그림 13.3과 같은 "AVR Studio Select debug platform and device" 창이 나타나는데 여기서는 시뮬레이션을 하기 위해 왼쪽에 있는 "debug platform"에서 "AVR Simulator"를 선택하고 오른쪽에 있는 "device"에서는 "ATmega162"를 선택한다. 이제 모든 선택이 완료되었으므로 "Finish" 버튼을 클릭한다.

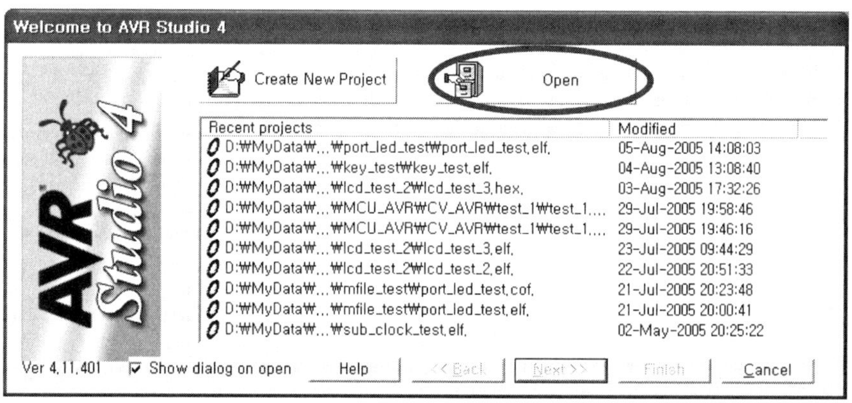

그림 13.1 AVR Studio Project Wizard 창

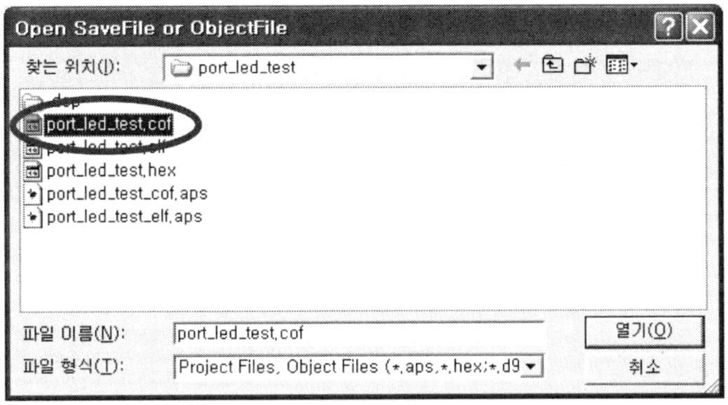

그림 13.2 AVR Studio Open Object File 창

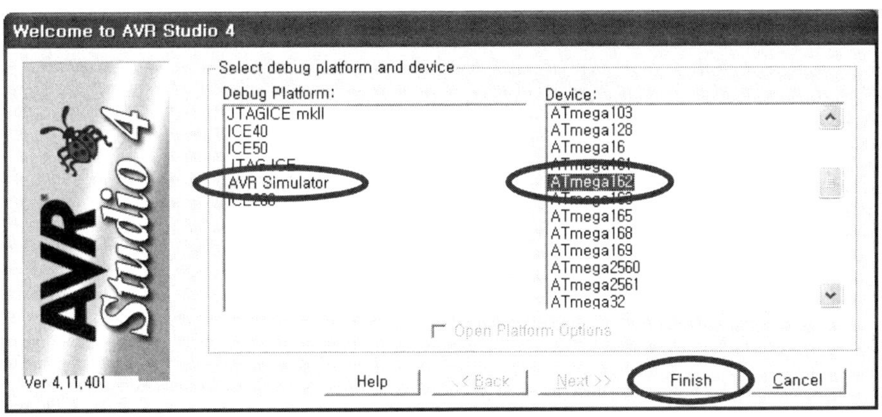

그림 13.3 AVR Studio Select debug platform and device 창

이제, Port LED 제어 프로그램의 시뮬레이션 준비가 끝난 것이다. 참고로, 그림 13.1과 같은 "AVR Studio Project Wizard" 창은 AVR Studio에서 "Project→Project Wizard" 메뉴를 선택하면 나타나고 그림 13.3과 같은 "AVR Studio Select debug platform and device" 창은 AVR Studio에서 "Debug→Select Platform and Device…" 메뉴를 선택하면 나타난다.

이제, AVR Studio의 시뮬레이션 초기화면이 나타나는데 그림 13.4에서 보이는 바와 같이 왼쪽 위부터 "Workspace", "Register", "Memory", "Output" 창들이 있고 오른쪽 위부터는 "Editor", "Watch" 창이 보인다. 이러한 창들이 보이지 않는다면 AVR Studio에서 "View" 메뉴를 선택하고 해당되는 창들을 표시하기 위한 서브 메뉴를 선택하면 된다. 또한, 에디터 좌측에서 C 소스 코드의 일부를 가리키고 있는 노란색 화살표는 실행되려고 하는 현재 라인을 표시하고 있다. 그리고, 오른쪽 위에는 디버깅을 수행하는데 필요한 다양한 툴 버튼이 있다.

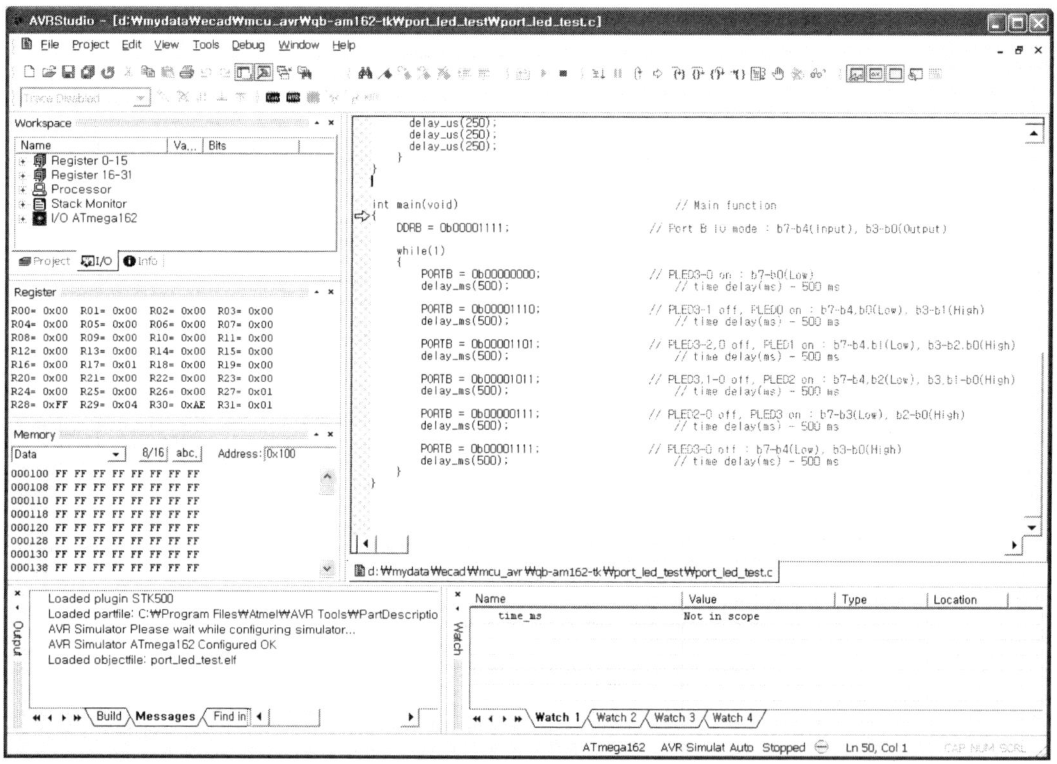

그림 13.4 AVR Studio 시뮬레이션 초기화면

여기서, "Workspace" 창에는 AVR MCU 모든 레지스터들을 트리 구조 형태로 관련된 부분들을 분류하고 그래픽 형태로 보여주는 곳으로 디버그할 때 AVR MCU의 시스템 상태를 쉽게 파악할 수 있다. 또한, AVR MCU 모든 레지스터의 값을 마우스 버튼으로 간단하게 변경이 가능하다. "Register" 창은 AVR MCU 범용 작업 레지스터(General Purpose Working Register, R0~R31)들을 메모리 맵 형태로 보여주는 곳으로 AVR MCU 범용 작업 레지스터 값을 파악하는데 편리하다. 이곳, 역시 AVR MCU 범용 작업 레지스터 값을 마우스 버튼과 키보드로 변경할 수 있다. "Memory" 창은 프로그램 메모리, 입출력 메모리, EEPROM 메모리, 범용 작업 레지스터를 메모리 맵 형태로 보여주는 곳으로 창의 왼쪽 위에 있는 콤보박스(Combo box)를 통해 해당 메모리를 선택하여 볼 수 있다.

"Output" 창은 파일을 읽는 작업을 하거나 에러 등이 발생하는 경우에 해당되는 메시지들을 보여주는 곳이다. "Editor" 창은 C 소스 코드, 어셈블 소스 코드 등을 보여주는 곳으로 어셈블 소스 코드의 경우에는 편집도 가능하다. 이것은 AVR Studio가 어셈블러를 포함하고 있으므로 어셈블 소스 코드를 작성하고 어셈블을 실행할 수 있기 때문이다. 그리고, 디버그시에는 해당 언어의 소스 코드를 보여주고 현재 실행 위치와 breakpoint 위치 등을 보여준다.

"Watch" 창은 "Editor" 창에서 선택한 변수들이나 "Watch" 창에서 직접 입력한 변수들의 현재 값들을 보여주는 곳이다. 또한, 이곳도 변수들 값의 변경이 가능하다. 이외에도, "Build(F7)" 툴 버튼은 어셈블을 실행시키고 "Start" 툴 버튼은 디버그를 시작하게 한다. 또한, "Stop(Ctrl+Alt+F5)" 툴 버튼은 디버그를 중지시키는 역할을 수행한다. 디버그 실행시에 사용되는 툴 버튼에 대한 것은 뒤에서 자세히 설명하도록 하겠다.

이제, 시뮬레이션을 실행하면서 디버깅을 해보자. 즉, 시뮬레이션을 실행하면서 AVR MCU의 시스템 상태를 각종 레지스터와 변수들을 통해서 확인하고 변경하면서 에러가 없는지를 파악해 보자는 의미이다. 그림 13.5에 보이는 바와 같이 오른쪽 위의 디버그 툴 버튼 중에 "Step Over(F10)" 툴 버튼을 눌러서 한 라인씩 시뮬레이션을 실행한다. "Step Over(F10)" 툴 버튼은 한 라인을 실행하는데 이때, 실행 라인에 함수가 있으면 함수 안으로 들어가지 않고 함수 전체를 실행하고 다음 라인으로 이동한다. 여기서는 Port B의 DDRB 레지스터 값을 설정하였으므로 "Workspace" 창에서 DDRB 레지스터 값이 변경된 것을 볼 수가 있다. 이때, 값이 변경되면 적색으로 표시된다.

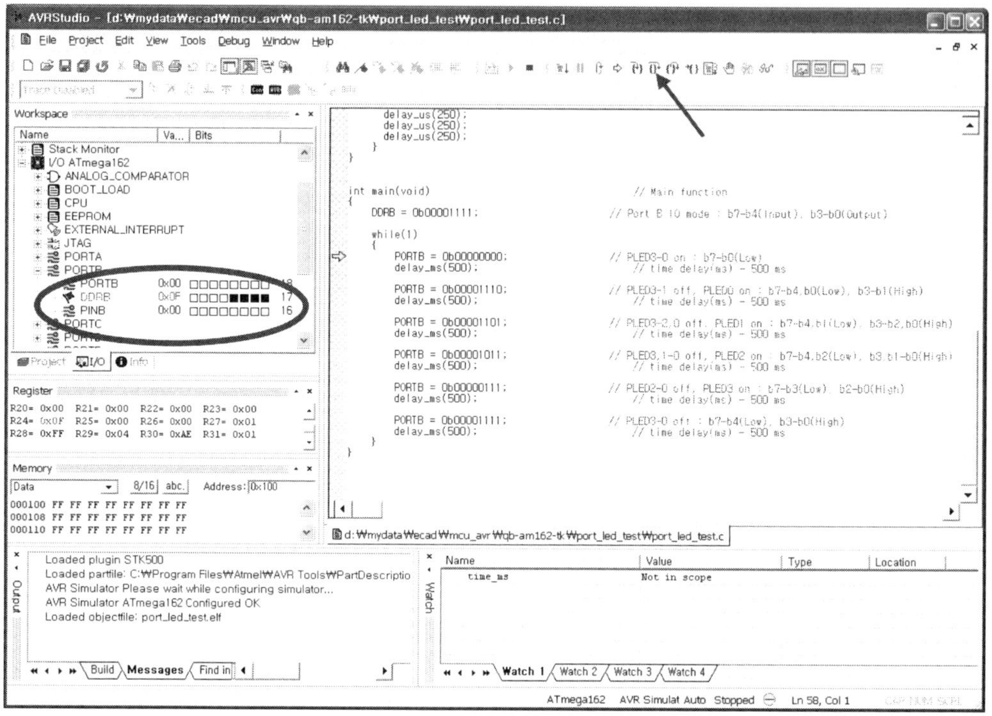

그림 13.5 AVR Studio Step Over(F10) 실행 화면

그 다음으로 Breakpoint를 사용하는 방법을 보자. 그림 13.6의 화면을 보면 오른쪽 위의 디버그 툴 버튼 중에 손 모양의 툴 버튼이 있는데 이것이 Breakpoint를 설정하는 버튼이다. 사용자는 Breakpoint를 설정하고자 하는 소스 코드 라인에 커서를 이동시키고 "Toggle Breakpoint(F9)" 툴 버튼을 누르면 해당 라인에 Breakpoint를 설정할 수 있다. 만일 기존에 Breakpoint가 설정되어 있었다면 그 설정이 해제된다. 에디터의 좌측에 적색 원위에 소스 코드를 가리키는 화살표가 겹쳐있는 것을 볼 수 있는데, 짙은 적색 원이 Breakpoint가 설정되어 있다는 것을 보여주는 것이다. 이때, 디버그 툴 버튼 중에 왼쪽의 "Run(F5)" 툴 버튼을 누르면 Breakpoint 부분까지 실행하고 멈추게 된다. 즉, 사용자가 보고자 하는 부분까지 시뮬레이션을 실행하고자 할 때는 해당 라인에 Breakpoint를 설정하고 "Run(F5)" 툴 버튼으로 시뮬레이션을 실행하면 된다.

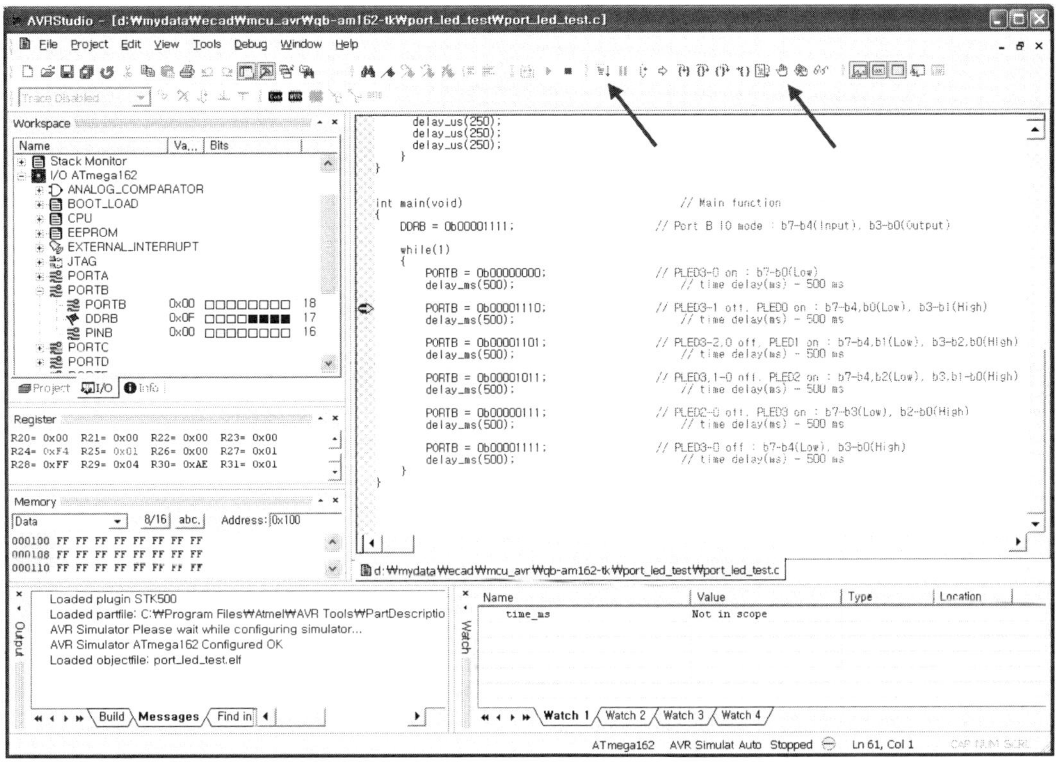

그림 13.6 AVR Studio Run(F5)과 Toggle Breakpoint(F9) 실행 화면

마지막으로, 그림 13.7에 보이는 바와 같이 delay_ms(500); 부분이 있는 라인에서 오른쪽 위에 있는 디버그 툴 버튼 중에 오른쪽의 "Step Into(F11)" 툴 버튼을 누르면 "delay_ms" 함수 안으로 이동하여 실행이 된다. 그리고, 오른쪽 밑에 있는 적색 원의 부분과 같이 "delay_ms" 함수의 인수인 "time_us"와 함수 내부 변수인 "i"를 "Watch" 창의 "Name" 부분에 입력하면 해당 변수의 값을 확인할 수 있고 "Value" 부분에서 해당 변수의 값도 변경이 가능하다. 그리고, 시뮬레이션 및 디버그 작업을 중지하려면 오른쪽 위에 있는 디버그 툴 버튼 중에 왼쪽에 있는 화살표로 표시한 "Stop(Ctrl+Alt+F5)" 툴 버튼을 누른다.

앞에서 설명한 바와 같이, 다양한 시뮬레이션 실행 기능과 레지스터 및 변수 값 보기 및 편집 기능 등의 디버그 기능들을 활용하여 사용자가 만든 Port LED 프로그램의 기능 및 런타임 에러(Run time error) 등을 검증할 수 있다. 여기서 설명한 기능만으로도 충분히 시뮬레이션 및 디버그를 수행할 수 있지만 보다 다양한 기능들을 알고 싶다면 AVR Studio에서 "Help→AVR Studio User Guide" 메뉴를 선택하여 나타나는 도움말 창을 참고하기 바란다.

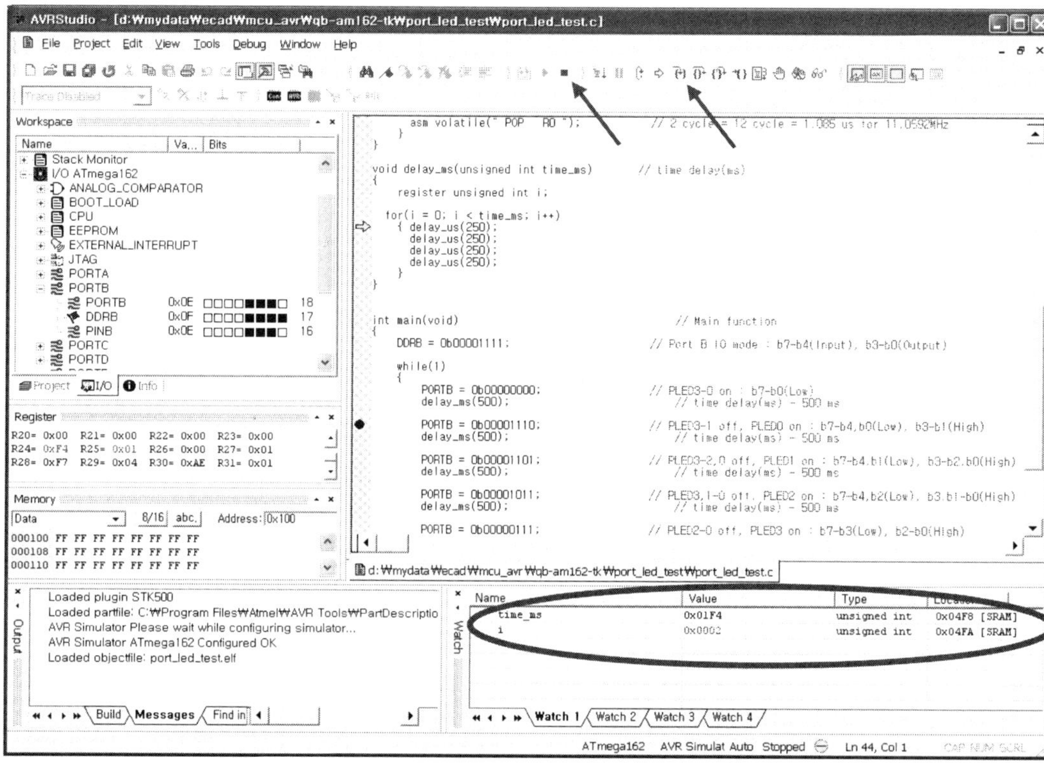

그림 13.7 AVR Studio Step Into(F11)와 Step Over(F10) 실행 화면

13.2 QB-MCU100 스타터 키트

13.2.1 QB-MCU100 스타터 키트의 특징

- 실무 경험과 대학의 강의경험을 기반으로 탄생된 키트
- 하드웨어 설계와 프로그래밍 교육을 모두 필요로 하는 임베디드 시스템 교육의 특징을 가장 잘 소화 할 수 있는 키트
- 저렴한 가격의 키트 하나만으로 모든 실습 준비완료(GCC 컴파일러, AVR Studio사용)
- 임베디드 시스템의 효율적 교육을 위한 교육자료 완벽 제공
- 세계적으로 임베디드 시스템에 사용되는 MCU의 40%를 차지하는 8비트 마이크로프로세서 중 AVR 마이크로프로세서 채택

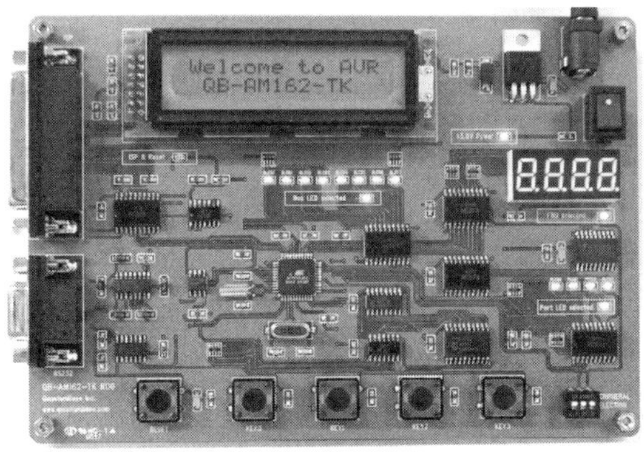

그림 13.8 QB-MCU100 임베디드 시스템 트레이닝 키트

13.2.2 적용분야

- 직업전문학교 임베디드 시스템/임베디드 프로그래밍 교육과정

- 대학교 및 대학의 임베디드 시스템 교육과정
- 개인의 자기계발 학습

"구매방법"

www.quantumbase.com 접속 후 구매

㈜퀀텀베이스로 전화하여 구매 (전화번호: 02-3282-7739)

저자약력

[1] 홍성모

1994:　인하대학교 전자재료공학과 공학석사

1996-2001: AI leaders㈜ 팀장

2001-2003: ㈜네오칩스 펌웨어 개발실 실장

2004-현재: ㈜퀀텀베이스 연구개발실 실장

[2] 정덕진

1988: University of Utah 전기공학과 공학박사

1978-1980: ㈜ 오트론 과장

1980-1989: 한국전자통신연구원 책임연구원

1994-1995: Texas A&M University 교환교수

1989-현재: 인하대학교 정보통신공학부 교수

[3] 이종근

1998: 인하대학교 전자재료공학과 공학박사

2000-2002: ㈜ASE 연구소장

2002-현재: ㈜네오칩스 수석연구원

2000-현재: 부천대학 디지털산업전자과 교수

[4] 김주민

2004: 인하대학교 전자재료공학과 공학박사

1995-1996: 중암정보산업㈜ 중암정보통신연구소 연구원

1996-2001: 동양제철화학㈜ 전자연구소 대리

2001-2003: ㈜텔레칩스 선임연구원

2003-2003: ㈜네오칩스 시스템 개발실 실장

2004-현재: ㈜퀀텀베이스 대표이사

도서출판
그 린

AVR로 시작하는 임베디드시스템 입문

초판 인쇄일 ▶	2006년 2월 1일
초판 발행일 ▶	2006년 2월 6일
저자 ▶	홍성모 · 정덕진 · 이종근 · 김주민 공저
발행처 ▶	도서출판 그린
발행인 ▶	윤 덕 우
출판등록 ▶	제8-161호(1995. 5. 3.)
주소 ▶	서울시 서대문구 연희동 219-20 (우)120-828
전화 ▶	02)333-2574, 2575
Fax ▶	02)333-2561
E-mail ▶	greenpress@greenpress.co.kr
Homepage ▶	http://www.greenpress.co.kr

저자와의
협의하에
인지생략

정가 : 14,000원

ISBN :89-5727-072-8

기술지원
(주)퀀텀베이스
서울특별시 금천구 가산동 233-5
요업기술원 벤처관 305호
전화 : 02-3282-7739
팩스 : 02-3282-7740
웹사이트 : www.quantumbase.com